Schulen am Netz

Innovative Projekte in Österreich

Peter A. Bruck
Günther Stocker
(Hg.)

Schulen am Netz

Innovative Projekte in Österreich

Verlag Hölder-Pichler-Tempsky

Dieses Buch entstand im Rahmen des Forschungsprojekts „Vernetzte Bildung“, das von der Techno-Z *FH* Forschung & Entwicklung GmbH im Auftrag des BMUK durchgeführt wird.

Impressum

Peter A. Bruck / Günther Stocker (Hg.):
Schulen am Netz. Innovative Projekte in Österreich

ISBN 3-209-02448-0

1. Auflage 1997

Herausgeber: Peter A. Bruck / Günther Stocker
Covergestaltung und Designberatung: Reinhard Geiger
Redaktion, Satz und Layout: Andreas Gruber
Druck: DIGI-BUCH, 1239 Wien

Techno-Z *FH* Forschung & Entwicklung GmbH
Jakob-Haringer-Straße 5
A-5020 Salzburg
Tel: 0662/453678
Fax: 0662/456174
E-Mail: <info@dir.fh-sbg.ac.at>
Homepage: <http://www.dir.fh-sbg.ac.at/>

Inhaltsverzeichnis

Elisabeth Gehrer
Geleitwort 8

Peter A. Bruck /Günther Stocker
Vorwort der Herausgeber 9

Theorie - Didaktik - Vernetzung 11

Renate Schulz-Zander
Veränderte Anforderungen an schulisches Lernen in der Informationsgesellschaft 12

Anton J. Knierzinger / Astrid Leeb
Die Vernetzung der österreichischen Schulen - Bemerkungen zum Stand der Diskussion 25

Andreas Pointner
Vernetzte Bildung - Steckbrief eines Forschungsprojektes 31

Erich Neuwirth
Eine kleine Typologie von Applikationen auf dem World Wide Web 36

Schulprojekte mit Internet und Multimedia 43

Christian Schartner
Netzwerkst@tt HBLA - Offline in die Online-Welt 44

Andreas Renner
Die Integration von neuen Informations- und Kommunikationstechnologien in ein Schulkonzept 55

Boris Antonin Hanika/ Reinhold Sattlegger
Handelsakademie am Info-Highway Projekt "Schule im Internet" 61

Helmut Caba
Multimedia als neues Medium in der Schule 67

Peter Mazohl/Günther Schödl/ Carmen Grumböck
Einsatz von neuen Medien als "Katalysator" neuer Unterrichtsformen 77

Bruno Losbichler
Cooperate Engineering - Innovationen im Schulbetrieb 83

Walter Waldner
Internet-unterstützter Unterricht an einer HTBL-Abendschule -
Erfahrungen und Zukunftspläne 95

Erich Pammer:
Was kann IKT in der Sonderpädagogik leisten? 99

Heinrich Legat
Computerunterstützter Unterricht -
Schulversuch Televolksschule in Graz-Gösting 106

Viktor Trautwein
Der Einsatz von Internet und Multimedia in der Pflichtschule 111

Willibald Fuchs
Hauóli la Hanau - Te Tsi So Sli -
Arbeit mit dem Internet in der Hauptschule Hard-Mittelweiherburg 118

Neue Medien im Unterricht 123

Hans Wilding
Computerunterstützter Mathematikunterricht - Ein Unterrichtsversuch 124

Herbert Arzt
Der Einsatz des Computers im Mathematik-Unterricht 131

Georg Gruber
Der Einsatz neuer Informations- und
Kommunikationstechnologien am Beispiel einer Übungsfirma 135

Michael Dobes
Internet in der Unterrichtspraxis 142

Johann Kuno Mangold
Physikunterricht mit Notebook und Internet 155

Karl-Heinz Holzmüller
Wasser-Boden-Luft - Physikalisch-chemische Projekte -
Fallbeispiele aus der Hauptschule 160

Österreichische und Europäische Initiativen 165

Gerhard Lukawetz / Andrea Khol
Black•Board: der Kommunikationsserver im Schulnetz 166

Günther Schwarz
Die KOKOSNUSS - ein Baustein zur Vernetzung
von schulbezogenen Innovationen 176

Rudolf Apflauer
Schulvernetzung - Austrian School-Network 178

Reinhold Hawle
EUN - Das Europäische Schulnetz 182

Johann Weilharter
Web for Schools - Ein EU-Projekt vernetzt 150 europäische Schulen 186

HyperLinks - Adressen - Hinweise 193

Vernetzte Bildung: Links zu Infoquellen 194

Kontaktadressen des European School Net 200

Literaturtips 203

Publikationen der Techno-Z *FH* Forschung & Entwicklung 206

Fachhochschulstudiengänge Salzburg 208

Hinweis: Die Rechtschreibung in diesem Buch ist nicht einheitlich.
Einige AutorInnen haben die „neue“ Rechtschreibung verwendet, die meisten Aufsätze sind nach auch noch geltenden „alten“ Rechtsschreibregeln geschrieben.

Geleitwort

Das Unterrichtsministerium hat eine Technologieoffensive gestartet, damit der Einsatz von neuen Medien als Lehr- und Lernmittel vorangetrieben wird. Zu dieser Thematik wurde im Unterrichtsministerium das Symposium „Schulen am Netz - Innovative Projekte in Österreich" veranstaltet, zu dem nun Peter A. Bruck und Günther Stocker den vorliegenden Sammelband herausgeben.

Um die Herausforderungen des zukünftigen Berufslebens zu bewältigen, brauchen Jugendliche heute neben gutem grundlegendem Fachwissen darüber hinausgehende Kompetenzen. Sie brauchen die Kompetenz, in einem Team zu arbeiten, Gespräche zu führen, Konflikte zu lösen, Kreativität, Flexibilität und Ergebnisorientiertheit. Wichtig ist auch, daß die Kompetenz vermittelt wird, zu wissen, wie Wissen erworben werden kann. Besonders aber muß in der Schule die Bereitschaft zu lebensbegleitendem Lernen grundgelegt werden. Die Jugendlichen müssen wissen, daß es notwendig ist, sich selbst fortzubilden, wenn sie die Schule absolviert haben.

Im Erziehungsprozeß muß besonders auf Ausgewogenheit geachtet werden. Ein technologisch noch so gut gebildeter Mensch wird wahrscheinlich kein kreativer Mensch werden, wenn nicht auch seine musische, kreative Seite ausgebildet wird, wenn er nicht imstande ist, verschiedene Systeme miteinander in Beziehung zu bringen.

Trotz aller Technologie wird das Klassenzimmer der Zukunft nicht ein lehrerloses Klassenzimmer sein. Soziales Lernen, die soziale Komponente, der Schülerverbund und die Kontakte mit den Lehrern sind nach wie vor etwas, was Computer nicht ersetzen können. Der Einsatz der neuen Medien braucht neue Unterrichtsformen. Die technischen Möglichkeiten sollen genutzt werden, um sich schneller und bequemer Informationen zu besorgen, neue Lehrinhalte und Lernformen zu erleben. Die neuen Technologien sind aber kein Ersatz für zwischenmenschliche Beziehungen in einer Klasse.

Europaweit kann man feststellen, daß Österreichs Schulen bereits sehr gut mit Technologie ausgestattet sind. Im vorliegenden Buch werden zahlreiche innovative Projekte vorgestellt, die an Österreichs Schulen schon durchgeführt werden. Ich darf den Lehrerinnen und Lehrern für ihr Engagement und ihre zukunftsorientierte Arbeit an den Schulen danken. Ich werde diese Initiativen auch weiterhin unterstützen.

Elisabeth Gehrer

Bundesministerin für Unterricht und kulturelle Angelegenheiten

Vorwort der Herausgeber

Das Leistungsspektrum und die Kapazitäten der neuen Informations- und Kommunikationstechnologien (IKT) entwickeln sich mit einer immer wieder erstaunlichen Schnelligkeit. Ebenso weitet sich das Feld ihrer Anwendungen rapide aus. Dies gilt auch für den Bereich der Schulen und der Bildung, wo nicht nur eine große Zahl von engagierten Lehrerinnen und Lehrern die Informatik- und Telematik-Möglichkeiten im Unterricht zunehmend nützen, sondern auch computerbegeisterte und netzinteressierte SchülerInnen die neuen Medien voll auszureizen suchen.

Es ist daher kein Wunder, daß selbst die unmittelbar Beteiligten angesichts der Vielfältigkeit und Geschwindigkeit der Entwicklung oft den Überblick verlieren. Dieser aber ist notwendig, um sich ein vergleichendes Urteil über einzelne Projekte, ihren Grad der Novität und Innovation, ihre Sinnhaftigkeit und ihre Ziel-Mittel-Effizienz zu verschaffen. An solch einem Überblick und der damit verbundenen Urteilskraft haben aber nicht nur die Beteiligten ein Interesse. Vielmehr geht es hier - wie bei Schul- und Bildungsangelegenheiten im allgemeinen - auch um die Interessen der noch-nicht Involvierten, der Eltern, der Schulverwaltungen und der Öffentlichkeit insgesamt. Sie alle haben ein Recht darauf, zu wissen, was in diesem entscheidenden Bereich des Einsatzes von IKT in Unterricht und Schulen in Österreich läuft, wer was macht, und wie dies sowohl national wie auch international zu beurteilen ist.

Dieser Informationsnachfrage kommt das Forschungsprojekt „Vernetzte Bildung" allgemein und das vorliegende Buch im besonderen nach. Das Projekt hat zum Ziel, ein Bild der österreichischen Entwicklung des Einsatzes von IKT in Unterricht und Schulen in einem großen Rahmen zu zeichnen.

Das vorliegende Buch ist dabei jenes Element, das unmittelbar die Erfahrungen der innovativen Projekte in der Selbstbeschreibung der Verantwortlichen dokumentiert. Es baut auf dem von uns gemeinsam mit den Bundesministerium für Unterricht und kulturellen Angelegenheiten veranstalteten Symposion „Schulen am Netz -Innovative Projekte in Österreich" vom 20. Juni 1997 auf und präsentiert in überarbeiteter und redigierter Form die wichtigsten Beiträge der Veranstaltung.

Unabhängig von der Zusammenkunft gibt das Buch aber auch einen Einblick in den aktuellen Stand, welche Möglichkeiten es gibt, die neuen Informations- und Kommunikationstechnologien (IKT) in der Schule zu verwenden und welche österreichischen Projekte hier innovative Wege beschreiten. Das Buch wendet sich also direkt an alle jene, die sich für den Einsatz von IKT in Unterricht und Schule interessieren und denen die pädagogisch-didaktische Seite wichtig ist.

„Neue Medien und Schule" ist ein Thema, das die verschiedensten Visionen und Ängste auslöst. Das Spektrum reicht von euphorischen Ankündigungen einer Schule ohne Lehrer bis zur technophoben Ablehnung jedes Computereinsatzes.

Die hier vorliegende Beiträge zeigen dagegen eine kreative Normalität in unserem Lande auf, die Visionen auf den Boden des Realisierbaren holt und vielen Ängsten, den Wind beklemmender Phantasien nimmt. Wir wissen aus unserer Kultur- und Mediengeschichte, daß neue Technologien und Erfindungen immer wieder Erlösungssehnsüchte und Untergangsphobien auslösten. Alles, was in Natur, in Gesellschaft oder gar im Individuum bedrohlich, fehlerhaft, oder unmöglich war, sollte mit der neuen Technologie überwunden werden, alles, was erhofft und erträumt wurde sollte sich nun realisieren lassen. Auch in Schulen und in der Pädagogik wurden immer wieder überzogene Erwartungen in neue Medien projiziert, war das nun der Film, der Videorecorder oder das Sprachlabor. Und nicht nur in der Pädagogik stellte sich immer wieder heraus, daß die eigentlichen Probleme nicht durch neue Mittel, sondern nur durch Menschen und ihr geändertes Verhalten zu lösen sind.

Die Verbindung von Computer-, Netzwerk- und Multimediatechnologie kann Lernen erleichtern, aber nicht alle Probleme des Schulunterrichts lösen. Es geht nicht darum, mit einem neuen Medium alle anderen abzuschaffen, sondern darum, zu erkennen, wo die Stärken und Schwächen der einzelnen Medien liegen und sie entsprechend den jeweiligen Lernzielen einzusetzen. Die hier versammelten Beiträge zeigen, wie Internet und lokale Netzwerke, CD-ROMs und Datenbanken, Multimedia und fachspezifische Software im Schulunterricht sinnvoll verwendet werden können. Sie zeigen aber auch, welche Probleme dabei auftreten können und welche Rahmenbedingungen dafür nötig sind.

Noch besteht ein Mangel an brauchbaren didaktischen Konzepten und pädagogische Strategien, denn in den letzten Jahren lag der Schwerpunkt der Überlegungen und Projekte auf der Technik. Dabei wurden in den verschiedensten Initiativen bereits reichlich Erfahrungen gesammelt. Diese Erfahrungen zu vereinen und ihren Austausch zu organisieren, sie einem größeren Publikum zu präsentieren und für die praktische Arbeit zur Verfügung zu stellen, ist das Anliegen dieses Buches.

Ein Symposion und ein Buch sind immer ein Produkt von Teamarbeit. Unser Dank gilt Andreas Gruber für die redaktionelle Bearbeitung dieses Buches, Reinhard Geiger für die Umschlaggestaltung, Andreas Pointner und Birgit Radmayr für die Unterstützung bei der Organisation des Symposions, dem Bundesministerium für Unterricht und kulturelle Angelegenheiten für die Zurverfügungstellung der Räumlichkeiten und der Technik für das Symposion, Gerhard Lukawetz, Erich Neuwirth, Roswitha Tschenett und Karl Witzmann für ihre Teilnahme am Symposionsbeirat und natürlich allen, die durch ihre Vorträge und ihre Aufsätze zum Symposion und zum vorliegenden Buch beigetragen haben!

Salzburg, August 1997

Peter A. Bruck / Günther Stocker

Theorie
Didaktik
Vernetzung

Veränderte Anforderungen an schulisches Lernen in der Informationsgesellschaft*

von Renate Schulz-Zander

Lernen in der Informationsgesellschaft wird mit einer stärkeren Individualisierung, Eigenaktivität, Dezentralisierung, Kommunikation und Zusammenarbeit verbunden. Lernen wird als lebenslanger Prozeß der permanenten Aneignung sich verändernder Wissensbestände begriffen und damit einhergehend die Aufhebung der Trennung von Arbeit, Bildung und Privatleben erwartet. Der Erwerb von Orientierungswissen gegenüber Verfügungswissen erhält eine höhere Bedeutung. Die Qualifikationsanforderungen ändern sich.

Es werden zukünftig Fähigkeiten erwartet,

- Informationsnetze kompetent nutzen zu können,
- Daten effektiv selektieren, aber auch interpretieren zu können,
- Daten multimedial gestalten und im Netz bereitstellen und
- mit anderen weltweit kommunizieren und kooperieren zu können.

Medienkompetenz wird zur Schlüsselqualifikation. Harasim, Hiltz, Teles und Turoff (1995) bewerten Lernen mit Netzen als Paradigma des 21. Jahrhunderts. Leitideen für ein Lernen mit Netzen sind: Förderung und Verzahnung schulischen und außerschulischen Lernens, Öffnung von Schulen durch Kooperation und Kommunikation mit anderen Partnern und Institutionen, verantwortlicher und kreativer Umgang mit multimedialen Informations- und Kommunikationstechnologien.

Veränderung von Lernen durch die Nutzung der Netze?

Was ist das prinzipiell Neue an schulischen Lernsituationen, wenn Schülerinnen und Schüler auf Datennetze zugreifen?

In klassischen Lernsituationen haben wir es sozusagen mit „Lerninseln" zu tun, in denen weniger mit externen Personengruppen kommuniziert oder gar kooperiert wird. Eine Lehrperson ist verantwortlich für die Wissensvermittlung und die Lernorganisation im Klassenverband oder in Kursen; Lernen ist zeitlich und örtlich eingegrenzt. Das Schulbuch und die Lernmaterialien, von der Lehrperson ausgewählt, bestimmen weitgehend den Unterricht.

Unbeschränkter Informationszugriff

Die Lernenden können bei der Nutzung von Netzen erstmals unbegrenzt auf Daten zugreifen, auf Daten, die oftmals die Lehrperson nicht kennt. Lehrerinnen und Lehrer werden längerfristig nicht mehr die Hauptlieferanten von Informationen und Wissen sein. Externe Expertinnen und Experten können befragt werden. Schülerinnen und Schüler werden mit unterschiedlichen Sichtweisen konfrontiert und müssen diese abwägen. Sie werden auf dieser Grundlage neue Fragen aufwerfen und neue Problemstellungen in das Lerngeschehen einbringen. Die Grenzen zwischen Lehrenden und Lernenden werden porös. Dies ist eine neue Situation für Schule, die die Rolle der Lehrperson extrem verändern kann, die verunsichert. Es mag eingewandt werden, daß Lernende schon immer auf eine Fülle von Informationen z. B. in Bibliotheken zugreifen konnten. Das ist zwar im Prinzip richtig, dennoch sind Informationen vielfach nicht so aktuell und zudem ist der Zeitaufwand für diese Art der Informationsbeschaffung oftmals weitaus höher, insofern unterbleiben häufig die Aktivitäten. Beim Recherchieren im Netz ist durch die Nutzung von Suchmaschinen eine Unterstützung für einen gezielten Zugriff auf Daten gegeben. Der uneingeschränkte Zugang zu Daten ist gleichzeitig auch heftig umstritten, zumindest wenn es sich um rassistische und sexistische Inhalte handelt. Als Problem wird ebenfalls gesehen, daß Informationen unbesehen ins Netz gestellt werden und eine Qualitätskontrolle unterbleibt, die derzeit z. B. in Bezug auf Schulbücher gegeben ist. Mit Bildungsservern wird diesem Problem teilweise begegnet.

Uneingeschränkte Kommunikation und Kooperation
Eine zweite grundsätzlich neue Form schulischen Lernens entsteht durch die Kommunikations- und Kooperationsmöglichkeit durch Netze über den Lernort Schule hinaus. Es hat zwar immer Ansätze gegeben, Lernen zu öffnen, dies zeigt etwa die pädagogische Diskussion der Öffnung von Schule und der Lernorte. Mit dem Internet ist jedoch ein Raum geschaffen, der die Kommunikation und das gemeinsame Entwickeln von Arbeitsergebnissen, das gemeinsame Produzieren von Ideen ja geradezu herausfordert und in einem bisher nicht vorhandenem Maße unterstützen kann. Die Kommunikation ist orts- und zeitunabhängig und kann mit Personen weltweit geschehen. In diesem Prozeß konstruieren die Beteiligten ihr Wissen, indem sie ihre Ideen aufschreiben müssen, Reaktionen und Ideen von den Partnerinnen und Partnern erhalten und ihre Ideen in diesem Prozeß weiter ausdifferenzieren. Gruppenprojekte ermöglichen Schülerinnen und Schülern über Entfernungen hinweg themenbezogen zusammenzuarbeiten. Es kann den Wert von Teamarbeit zeigen, wenn sich jede Gruppe zur Ideenfindung verpflichtet fühlt, um die Gruppenlösung insgesamt zu verbessern.

Es wird angenommen, daß Lernen stärker schülerzentriert und damit als eigenaktiver und selbstorganisierter Prozeß unterstützt wird, da Aktivitäten, Entscheidungsbefugnisse und Verantwortlichkeit von Lernenden bei der Nutzung von Netzen und Multimedia prinzipiell gefordert sind. Lernen im konstruktivistischen Ansatz, verstanden als eigenaktiver, selbstorganisierter Prozeß der Konstruktion von Wissen kann durch die Nutzung dieser Technologie eine geeignete Unterstützung erfahren. Man kann auch sagen: Konstruktivistisches Lernen wird durch Lernen mit Netzen geradezu gefordert, aber auch gefördert.

Lernen mit Netzen kann fächerübergreifende Sichtweisen fördern.
Grundsätzlich besteht die Möglichkeit, bei der Bearbeitung komplexerer Probleme Expertinnen und Experten unterschiedlicher Disziplinen ihr Wissen und ihre Sichtweisen einbringen zu lassen. Lehrende und Lernende sind herausgefordert, die Probleme unter verschiedenen Aspekten zu beleuchten, unterschiedliche Standpunkte zu reflektieren und ihr Wissen auf diesem Hintergrund zu konstruieren. Durch die

Kooperation verschiedener Partner und Disziplinen ist die Auseinandersetzung mit komplexeren, authentischen Problemen eher möglich. Bekannt geworden sind Projekte wie z. B. G.R.E.E.N, Kids Network und Global Lab, in denen ökologische Probleme in Kooperation bearbeitet werden. So wird etwa die Wasserqualität von Gewässern in verschiedenen Regionen durch Messungen von Schülergruppen bestimmt. Unter der Voraussetzung, daß Absprachen über die verwendeten Modelle, Methoden und Software getroffen wurden, kann jeweils auf die Daten anderer Regionen zugegriffen werden und eine vergleichende Auswertung erfolgen (vgl. auch Schulz-Zander 1996).

Zusammenfassend kann die Bedeutung von Multimedia und Vernetzung wie folgt gedeutet werden:

- Lernende können sich forschend mit authentischen Problemen kooperativ in Gruppen auseinandersetzen,
- es können Kommunikationsanlässe geschaffen werden, sich mit Inhalten intensiv im sozialen Kontext auseinanderzusetzen,
- Lernende können ihren Wissenserwerb stärker selbst organisieren und aktiv gestalten,
- es entstehen neue Lernorte, alte Lernorte erfahren eine Veränderung
- Kooperationen entstehen zwischen Ausbildungsstätten und Bildungseinrichtungen,
- interdisziplinäre Partnerschaften können eine Unterstützung erfahren.

In der Bundesrepublik ist mit „Schulen ans Netz“ eine gemeinsame Initiative von Wirtschaft, Bund und Ländern zustande gekommen, bis zu 10.000 Schulen, also etwa einem Viertel aller Schulen, bis zum Jahre 1999 an das Netz anzuschließen. Pädagoginnen und Pädagogen sind gefordert, diese bildungspolitische Maßnahme in Bahnen zu lenken, daß die Schülerinnen und Schüler als zukünftige Bürgerinnen und Bürger auch eine Kompetenz erwerben, in der Informationsgesellschaft sozial verantwortlich, kreativ und selbstbestimmt mitgestalten zu können.

Veränderung der Kommunikationskultur?

Die Kommunikationskultur wird sich in der Informationsgesellschaft grundsätzlich verändern. Postman (1992, 28) stellt fest: „Neue Technologien verändern die Struktur unserer Interessen - die Dinge, über die wir nachdenken. Sie verändern die Beschaffenheit unserer Symbole - die Dinge, mit denen wir denken. Sie verändern das Wesen der Gemeinschaft - die Arena, in der wir unsere Gedanken entfalten.“

Durch Vernetzung verändern sich schulische Lernorte. Unterschiedliche historische Zeiten, Kontexte und Sinnwelten lassen sich zu einer neuen zwar künstlichen, aber in ihrer „Interaktivität“ lebendigen Realität verschmelzen. Das Nebeneinander sogenannter realer und simulierter Welten, traditioneller und „digitalisierter“ Raum-Zeit-Ordnungen macht die Übergänge zwischen Realititäten zu kritischen Phasen (Wagner 1993, 43). Mit den vielfältigen elektronisch herstellbaren Raum-Zeit-Ordnungen verändert sich die Möglichkeit einer reflexiven Steuerung von Wahrnehmung und Kommunikation, d.h. zum einen müssen die Akteure in vernetzten Systemen und Medienwelten lernen, eine Balance zu finden zwischen verschiedenen Formen der Erfahrung - den unmittelbaren und den medial aufbereiteten - sowie die Beziehungen und Übergänge zwischen den Medien und Realitätsebenen praktisch meistern (Wagner 1993, 32). Körperliche und sinnliche Fähigkeiten werden in simulierten Welten in veränderter, sehr eingeschränkter Weise gefordert.

Was wissen wir nun gesichert über die Veränderungen des Kommunikationsverhaltens? Befunde aus dem Schulbereich liegen kaum vor. Hilfsweise können wir auf Forschungsergebnisse zur computerunterstützten Kommunikation (CMC: computer-mediated-communication) zurückgreifen. Die Untersuchungen zeigen unterschiedliche, zum Teil differierende Ergebnisse. Problembereiche zeigen sich im Mangel an sozialer Präsenz, in fehlender Gruppenkoordination, in der fehlenden Abstimmung über den gemeinsamen Wissenshintergrund, im Überangebot an Informationen und in fehlender Verbindung von Daten (Hesse et al. 1995, 255).

Einige Forschungsergebnisse zeigen, daß stärker aufgabenorientiert und damit durchaus effizient gearbeitet wird, aber soziale Bedürfnisse vernachlässigt werden (Ellis, Gibbs, Rein 1991 und Bikson, Eveland 1990 nach Hesse et al. 1995, 256;). Die Kommunikation kann sich eher unpersönlich entwickeln, die wahrgenommene psychologische Distanz der Teilnehmerinnen und Teilnehmer kann sich vergrößern (Rutter 1987 nach Hesse et al.). Der Mangel an sozialer Präsenz kann bei den Kommunikationspartnern das Gefühl erzeugen, in die Kommunikationssituation nur gering involviert zu sein. Die übermittelte Information bleibt in gewisser Weise abstrakt, da die Vermittlung der Kontexte, der Situationen nur erheblich eingeschränkt erfolgen kann. Verschiedene empirische Untersuchungen zeigen, daß die kommunizierenden Personen eine größere persönliche Distanz empfinden, sich stärker auf die übermittelte Nachricht konzentrieren, weniger an persönlichen Motiven sichtbar machen und sich weniger durch Normen beeinflußt fühlen. Durch das fehlende unmittelbare Feedback und eine damit einhergehende geringere Normenbindung kann ein ungehemmtes Verhalten und eine stärkere Selbstbezogenheit entstehen (Sproull, Kiesler 1986 nach Hesse et al. 1995, 256).

Hinweise gibt es auch darauf, daß elektronische Kommunikation weniger statusbezogen verläuft und insofern zu einer gleichberechtigten Teilhabe an Entscheidungsprozessen beitragen kann. („Periphere" Mitglieder von Organisationen können einen größeren Gewinn aus elektronischer Kommunikation ziehen als besser Positionierte (Sproull, Kiesler 1991)). Dies ist damit erklärbar, daß Hinweise, physikalischer und nonverbaler Art, auf den relativen Status der Beteiligten fehlen. Statusgeringere nehmen größere Kommunikationsanteile wahr, so daß ein gleichberechtigter Austausch in der Gruppe möglich wird.

Aber auch in technisch gestützter Kommunikation lassen sich eher individuell und eher gruppenbezogene Orientierungen unterscheiden. So konnten Spears und Lea (1992) nicht grundsätzlich eine stärkere Selbstbezogenheit feststellen, sondern unterscheiden zwei Arten der Verhaltensausrichtung: die individuelle Identität, d. h. das Verhalten wird an den eigenen Werten und Normen orientiert, und die Gruppenidentität, d.h. das eigene Verhalten wird stärker nach den Gruppennormen ausgerichtet. Begründet sehen dies Spears und Lea nicht in der elektronischen Kommunikation, sondern lediglich in ihrer Verstärkung der vorherrschenden Identität. Nach Walther und Burgoon (1992, nach Hesse et al. 1995) nimmt die weniger ausgeprägte soziale Orientierung bei längeren Kommunikationszeiträumen ab. Sie schlußfolgern, daß nicht allein das Kommunikationsmedium für verschiedene Phänomene ausschlaggebend sei, sondern daß vielmehr die Intentionen, Bedürfnisse und Stile der Nutzer und Nutzerinnen eine große Rolle dabei spielen.

Forschungen zur Unterstützung kooperativer Prozesse befassen sich mit Fragen der Repräsentation der „natürlichen" Dynamik von Kommunikationsprozessen im künstlichen Medium Computer. Zur Strukturierung von Prozessen wird z. B. ein „Group Facilitator" eingeführt, der die Funktion übernimmt, die formelle Steuerung „elektronischer Kommunikationsprozesse" zu übernehmen, indem er in der Anfangsphase eines Prozesses etwa die Normen und Regeln einführt, eine Unterstützung bei der Abstimmung individueller Beiträge gewährt.

Grundsätzlich wissen wir jedoch zu wenig über das Kommunikationsverhalten von Kindern und Jugendlichen bei der Nutzung von Netzen im schulischen und außerschulischen Bereich. Forschung ist dringend notwendig.

Informations- und Medienkompetenz

Kinder und Jugendliche sollen als zukünftige Bürgerinnen und Bürger bezogen auf den Umgang mit neuen Medien eine Kompetenz erwerben, um in der Informationsgesellschaft sozial verantwortlich, kreativ und selbstbestimmt mitgestalten zu können. Medienkompetenz wird dabei zur Schlüsselqualifikation.

Zur Medienkompetenz gehören zunächst einmal die Auswahl, Nutzung, Bewertung und Gestaltung von Medien. Schülerinnen und Schüler benötigen eine neue Lese- und Schreibfähigkeit, die analytische, bewertende und gestalterische Fähigkeiten einschließt. Die benötigte Kompetenz wird im folgenden erläutert.

Medien auswählen und nutzen können
In der Informationsgesellschaft wird Informationskompetenz benötigt: Schülerinnen und Schüler müssen lernen, mit geeigneten Strategien benötigte Daten aus großen Datenmengen zu selektieren, diese zu analysieren und zu interpretieren. Dabei müssen sie sich bewußt werden, daß sie als aktive Mediennutzer Bedeutungen konstruieren. Sie müssen mit Komplexitäten umgehen, sowie geeignete Suchmaschinen und Tools anwenden können. Hierzu müssen einige systemische Kenntnisse erworben werden. Benötigt wird Orientierungswissen, strategisches Wissen und Entscheidungsfähigkeit. Es wird des weiteren erwartet, daß Lernende mit anderen Personengruppen über das Internet kommunizieren und kooperieren können.
Dazu müssen sie nicht nur über eine Lesefähigkeit, sondern auch über eine neue Schreibfähigkeit verfügen.

Medienbotschaften lesen, verstehen und bewerten können
Beim Umgang mit Multimedia und Netzen muß eine neue Lesefähigkeit erworben werden, die nicht allein auf Sprachkompetenz beruht: Die Wahrnehmung, Analyse und Interpretation von Bildern und dynamischen Vorgängen ist erforderlich. Bei Bildmedien, aber auch bei Texten im Internet, stellt sich inzwischen grundsätzlich die Frage nach der Authentizität der übermittelten Informationen. Aufgrund tradierter Lesegewohnheiten werden Bilder eher als authentisch gewertet.

Schülerinnen und Schüler benötigen die Kompetenz der Entschlüsselung von Botschaften und ihrer Bewertung: Informationen und Medienbotschaften sind in Situationen und in bestimmten soziokulturellen Zusammenhängen entstanden. Mediale Repräsentationen sind immer interessengeleitete subjektive Konstruktionen. Bei den Daten im Internet ist der soziokulturelle Kontext, der Situationsbezug oftmals nicht erkennbar. Eine Rekontextualisierung muß erst hergestellt werden. Spezifische interpretative Fähigkeiten sind notwendig. Das Problem der Rekontextualisierung stellt sich grundlegend. Der fehlende gemeinsame Wahrnehmungsraum, die fehlenden nonverbalen Zeichen, die veränderte Raum-Zeit-Ordnung erschweren das Verstehen und Bewerten grundsätzlich. Bei der Nutzung des Internet können sehr unterschiedliche Funktionalitäten und Kommunikationsräume wahrgenommen werden, in denen jeweils unterschiedliche Kommunikationskulturen praktiziert werden. Im Hinblick auf virtuelle Umgebungen wird zukünftig eine spezifische Wahrnehmungsfähigkeit erworben werden müssen.

Medien selbst gestalten und im Netz bereitstellen
Es wird erwartet, daß Schülerinnen und Schüler Daten multimedial gestalten, für das Netz aufbereiten und im Netz bereitstellen können. Darüber hinaus sollen sie mit anderen im Netz zusammenarbeiten, daß heißt gemeinsam Daten bearbeiten können. Hierbei müssen sie sich mit den verschiedenen Zeichensystemen, den Gestaltungsmöglichkeiten und -techniken, den Möglichkeiten des Mediums, aber auch den möglichen Nutzern und Nutzerinnen auseinandersetzen. Hierbei können die Lernenden Einschränkungen und Begrenzungen, aber auch Manipulationsmöglichkeiten durch das Medium erfahren. Auch bei der Gestaltung von Medien soll gegenwärtig sein, daß Medien stets subjektive Konstruktionen sind, die in spezifischen soziokulturellen Zusammenhängen entstehen.

Medien hinsichtlich ihrer gesellschaftlichen Bedeutung analysieren und beeinflussen
Schülerinnen und Schüler sollen schließlich befähigt werden, die gesellschaftliche Bedeutung von Datenautobahnen und Multimedia und die jeweiligen Interessen analysieren und bewerten sowie unterschiedliche Gestaltungsmöglichkeiten bei Anwendungen reflektieren zu können. Sie sollen befähigt werden, Veränderungen in der Arbeitswelt, der Umwelt, der Politik, der Freizeit sowie in sozialen und kulturellen Bereichen zu reflektieren, zu bewerten und Gestaltungsräume zu erkennen. Sie sollen die Chancen und Gefahren der Veränderungsprozesse aus unterschiedlichen Sichtweisen, die stets interessengeleitet sind, reflektieren und einschätzen.

Medien hinsichtlich ihrer Auswirkungen auf die Informations- und Kommunikationskultur analysieren und bewerten.
Sie sollen befähigt werden, Veränderungen in der Informations- und Komunikationskultur zu reflektieren und dies mit eigenen Erfahrungen in Beziehung zu setzen. Sie müssen in der Lage sein, in vernetzten Systemen und Medienwelten eine Balance zu finden zwischen verschiedenen Formen der Erfahrung - den unmittelbaren und den medial aufbereiteten - sowie die Beziehungen und Übergänge zwischen den Medien und Realitätsebenen praktisch meistern. Dies erfordert, Kommunikationsprozesse auch sinnlich erfahrbar zu machen und Unterschiede in der direkten und der virtuellen Kommunikation bewußt wahrzunehmen und zu bewerten.

Medien in ihrer Bedeutung zur Identitätsentwicklung erfahren, analysieren und bewerten
Aufgrund des soziokulturellen Wandels sind für Jugendliche keine tradierten Orientierungshilfen verfügbar. Ein experimentierendes, spielerisches Umgehen mit Identitäten und Daseinsentwürfen, das Ausprobieren von sozialen Rollen, das Sammeln von Erfahrungen im Umgang mit dem Anderen, die Konfrontation mit verschiedenen Sichtweisen und das Erproben von Handlungsstrategien ist grundlegend für die Identitätsentwicklung. Schülerinnen und Schüler sollen mit den neuen Medien erweiterte Erfahrungsräume kennenlernen und diese in ihren Möglichkeiten und Grenzen erfahren, bewußt wahrnehmen, reflektieren und bewerten.

Medien mit sozialer und ethischer Kompetenz nutzen
Verschiedene Untersuchungsergebnisse zeigen, daß soziale Werte und Normen bei der Kommunikation und Kooperation über Netze eher vernachlässigt werden. Es wird weniger an persönlichen Motiven deutlich gemacht und oftmals eine größere persönliche Distanz und eine geringere Normenbindung erlebt. Die Nutzung von Informationstechnologien sollte in Prozesse des sozialen Lernens eingebettet werden. Es wird die Fähigkeit benötigt, in der Informationsgesellschaft sozial verantwortlich mitgestalten zu können und dabei die Persönlichkeit anderer zu achten und die Rechte anderer zu wahren.

Die Lehrperson spielt - wie bereits eingangs gesagt - eine Schlüsselrolle bei der Veränderung von Lernprozessen. Auch sie benötigt die Kompetenz zur Nutzung, Analyse, Bewertung und Gestaltung von Medien. Darüber hinaus beinhaltet Medienkompetenz auf Lehrerebene,

- die Bedeutung von Medien und Informationstechnologien für Erziehung, Bildung, Unterricht und Schulentwicklung einschätzen zu können,
- über eine Urteilsfähigkeit im Hinblick auf Medien und Informationstechnologien und ihrer Wirkungen von Medien insbesondere auf Kinder und Jugendliche zu verfügen,
- unterschiedliche Zugangsmöglichkeiten und Zugangsweisen insbesondere der Geschlechter erkennen, berücksichtigen und Lernprozesse derart gestalten zu können, daß ein gleichberechtigter Zugang zu den Medien geschaffen wird,

- Informations- und Kommunikationstechnologien als Werkzeug und Medium für Lehren und Lernen auswählen, nutzen, analysieren und bewerten zu können, sowie die Rolle der Lehrenden und Lernenden und Formen der Lernorganisation zu reflektieren.

Veränderung der Lehrerrolle und Schülerrolle?

Die Frage, die sich angesichts einer Initiative der Vernetzung von Schulen stellt, ist folgende: Wird durch die Bereitstellung der technischen Infrastruktur bereits ein Katalysator für pädagogische Veränderungen geschaffen? Wird sich die Rolle von Lehrenden und Lernenden im Unterricht durch den Einsatz von Technologie verändern? Wird die Eigenaktivität von Schülerinnen und Schülern verstärkt?

Der Frage nach der Veränderung von schulischem Lernen durch Computereinsatz gehen verschiedene Untersuchungen insbesondere im englischen Sprachraum auf den Grund. Miller und Olson, zwei kanadische Schulforscher, haben untersucht, wie die Lerneffektivität durch Technologie unterstützt werden kann und wie kompetent Lehrerinnen und Lehrer den Computer für Lernprozesse nutzen (Miller/Olson 1995). In qualitativen Studien haben sie das Verhalten von Lehrenden und Lernenden im Unterricht über mehrere Jahre hinweg untersucht. Ihre Ergebnisse zeigen eher die Komplexität der Situation und was Lehrerinnen und Lehrer in Betracht ziehen sollten und weniger das Potential von Informationstechnologie in der Schule. Lehrpersonen - so ihr Statement - sollten zunächst ihre Ziele reflektieren, erst auf dieser Basis können sie Computer sinnvoll einsetzen.
Der These, daß Lehrpersonen durch den Einsatz neuer Medien mehr Zeit für andere, wichtige pädagogische Aktivitäten erhalten, begegnen Miller und Olson mit Skepsis. Ihr Ergebnis ist, daß es Lehrpersonen gibt, die mit oder ohne Computereinsatz am Lernfortschritt ihrer Schüler und Schülerinnen intensiv teilnehmen und andere, die dies auch trotz Computereinsatz nicht tun. Die vorausgegangene Unterrichtspraxis wirkt stärker - so ihr Befund - als der Einsatz der Informationstechnologie, d. h. die unabhängig von der Technologie praktizierten Unterrichtsmethoden und didaktischen Ansätze haben oftmals die Fähigkeiten und das Verhalten von Schülerinnen und Schülern geprägt. So fördert z. B. der Einsatz eines Textverarbeitungsprogramms nicht automatisch den Schreibprozeß im Sprachenunterricht, wichtig ist vielmehr der didaktische Ansatz. Miller und Olson haben in ihren Untersuchungen allerdings nicht das Lernen mit Netzen einbezogen.

Ergebnisse einer qualitativen Studie bei Grundschullehrerinnen und -lehrern, die mit der Hypermedia-Arbeitsumgebung „Grünes Klassenzimmer" gearbeitet haben, zeigen, daß diese ihre eigene Rolle in der Weise geändert sehen, daß sie weniger im Mittelpunkt stehen, die Schülerinnen und Schüler stärker eigenaktiv sind und sie teilweise selbst die Rolle des Lernenden einnehmen. Mehrfach wird von den befragten Lehrerinnen und Lehrern geäußert, daß sie durch die Freiarbeit der Schülerinnen und Schüler Zeiträume zur Beobachtung der Lernenden erhalten und diese für die Steuerung sozialer Prozesse im Unterricht nutzen können. (Müller 1995)

Da die oben zitierten Untersuchungen nicht auf Unterrichten mit Netzen bezogen sind, stellt sich nach wie vor die Frage, ob der Zugang zum Internet eine Katalysatorfunktion haben kann.

In einer nordamerikanischen Studie, in der 240 Lehrpersonen und Lernende im Internet befragt wurden, gaben 70% an, daß sich ihre Sichtweise von Unterricht geändert habe. Auf die Frage nach den Veränderungen zum traditionellen Unterricht wurde genannt:
Die Rolle der Lehrperson ändert sich zum Facilitator und Mentor, Schüler und Schülerinnen sind aktiv Teilnehmende in Lernprozessen; die Diskussionen führen mehr in die Tiefe, der Zugriff auf Daten weitet sich entscheidend aus, die Lernenden werden unabhängiger, die Interaktionen zwischen den Lehrenden nehmen deutlich zu, der Unterricht wird schülerzentrierter und die Lehrer-Schüler-Hierarchie wird aufgebrochen (Harasim et al 1996, 14 f.).

Eigene Beobachtungen lassen allerdings die Katalysatorfunktion von Technologien in Zweifel ziehen: Es läßt sich zwar teilweise feststellen, daß Schülerinnen und Schüler zunächst eine höhere Lernmotivation und teilweise auch bessere Lernergebnisse erbringen, dies kann allerdings auf den Neuigkeitswert zurückgeführt werden und durchaus von vorübergehendem Erfolg sein, wie wir bereits aus Untersuchungen zum Computereinsatz in den 80er Jahren erfahren haben. Ein negativer Effekt kurzfristiger Motivation kann sein, daß die Lehrpersonen nicht gefordert werden, grundsätzlich über eine qualitative Veränderung von Lehren und Lernen nachzudenken, sondern die Verwendung traditioneller Lernformen trotz Technologieeinsatz oftmals verfestigt wird. Wesentlich scheinen begleitende, möglichst schulinterne Fortbildungen zur pädagogischen Nutzung dieser Technologie und einer grundlegenden Neuorientierung in Lehr- und Lernprozessen sowie die Zusammenarbeit mit Lehrerausbildungs- und fortbildungseinrichtungen zu sein.

Praktizierte Lehrerrolle und Schülerrolle im Unterricht

Angesichts der Visionen von Unterricht ist es interessant zu fragen, welche Unterrichtsformen und Aktivitäten im Unterricht heutzutage in bundesrepublikanischen Schulen praktiziert werden. 40% der Lehrerinnen und Lehrer einer repräsentativen Befragung des IFS geben an, daß in ihrem Unterricht die Schülerinnen und Schüler niemals oder nur ganz selten selbständig an selbstgewählten Aufgaben arbeiten oder eigene Untersuchungen durchführen. Die stärker auf die Eigentätigkeit der Schülerinnen und Schüler sowie auf forschendes Lernen ausgerichteten Unterrichtsformen - zusammen mit der Arbeit am Computer - sind ganz am Ende der Rangreihe plaziert.

Das Idealbild der Lehrerinnen und Lehrer sieht dagegen anders aus: Am häufigsten, nämlich mit 63%, wünschen sie gemeinsame Diskussionen im Unterricht. Aber auch Gruppenarbeit und die „selbständige Bearbeitung von selbstgewählten Aufgaben“ sowie die Durchführung eigener Untersuchungen durch die Schüler werden von den Lehrerinnen und Lehrern häufig gewünscht. Ein ähnliches Bild gibt die Schülerbefragung:

Nur 8% geben an, daß die Lehrpersonen Schülerinnen und Schüler mitbestimmen lassen, aber 74%, daß die Lehrerpersonen im großen und ganzen bestimmen, was Schülerinnen und Schüler im Unterricht machen sollen. Die regelmäßige Computernutzung im Unterricht ist die Ausnahme. Außer im Bereich Arbeitslehre, Technik, Wirtschaft (14%) sagen weniger als 5%, daß Computer im Unterricht regelmäßig eingesetzt werden. Dies wird durchgängig von der Mehrheit der Befragten kritisiert, und zwar von Jungen und von Mädchen gleichermaßen, am meisten für den Bereich der Naturwissenschaften.
Diese Ergebnisse zeigen sehr deutlich, daß zwischen den Visionen über die Möglichkeiten des Computereinsatzes in Schulen und den eingeschätzten Realsituationen in Schulen eine erhebliche Kluft besteht. Der geforderte Ansatz konstruktivistischen Lernens, in dem die Schülerinnen und Schüler ihr Wissen eigenaktiv und selbstorganisierend konstruieren und die Lehrperson mehr und mehr die Rolle eines „coach" und Organisators von Lernprozessen einnimmt, scheint in der Unterrichtspraxis kaum umgesetzt.

Beteiligung der Mädchen

Aus Modellversuchsergebnissen zur Informationstechnischen Grundbildung in den Schulen Ende der 80er Jahre wissen wir, daß Zugangsweisen und Zugangsmöglichkeiten der Geschlechter zum Computer differieren. Es zeigen sich Unterschiede zwischen Mädchen und Jungen bei Interessen, Einstellungen, dem Interaktionsverhalten und dem Umgang mit dem Computer. Obwohl in den Modellversuchen und verschiedenen Projekten Materialien und Strategien zur Aufhebung der Benachteiligung von Mädchen entwickelt wurden, haben diese allgemeinen Bemühungen laut der IEA-Studie „Computers in Education" (International Association for the Evaluation of Educational Achievment) aus dem Jahre 1992 westdeutsche Schulen kaum erreicht (Lang/Schulz-Zander 1994). Das Abwahlverhalten der Informatikkurse in der gymnasialen Oberstufe ist bei den Mädchen sehr hoch. Ebenso ist der Anteil weiblicher Studierender im Fach Informatik in den letzten Jahren deutlich zurückgegangen. In der Schule ist der Computerbereich offensichtlich immer noch in männlicher Hand.

Wenn man der These folgt, daß über die Computerkultur eine Ausprägung der Geschlechteridentität erfolgt und Frauen bewußt auf Distanz gehalten werden (Metz-Göckel/ Kauermann-Walther 1992), so ist die Gefahr der Ausgrenzung des weiblichen Geschlechts aus diesem Bereich weiterhin gegeben.

Die Vernetzung von Schulen, die die Kommunikation und Kooperation geradezu herausfordert, die die Bearbeitung komplexer Problemstellungen fächerübergreifend im Team unterstützen kann, die aufgrund der Aktualität von Daten einen Realitätsbezug eher herstellen und forschendes Lernen unterstützen kann, müßte nach den Ergebnissen empirischer Untersuchungen den Interessen der Mädchen allerdings entgegenkommen. Es bleibt abzuwarten, ob mit der Vernetzung und dem vermehrten Einsatz des Computers in allen Fächern zukünftig Schülerinnen und auch Lehrerinnen stärker beteiligt sind.

Rahmenbedingungen für eine erfolgreiche Praxis schaffen

Das Office of Technology Assessment des Kongresses der Vereinigten Staaten hat in seinem 1995 veröffentlichten Bericht „Teachers and Technology: Making the Connection" folgendes als wesentlich herausgestellt: Die Lehrperson nimmt eine Schlüsselrolle im Prozeß der Veränderung schulischen Lernens ein; Lehrerinnen und Lehrer brauchen eine Vision über das Potential der Technologie und die Möglichkeit der Nutzung. Sie benötigen Fortbildung, direkte Unterstützung in Anwendungssituationen und Zeit zum Ausprobieren. Die Zugangsmöglichkeit allein reicht nicht aus, maßgeblich für die Nutzung der Netze ist, daß unterstützende Rahmenbedingungen geschaffen werden. Die enorme Zeitbelastung für die Lehrpersonen, die bei der Nutzung von Netzen entsteht, stellt das größte Problem dar (OTA 1995, 131). Wesentliche Voraussetzungen sind, daß die Lehrpersonen einen leichten Zugang zum Internet haben, selbst mit Kolleginnen und Kollegen über Netze zusammenarbeiten und Informationen austauschen können (vgl. auch OTA 1995, 253). Eine weitere Voraussetzung für Veränderungsprozesse ist, daß die Schulleitung diese Projekte unterstützt, daß eine Person für die technische Betreuung des Netzes bereitgestellt wird und den Lehrerinnen und Lehrern jede Unterstützung gewährt. Fehlende Freiräume in den Lehrplänen, zu enge Zeitvorgaben im Stundenplan und fehlende Ressourcen für die Übernahme der laufenden Kosten bilden ebenso große Barrieren bei der Nutzung der Netze (Harasim et al 1996, 14). Als förderlich hat sich gezeigt, wenn spezielle Angebote über das Netz für Lehrerinnen und Lehrer bereitgestellt werden, Aufwandsentschädigungen für die enormen zeitlichen Belastungen gegeben werden und überdies Systeme leicht handhabbar sind.

Kurzum: Für die erfolgreiche Einbindung von Netzen in das Schulleben sind Rahmenbedingungen zu schaffen. Entscheidend ist die Unterstützung durch die Schulleitung, die Entwicklung eines Schulkonzepts zur Nutzung der Technologie für ein verändertes Lernen, die Gewährleistung der technischen Betreuung der Netze durch technisches Personal, eine größere Flexibilität im Stundenplan, ein leichter Zugang zum Internet für Lehrpersonen und Schülerinnen und Schüler, flexible Internetzugänge im Schulgebäude, Medieninseln in Klassenräumen, in der Bibliothek bzw. Mediothek, Kooperationsprojekte mit externen Institutionen und Partnern wie Lehrerbildungseinrichtungen, kommunalen Einrichtungen etc.

Fazit

Bisherige Erfahrungen zeigen, daß breit angelegte Technologieoffensiven keine qualitative Veränderung von Lernen und eine gute Schule bewirken. Die Bereitstellung von Technologien allein wird erfolgreiches Lernen nicht bewirken; sofern diese nur genutzt wird, um traditionelle Lehr-/Lernformen zu verfestigen, wird sie wirkungslos bleiben. Der Erfolg einer Maßnahme „Schulen ans Netz" hängt davon ab, inwieweit es gelingt, Wege aufzuzeigen, wie die Qualität von Schule und von Lernen durch die Nutzung der Netze tatsächlich verändert werden kann. Eine Nutzung neuer Medien darf nicht zu einem Verlust an authentischen Erfahrungen und sozialem Lernen führen.

Soziales Lernen wird angesichts der sich verschärfenden Probleme in unserer Gesellschaft in der Schule eine immer stärkere Bedeutung erhalten. Die unmittelbare Begegnung von Menschen, die Entfaltung sozialer und kommunikativer Kompetenz ist grundlegend für soziales Lernen. Soziale Kommunikation bedarf gemeinsamer Wahrnehmungsräume. Verstehen und Erkennen brauchen soziale Erfahrung und Begegnung. Allzu oft stehen technische Fragen bei der Einführung dieser Innovation im Vordergrund. Ist die Handhabung der Systeme erreicht, scheinen häufig genug auch schon die Projektziele erreicht. Es ist zur Zeit noch sehr schwer abschätzbar, welche Veränderungen mit dem Einsatz der Telekommunikation sich für schulisches Lernen ergeben. Die Schlüsselperson im gesamten Prozeß ist die Lehrperson, insofern ist die Qualifizierung zukünftiger und bereits in der Praxis tätiger Lehrerinnen und Lehrer von größter Wichtigkeit. Begleitend zur Vernetzung von Schulen sind eine Reihe schulischer Rahmenbedingungen zu schaffen, um eine solche Initiative zum Erfolg zu führen.

*** Dieser Beitrag ist eine überarbeitete Fassung des Beitrags von Renate Schulz-Zander in der Zeitschrift Pädagogik (1997), Heft 3.**

Literatur

Gesellschaft für Informatik (Hrsg.): Schulen an das Netz. Bildungsinitiative Informatik und Telekommunikation der Gesellschaft für Informatik. Bonn 1995.

Harasim/Hiltz/Teles/Turoff: Learning Networks. Cambridge/Mass, London: MIT Press 1996, second printing.

Hesse, Friedrich W./Grasoffky, Bärbel/Hron, Aemilian: Interface-Design für computerunterstütztes kooperatives Lernen. In: Issing, Ludwig; Klimsa, Paul (Hrsg.): Information und Lernen mit Multimedia. Weinheim: Psychologie Verlags Union 1995, S. 253-267.

Kanders, Michael; Rolff, Hans-Günter; Rösner, Ernst: Das Bild der Schule aus der Sicht von Schülern und Lehrern. In: Rolff u.a. (Hrsg.): Jahrbuch der Schulentwicklung, Band 9. Weinheim, München: Juventa 1996, S. 57-114

Lang, Manfred/Schulz-Zander, Renate: Informationstechnische Bildung in allgemeinbildenden Schulen - Stand und Perspektiven. In: Rolff/Bauer/Klemm/ Pfeiffer/ Schulz-Zander (Hrsg.): Jahrbuch der Schulentwicklung, Band 8. Juventa: Weinheim/ München 1994, S. 309-353.

Metz-Göckel, Sigrid/ Kauermann-Walther, Jacqueline: Geschlechterordnung und Computerbildung. Forschungsergebnisse zur Koedukation und unterschiedlichen Umgangsformen mit dem Computer. In: Kreienbau, Maria-Anna/Metz-Göckel, Sigrid: Koedukation und Technikkompetenz von Mädchen. Der heimliche Lehrplan der Geschlechtererziehung und wie man ihn ändert. Juventa Verlag Weinheim und München 1992.

Miller, Larry/Olson, John: How Computers live in Schools. In: Educational Leadership, 53 (1995) No. 2, 74-77.

Müller, Claudia: Veränderung von Lehr- und Lernprozessen durch multimediale Lernumgebungen unter besonderer Berücksichtigung der Rolle von Lehrerinnen und Lehrern. Diplomarbeit, Universität Dortmund, FB 12 1996.

OTA: U. S. Congress, Office of Technology Assessment: Making the Connection, OTA-EHR-616 (Washington, DC: U.S. Government Printing Office) April 1995.

Postman, Neil: Das Technopol. Die Macht der Technologien und die Entmündigung der Gesellschaft. Frankfurt/Main: Fischer 1992.

Schulz-Zander, Renate: Veränderte Lernwelten mit Multimedia und Telekommunikation? Computer und Unterricht (1996) 21, 41-46.

Schulz-Zander, Renate: Lernen in der Informationsgesellschaft. In: Pädagogik (1997), Heft 3, 6 -12.

Spears, R./Lea, M.: Social influence and the influence of the social in computer-mediated communication. In: Lea, M. (Ed.): Socialcontexts of computer-mediated communication. Hemel Hempstead, GB: Harvester Wheatsheaf 1992, 30-65.

Sproull, L. S./Kiesler, S.: Connections. New Ways of Working in the Networked Organisation. Cambridge Mass: The MIT Press 1991.

Turkle, Sherry: Life on the Screen. Identity in the age of the Internet. Simon&Schuster: New York et al.: 1995.

Wagner, Ina: Neue Reflexivität. Technisch vermittelte Handlungsrealitäten in Organisationen. In: Kooperative Medien: informationstechnische Gestaltung moderner Organisationen. Ina Wagner. Frankfurt/Main; New York: Campus 1993, S. 7-66.

Kontakt

Prof. Dr. Renate Schulz-Zander
Institut für Schulentwicklungsforschung
Universität Dortmund
D - 44221 Dortmund
E-Mail: <schuza@ifs.uni-dortmund.de>

Die Vernetzung der österreichischen Schulen - Bemerkungen zum Stand der Diskussion

von Anton J. Knierzinger und Astrid Leeb

Wo stehen Österreichs Schulen bei der Einführung der neuen Informations- und Kommunikationstechnologien (IKT)? Was sagen Praktiker und Theoretiker und was wünschen sie sich? Das Symposion „Schulen am Netz" versammelte am letzten Freitag im Juni 1997 über 140 Lehrerinnen und Lehrer, Vertreterinnen und Vertreter der Schulbehörden, der Wirtschaft und des Verlagswesens in den Sälen des Unterrichtsministeriums. Die Teilnehmerinnen und Teilnehmer des Symposions waren besonders jene, die sich bereits jetzt mit großem Engagement und Idealismus bemühen, die neue Informations- und Kommunikationstechnologie (IKT) im Unterricht einzusetzen; also alle, oder fast alle, die mit viel Mühen versuchen, heute in der Schule die Medienwirklichkeit von morgen auszuprobieren.
In diesem Beitrag fließen die dort geführten Diskussionen und Meinungen ein. Unsere Darstellung versucht eine systematische Anordnung des Entwicklungsstandes, der Probleme und möglicher Perspektiven. Sie ist aber auch geschrieben aus der persönlichen Erfahrung unserer Arbeit am **Institut für Schule und Neue Technologien (IST)** an der Pädagogischen Akademie der Diözese in Linz.

Wo stehen wir heute?

IKT sind ein Thema an den Schulen

Multimedia und Vernetzung sind für viele, ja fast alle Lehrerinnen und Lehrer ein (wichtiges) Thema. Monatlich gibt es Pressekonferenzen von Schulpolitikern und Firmen sponsern medienwirksam Ausrüstungen an Schulen und deren digitale Vernetzung. Es ist zur allgemein vorherrschenden Meinung geworden, daß die Einführung unserer Kinder in die neue Technik für das zukünftige Wohlergehen unseres Landes von großer Bedeutung ist, denn Multimedia und digitale Vernetzung versprechen jene intelligenten Arbeitsplätze, die in Zukunft unseren höheren Lebensstandard gewährleisten sollen. Dadurch wurde nach einer Phase hoher Prozentsätze von Technikfeindlichkeit unter Lehrerinnen und Lehrern an Österreichs Schulen der Umgang mit dieser wieder salonfähig.

Warum ist das nicht früher gekommen, Computer gibt es an unseren Schulen schon seit mehr als zehn Jahren? Die Erfahrungen aus über einem Jahrzehnt in der Lehreraus- und weiterbildung lehren, darin auch etwas Positives zu sehen. Lehrerinnen und Lehrer verschließen sich neuen Medien und Methoden nicht grundsätzlich. Sie hinterfragen nur, wenn sie nicht von Haus aus an Technik interessiert sind, jede Änderung in Hinblick auf deren neue didaktische Möglichkeiten.
Und hier müssen wir zugeben, daß die PC-Technologie der Achzigerjahre nicht dazu angetan war, einen kritischen Lehrer davon zu überzeugen, daß diese Technik seine Möglichkeiten im Unterricht drastisch erweitern wird, solange er oder sie sich nicht

ausführlich damit beschäftigt hat. Jetzt hat die Multimediatechnik ein Niveau erreicht, das eine didaktische Begründung einer weiteren Verzögerung ihrer Anwendung nicht zuläßt. Vielmehr bietet der heutige Standard der Technik bereits vielfältige neue Möglichkeiten an, die Qualität des Lernens zu verbessern.

Die technischen Vorbereitungen laufen an

Viele Schulen sind im letzten Jahr an das Internet angeschlossen worden. Dies ist nicht nur auf die Eigeninitiative von Lehrerinnen und Lehrern zurückzuführen. Mit dem *ASN – Austrian School Network* wurde begonnen, die Kraft lokaler Initiativen in den einzelnen Bundesländern zu bündeln und neue Knoten eines österreichischen Schulnetzes zu knüpfen.

Aufbereitung von Inhalten

Die offiziellen Stellen sind bei Internetprojekten immer noch sehr stark auf die technische Infrastruktur der Übertragungswege konzentriert. Das ist natürlich erklärbar, denn der Aufbau eines österreichischen Schulnetzes ist sowohl in technischer wie auch organisatorischer Hinsicht keine einfache Sache. Die derzeitige Budgetsituation zwingt zu vielen Kompromissen. Doch wenn wir amerikanischen Berichten entnehmen, daß sich teilweise die Ein- und Aussteiger im Internet zahlenmäßig die Waage halten, dann bestärkt das die Meinung, daß ein bloßer Internetanschluß für eine Schule zwar eine feine Sache ist, daß sich aber irgendwann die Lehrerinnen und Lehrer fragen, wo sie in diesem großen Netz die Informationen finden, die sie in ihrer professionellen Situation als Lehrer an einer österreichischen Schule brauchen.

Das soll nicht die Leistung jener Projekte herabsetzen, die versuchen, das bestehende Internet für den Unterricht zu nutzen, und von denen wir zahlreiche Beispiele im Rahmen des Symposions „Schulen am Netz“ vorgeführt bekommen haben bzw. in diesem Buch nachlesen können. Aber wer wird zum Beispiel die österreichischen Lehrpläne im Internet publizieren, wenn nicht wir? Es gibt andererseits auch schon einige Server mit Bildungsinhalten, die von verschiedenen Projekten („education highway“ in Oberösterreich und Initiativen in Graz und Vorarlberg) getragen werden. Black•Board Systems bietet für Lehrerinnen und Lehrer zu verschiedensten Themen Kommunikation und Diskussion an.

Methodisch-didaktische Forschung

Wir finden in Österreich zahlreiche, phantasievolle, kreative und fast ausschließlich auf Eigeninitiative basierende Projekte an Schulen, die sich mit der Anwendung von IKT im Unterricht beschäftigen. Wer oft zu einschlägigen Tagungen im Ausland fährt, kann zu recht behaupten, daß wir hier keinen Vergleich mit anderen Ländern zu scheuen brauchen.

Es fällt auf, daß zwei Dinge bei unseren Projekten fast völlig fehlen, nämlich die wissenschaftliche Begleitung in didaktisch methodischer Hinsicht und damit verbunden die umfangreiche Dokumentation der Projekte.

Das ist sehr schade, denn wir glauben, daß eine wissenschaftlich Begleitung durch die Verbindung von Praxis und Theorie, durch Ideen von außen, durch Rückgriff auf

Erfahrungen aus vergleichbaren Projekten und durch Einbettung in theoretische Konzepte die Projekte noch erfolgreicher werden ließe. Eine Kultur der Dokumentation von Projekten würde es in vielen Fällen ersparen, die gleichen Erfahrungen noch einmal machen zu müssen und wäre gleichzeitig Ansporn für manchen, erfolgreiche Projekte in ähnlicher Form durchzuführen.

Erwähnenswert sind hier die ersten Versuche einer systematischen Sammlung von Unterrichtsprojekten am Kokosnuß-Server des BRG Vöcklabruck und die internationale Sammlung von Success-Stories, die in Österreich von MR Mag. Stemmer betrieben wird.

Prototypen
In Ermangelung finanzieller Mittel kommen in unserem Land (und auch anderswo) viele Versuche der Aufbereitung von Inhalten im Internet nie über das Stadium des Prototyps (das heißt: wenige Seiten) hinaus. Diese Server sind aber langfristig nicht nur nutzlos, sondern auch kontraproduktiv, da sie den Anwender verärgern. Hier wäre, wenn es auch vielleicht dem Geist des Internets widerspricht, eine Koordination der Kräfte und eine Konzentration der eingesetzten Mittel sinnvoll.

Wünschenswerte Veränderungen

Und die Anliegen der Lehrerinnen und Lehrer? Sie sind vielfältig und doch leicht in Kategorien zu ordnen. Auch wenn während der Podiumsdiskussion des Symposions mit Frau Bundesministerin Gehrer das Geld ein zentraler Punkt war, so spielt dieses Thema in vielen anderen Gesprächen eine bescheidenere Rolle. Es dominiert zwar die Angst, daß sich der Staat zu sehr aus der Rolle des Finanziers unseres Bildungssystems verabschiedet, man ist sich aber bewußt, daß die Durchführung von Projekten im Schulbereich in Zukunft auch die Aufbringung der finanziellen Mittel beinhalten wird. Hier sind der Phantasie keine Grenzen gesetzt und viele der vorgeführten Projekte zeigten solche Wege bereits auf.

Kooperation und Koordination

Die derzeitige Situation der IKT an den Schulen ist durch viele innovative Einzelinitiativen gekennzeichnet. Was noch fehlt, ist eine Kultur der Kooperation. Diese zu entwickeln braucht den Willen dazu und geeignete Strukturen. Der Wille wäre jetzt schon vorhanden. Was könnte also den Dialog zwischen den verschiedenen Projekten im Bereich IKT fördern?

a) Passende Gelegenheiten
Die Basis jeder Zusammenarbeit ist nicht ein E-Mail, sondern der persönliche Kontakt. Darum werden Gelegenheiten wie das Symposium zu „Schulen am Netz“ auch so gerne aufgegriffen. Dort kann man feststellen, „wo die anderen stehen“. Der gegenseitige Meinungsaustausch und die spontane Idee zur Zusammenarbeit brauchen ein Klima der persönlichen Begegnung. Zumindest zweimal im Jahr sollte es solche österreichweite Treffen geben.

b) Strategien
Nationale Konzepte, die auf breiter Basis entwickelt wurden, können als Quelle neuer Ideen dienen, solange sie ein Rahmen bleiben und nicht zur Handlungsanleitung werden. Warum versuchen wir zum Beispiel nicht, ein nationales Strategiepapier für die Integration von Multimedia zu entwickeln?

c) Beispiele
Ein Wunsch vieler Teilnehmer am Symposium war eine Sammlung von Beispielen des erfolgreichen Einsatzes von IKT im Unterricht. Projekte, neue Ideen zur Unterrichtsmethodik usw. sollten gesammelt und allen österreichischen Lehrerinnen und Lehrern zugänglich gemacht werden.

d) Europäische Dimension
Die Teilnahme an transnationalen Projekten erfordert neben der Bereitschaft zur internationalen Kooperation auch Kontakte zu Partnern und das Wissen um die Möglichkeiten, sich nationaler und europäischer Quellen der Finanzierung bedienen zu können. Die Unterstützung durch Beratung durch einzelne Abteilungen des BMUK wird hier sehr geschätzt.

e) Spezialisierung
Die Einführung der IKT in unseren Schulen bietet vielfache Aufgabenstellungen: Aufbau der technischen Infrastruktur, Förderung von Kommunikation und Diskussion, Aufbereitung von Inhalten, Aus- und Weiterbildung etc. Solange in jedem Projekt versucht wird, alles abzudecken, wird man notwendigerweise in allen anderen Projekten Konkurrenten sehen. Wir sehen es als guten Vorschlag, hier eine stärkere Spezialisierung auf Teilbereiche und lokale Gebiete zu forcieren. Das wird die einzelnen Projekte durch Konzentration auf Teilaufgaben zu größerer Tiefe führen. Durch Kooperation mit Partnern, die verschiedene Spezialaufgaben erfüllen, wird es dann möglich sein, den Schulen alle Dienste optimal anzubieten.

Methodik

Ein besonders großer Teil der Diskussion wurde der neuen Rolle des Lehrers gewidmet. Das ist uns auch persönlich sehr wichtig, da es völlig unmöglich ist, die neuen Medien unter den Bedingungen der traditionellen Unterrichtsstrukturen langfristig und erfolgreich einzuführen.

Multimedia-Computer sind Teil einer neuen Medienwirklichkeit und nicht bloß neue Werkzeuge. Sie beinhalten Werkzeuge wie Textverarbeitung, Graphikprogramme oder mathematische Tools, haben aber alle Attribute von neuen Medien. Sie erzeugen eine neue Sicht der Wirklichkeit.
Auch wenn zuerst immer die Frage auftaucht, wie die bisherigen Probleme mit Hilfe dieser Technik besser und schneller gelöst werden können, so ist doch langfristig zu klären, welche anderen Fragestellungen und Probleme erst durch diese neuen Medien interessant werden. Das heißt, die Einführung der neuen Medien hat sowohl eine methodische wie auch eine inhaltliche Komponente. Dies betrifft natürlich in gleichem Maße Lernende wie auch Lehrende.

Gemeinsam muß eine neue Lehr- und Lernkultur entwickelt werden, die besonders durch folgende Aspekte gekennzeichnet sein wird:

- Verstärkte Kooperation
- Dialog und Kommunikation
- Partnerschaftlicher Unterricht
- Projektorientiertes Vorgehen
- Individuelle Förderung

Anhand von Beispielen wurde im Rahmen dieser Tagung gezeigt, daß die Schulbibliothek zum multimedialen Lern- und Informationszentrum ausgebaut werden kann. Medieninseln in der Bibliothek sollten das Arbeiten mit Medien wie CD-ROM (offline) und den Zugang zum weltweiten Informationspool des Internets (online) ermöglichen.

Natürlich ergeben sie dabei in der heutigen Struktur der Schule gewisse organisatorische Probleme: die ständige Aufsichtspflicht des Lehrers über die Schüler, ein starres zeitliches Korsett durch den Stundenplan usw. Viele Lehrerinnen und Lehrer wünschen sich daher größere Freiräume für ihr Arbeiten. Dazu hat Bundesministerin Gehrer in der Podiumsdiskussion des Symposion treffend formuliert: „Viele in der Schule wissen gar nicht, wie viel eigentlich erlaubt ist!"

Motivation

Die Einführung der IKT in der Schule verlangt die Bereitschaft, Neuland zu betreten. Der Erfolg dabei wird vor allem von der hohen Motivation der Lehrerinnen und Lehrer abhängen. Diese kann sowohl von außen, wie auch von innen induziert werden.

Motivation von außen

- durch die Direktion und die Schulaufsicht, indem sie zeigen, daß die Arbeit mit neuen Medien von pädagogischer Wichtigkeit ist
- durch gehaltspolitische Maßnahmen, die den Kustoden das Gefühl geben, daß ihre Arbeit auch anerkannt wird
- durch Schüler, die ihr Interesse an der Arbeit mit neuen Medien zeigen
- durch die Gesellschaft (Eltern, Medien...), die den Lehrerinnen und Lehrern die Bedeutung dieser Thematik vor Augen hält

Motivation von innen

Auch wir selbst sind aufgerufen, uns immer wieder zu motivieren. So ist es wichtig, nicht zu große Erwartungen in die Integration von IKT in den Unterricht zu setzen und zu schnell Erfolge zu erwarten. Hier sind kleine Schritte sinnvoller und zielführender.

Als besonderes Hindernis wurde allgemein die Angst der Lehrerschaft gewertet, sich in einer neuen Situation in der Klasse zu finden, die dadurch gekennzeichnet ist, daß Schüler auf einzelnen Gebieten (z.B. Bedienung des Computers) dem Lehrer eindeutig überlegen sein können. Die Entwicklung auf diesem Gebiet ist so schnell, daß es vermessen wäre, zu glauben, durch Maßnahmen im Bereich Lehrerfortbildung könnten dies verhindert werden. Man muß sich eingestehen, daß es in Zukunft nicht mehr

Teil der Rolle des Lehrers sein wird, alles besser zu können und zu wissen als die Schüler. Lehrerfortbildung sollte daher nicht nur die technischen Aspekte der Veränderung wie Umgang mit Computern und Softwarewerkzeugen enthalten. Um den Großteil der Lehrerinnen und Lehrer zur Anwendung dieser neuen Medien in ihrem Unterricht zu bewegen, muß mit ihnen gemeinsam ein neues Rollenbild fixiert werden.

Visionen zum Einsatz neuer Medien in den Schulen

Das alles wird nur dann gut funktionieren, wenn es gelingt, bei der Integration neuer Medien in die Schule das innere Feuer der Vision einer stetigen Verbesserung unserer Schule zu entfachen. Wir sind überzeugt, daß uns die IKT hier in dreifacher Weise unterstützen:

- Attraktive Inhalte
- Verbesserte Methodik
- Effektiveres Lernen

Bei allen Maßnahmen, die wir in Österreich auf diesem Gebiet setzen, müssen wir sicherstellen, daß die Technik rund um eine pädagogisch-didaktische Säule gebaut wird und nicht umgekehrt.
Die Entwicklung der IKT in unseren Schulen kann schwerlich in allen Facetten vorausgesagt werden. Was wir aber in Zukunft sicherlich tun können, ist, die Diskussion, die wir beim Symposium „Schulen ans Netz“ im Wien begonnen haben, bei ähnlichen Gelegenheiten fortzusetzen. Eine Möglichkeit dazu wäre die Bildungsfachmesse Interpädagogica, die heuer von 13.-15. November in Linz stattfindet. Dort veranstaltet das BMUK die Multimedia-Tage 97. Organisiert werden diese vom Institut für Schule und Neue Technologie (IST) an der Pädagogischen Akademie der Diözese Linz. Wer Interesse hat, kann auf den Internet-Seiten des oberösterreichischen „education highway“ **<http://www.asn-linz.ac.at>** Informationen dazu bekommen.

Kontakt

Mag. Anton J. Knierzinger
E-Mail: <kna@mail.padl.ac.at>
Astrid Leeb
E-Mail: < lea@mail.padl.ac.at>
Institut für Schule und Neue Technologie
Fachbereich Informatik an der Pädagogischen Akademie der Diözese Linz
Salesianumweg 3
A-4020 Linz
Tel.: +43 - (0)732-77 26 66 - 262
Fax: +43 - (0)732 77 26 66 - 295
Homepage: <http://www.asn-linz.ac.at>

Vernetzte Bildung - Steckbrief eines Forschungsprojektes

von Andreas Pointner

Was geschieht, wenn sechs Schulklassen samt ihren Lehrern und Lehrerinnen mit Notebooks, Modems und Druckern ausstattet werden und ihnen darüberhinaus der Zugang zum Internet ermöglicht wird? Wie wirkt sich das auf den Unterricht aus, auf Lehrer- und Schülerrolle, auf Lehr- und Lernprozeß, wie auf das Kommunikationsverhalten inner- und außerhalb des Schulbereichs? Um Antworten auf Fragen wie diese zu finden, hat das BMUK die Techno-Z FH Forschung und Entwicklung GmbH mit der Evaluation des Notebook-Projektes betraut. Die folgenden Seiten stellen die Zielsetzungen, Forschungsfragen, Methoden und Produkten des Forschungsprojektes „Vernetzte Bildung“ dar.

Das Notebook-Projekt

Im Frühjahr 1996 stattete das BMUK jeweils eine Klasse des BG Blumenstraße in Bregenz, des BG/ BRG Wels, der Kärtner Tourismusschulen in Villach, des BORG Monsbergergasse in Graz, der Schihandelsschule Schladming und der HAK/ HASCH Tamsweg mit Notebooks, Computertaschen und Druckern aus. Darüberhinaus erhielt jede Schule ein CD-ROM-Laufwerk. Die Notebook-Schulen waren zusammen mit den Landesschulräten ausgewählt worden.
Teilnahmebedingung war die Verpflichtung, LANs (Local Area Networks; in diesem Falle schulinterne Netze) und Einwählknoten zu errichten. Die Klassenräume sollten lokal vernetzt, die Notebooks telekommunikationsfähig gemacht und ins Schulnetz integriert werden. Die Schülerinnen und Schüler sollten von zu Hause aus auf dieses zuzugreifen können.

Die Kosten für Modems, Netzwerkkabel und -karten gingen zu Lasten der Schulbudgets. Die Kosten für die technische Hilfestellung, die das Informatik Service der Steirischen Volkswirtschaftlichen Gesellschaft (IS) den Schulen beim Aufsetzen und Betreiben ihrer Schulnetze gab, wurden vom BMUK getragen. Die Anschaffung jener Software, die über das standardmäßig mitgelieferte, aus Bull-Windows 3.11 und Lotus-Smartsuit bestehende Softwarepaket hinausging, wurde von den Schulen finanziert.

Welche Ziele hat das Notebook-Projekt?
Im Zuge des Notebook-Projektes sollten Modelle „für den Einsatz des Computers inner- und außerhalb des Unterrichts und die Möglichkeiten des pädagogischen Einsatzes der Telekommunikation entwickelt und getestet“ werden. Ziel war es, aus praktischen Erfahrungen Schlüsse für einen sinnvollen und zielführenden weiteren Umgang mit neuen Unterrichtstechnologien zu ziehen und einen umfassenden Katalog von Modellen und Vorschlägen für den pädagogischen Einsatz von Computern zu erstellen. Die einzelnen Modelle wurden von den am Projekt beteiligten Lehrerinnen und Lehrern erstellt.

Fragen und Ziele des Projektes „Vernetzte Bildung"

Das Projekt besteht aus drei Modulen: a) Evaluation des Notebook-Projektes und dem Österreich-Monitoring, b) Monitoring der internationalen Entwicklung und c) konkreten Empfehlungen zum Einsatz von neuen Medien an österreichischen Schulen.

Evaluation des Notebook-Projektes und Österreich-Monitoring
Hier wird untersucht, wie das Notebook-Projekt des BMUK verlaufen ist und welche Schlußfolgerungen sich für einen optimierten Einsatz neuer Informations- und Kommunikationstechnologien (IKT) im Unterricht ziehen lassen. Zweitens werden jene Faktoren herausgearbeitet, die den Lernerfolg beim Einsatz von IKT im Unterricht fördern bzw. die ihn hemmen. Drittens wird ein Überblick über die Internetprojekte österreichischer Schulen erarbeitet. Wie wirkt sich der Einsatz von IKT im Unterricht auf die Lehrer- und Schülerrolle aus, auf die Lehr- und Lernprozesse, auf das Kommunikationsverhalten im Schulbereich und die Unterrichtsgestaltung? Welchen Einfluß hatten EDV-Vorkenntnisse und -kompetenz, Computerbesitz, Einstellung gegenüber den neuen IKT, Nutzungsverhalten, Unterrichtsform usw. auf den Verlauf des Notebook-Projektes? Zudem wird beleuchtet, ob und wie sich diese Faktoren während des Projektes verändert haben.

Monitoring der internationalen Entwicklung
In diesem Modul des Projektes „Vernetzte Bildung" soll dargestellt werden, in welchem Ausmaß und auf welche Weise die neuen Informations- und Kommunikationstechnologien in anderen europäischen Ländern pädagogisch genutzt werden. Dabei sollen folgende Fragen beantwortet werden: Wie stark werden die neuen Unterrichtstechnologien in den Lehr- und Lernalltag eingebunden? Auf welche Weise und für welche Zwecke werden sie im Unterricht genutzt? Was kann man aus den Erfahrungen lernen, die in anderen Ländern gemacht werden? Welchen Stellenwert haben die österreichischen Projekte im internationalen Vergleich?

Analyse und Empfehlungen
Im letzten Modul werden bildungspolitisch relevante Ergebnisse, Analysen und Schlußfolgerungen berichtet und vermittelt. Es gilt, Vorschläge für einen optimierten Einsatz der neuen Unterrichtstechnologien zu machen. Worauf man künftig achten muß, wenn man die neuen Informations- und Kommunikationstechnologien im Unterricht sinnvoll einsetzen will, ist die zentrale Frage dieses Arbeitsmodules.

Angewandte Methoden und erste Ergebnisse des Forschungsprojektes

Um die gestellten Fragen zu beantworten, werden im wesentlichen drei wissenschaftliche Methoden angewendet: die schriftliche Befragung, das Fokusgruppeninterview und die systematische Beobachtung österreichischer und internationaler Online-Schulprojekte. Die ersten Ergebnisse liegen schon vor. Sie betreffen vor allem die Evaluation des Notebook-Projekts. Der vorliegende Band „Schulen am Netz" ist ebenfalls ein direktes Ergebnis des Projektes „Vernetzte Bildung".

Evaluation des Notebookprojektes

Zur ersten Fragebogenerhebung

Im März 1996, die ersten Laptops wurden gerade an die sechs Schulklassen ausgeliefert, wurden alle am Notebook-Projekt Beteiligten ersucht, einen ersten Fragebogen auszufüllen. Es galt, noch vor dem eigentlichen Start des Projektes Punkte wie die folgenden zu erheben: die in das Projekt gesetzten Erwartungen, die EDV-Kompetenz der Beteiligten, ihre Grundhaltung gegenüber den neuen Unterrichtstechnologien, ihr bisheriges PC-Nutzungsverhalten (z. B. Nutzungszwecke und -orte), die bisher verwendete Software, den Anteil der PC-Besitzer unter den Befragten, die bisherige Computernutzung im Unterricht und jene Vor- und Nachteile, die dem Einsatz des Computers zugeschrieben wurden.

Die erste Fragebogenuntersuchung brachte einige markante Ergebnisse:

- Der PC-Einsatz in der Schule wurde vor Beginn des Notebook-Projektes von Schülerinnen und Schülern sehr positiv bewertet. Auch Lehrerinnen und Lehrer beurteilten die Auswirkungen des bisherigen PC-Einsatzes auf den Schulunterricht durchwegs positiv. Das spricht für eine besonders hohe Motivation der am Projekt Beteiligten.
- Auffallend viele SchülerInnen gaben an bereits zu Hause über einen PC zu verfügen (68%). Bei den LehrerInnen waren es sogar 82%.
- Die Schülerinnen und Schüler schätzten die EDV-Kompetenz ihrer Lehrkräfte als gering ein. Umgekehrt beurteilten Lehrkräfte die PC-Kenntnisse ihrer Schülerinnen und Schüler als wesentlich besser als diejenigen ihrer eigenen Kolleginnen und Kollegen.
- Die Schülerinnen und Schüler gaben an, vor allem klassische Anwendungen wie Textverarbeitung und Rechenprogramme zu nutzen. Vor Beginn des Notebook-Projektes wären Internet-Basisdienste (z. B. E-Mail, Telnet, Chat, ...) und integrierte Internetdienste (z. B. WWW, Gopher) kaum genutzt worden.

Detaillierte Ergebnisse dieser ersten Fragebogenerhebung sind im Zwischenbericht nachzulesen, der im Rahmen des Projektes „Vernetzte Bildung“ im April 1997 fertiggestellt worden ist.

Zur zweiten Fragebogenerhebung

Im April 1997 beantworteten Notebook-Schulklassen und -Lehrkräfte einen zweiten Fragebogen. Die Fragestellungen der ersten Erhebung wurden weitergeführt, da herausgefunden werden soll, wie sich die in das Projekt gesetzten Erwartungen, die Grundeinstellung gegenüber den neuen Unterrichtstechnologien und das Computer-Nutzungsverhalten in diesem Jahr verändert haben.

Welche Applikationen werden nach diesem Projektjahr bevorzugt verwendet? Dominieren noch immer klassische Anwendungen wie Textverarbeitungssoftware und Rechenprogramme? Inwieweit hat sich das bisherige Nutzungsverhalten geändert? Werden die Notebooks noch immer bevorzugt für klassische Nutzungszwecke wie Schreiben und Layout genutzt, oder haben andere Nutzungszwecke an Stellenwert aufgeholt?

Hat sich die Einschätzung der Beteiligten bezüglich der Vor- und Nachteile des Computereinsatzes im Unterricht verändert? Eine Publikation dazu ist in Vorbereitung.

Zu den Fokusgruppeninterviews

Um den Verlauf des Notebook-Projektes aus Schüler- wie Lehrerperspektive zu erfassen, wurden im Frühjahr 1997 neun qualitative Fokusgruppeninterviews durchgeführt. Befragt wurden die Lehrkräfte der sechs Notebook-Klassen. Drei weitere Fokusgruppen setzten sich aus Notebook-Schülerinnen und -Schülern des BORG Monsbergergasse, der HAK/ HASCH Tamsweg und den Kärntner Tourismusschulen zusammen.

In den Interviews ging es um die Fragen, welche Veränderungen der Einsatz der Notebooks im Unterricht bewirkt hat, wie intensiv und für welche Zwecke sie im Schuljahr 1996/ 97 eingesetzt worden waren, welche Lern- und Lehrformen entstanden sind, welche Schwierigkeiten es gab und welche Vorteile der Einsatz der neuen Unterrichtstechnologien gebracht hat. Auch geschlechtsspezifische Unterschiede im Umgang mit den Notebooks, Veränderungen im Verhältnis zwischen Lehrern, Schülern und Lehrkräften und die Auswirkungen des Notebook-Einsatzes auf den Lernerfolg wurden erhoben.

Zum Monitoring österreichischer Internet-Projekte und der internationalen Entwicklung

Mittels einer systematischen Beobachtung und Beschreibung der österreichischen und internationalen Entwicklung des Einsatzes der neuen Informations- und Kommunikationstechnologien im Unterricht soll dokumentiert werden, inwieweit, auf welche Art und Weise und in welchen Fächern Computer, Internetbasisdienste wie E-Mail, FTP, Telnet, Chat sowie integrierte Internetdienste wie Gopher und World Wide Web derzeit in den Unterricht eingebunden werden.

Ziel ist es, einen Überblick über den österreichischen Status Quo zu erstellen und diesen mit der internationalen Entwicklung zu vergleichen. Ergebnis des Monitoring-Moduls soll eine Liste von Examples of best Practice sein: Es sollen jene Online-Schulprojekte vorgestellt werden, aus denen man für den zukünftigen Einsatz der IKT an österreichischen Schulen am meisten lernen kann.

Publikationen und Informationen zum Projekt „Vernetzte Bildung"

Die Ergebnisse des Projektes „Vernetzte Bildung“ sind in folgenden Formen öffentlich zugänglich: ein Bericht zum Notebookprojekt, das Symposion „Schulen am Netz - Innovative Projekte in Österreich“und das vorliegende Buch, eine Studie zur Praxis des Computereinsatzes in Schulen und ein wissenschaftlicher Endbericht.

- Seit Dezember 1996 existiert eine eigene WWW-Seite zum Forschungsprojekt „Vernetzte Bildung“. Dort findet man Informationen über Arbeitsplan und -stand, Problemstellung, Einordnung und Organisation des Projektes und Links zu nützlichen Informationsquellen. Die Seite wird in regelmäßigen Abständen auf den neuesten Stand gebracht.
- Im April 1997 wurde der Zwischenbericht zum Notebookprojekt fertiggestellt, der die Ergebnisse der ersten Fragebogenerhebung und einen Bericht über die Konferenz „Towards a European electronic network for schools“ enthält. Die Ergebnisse der zweiten Fragebogenerhebung werden im Herbst 1997 fertiggestellt.
- Am 20. Juni 1997 veranstaltete die Techno-Z FH Forschung & Entwicklung GmbH im BMUK unter dem Titel „Schulen am Netz - Innovative Projekte in Österreich“ ein Symposion, das von über 140 Personen besucht war. Engagierte Lehrkräfte erhielten die Möglichkeit, in Arbeitsgruppen ihre Erfahrungen mit den neuen Unterrichtstechnologien zu präsentieren: Neue Unterrichtsformen, schulinterne und -externe Informationssysteme, IKT in Volks- und Hauptschulen, IKT in naturwissenschaftlichen und wirtschaftlichen Fächern, IKT im Mathematik- & Physikunterricht waren die Themen der Arbeitsgruppen. Das „European Network for Schools“ wurde vorgestellt. Die Symposionsteilnehmerinnen und -teilnehmer konnten im Rahmen einer abschließenden Podiumsdiskussion Fragen an Unterrichtsministerin Gehrer richten.
- Ende 1998 wird ein umfassender Endbericht erscheinen, der Ergebnisse zu allen drei oben beschriebenen Modulen enthalten wird. Diese werden zu einem Maßnahmenkatalog verdichtet, der dazu beitragen soll, den Einsatz der neuen Informations- und Kommunikationstechnologien im Unterricht zu optimieren.

Kontakt

Nähere Informationen zum Forschungsprojekt „Vernetzte Bildung“ finden Sie unter <http://www.dir.fh-sbg.ac.at/netedu/>. Wenn sie darüberhinausgehend informiert werden wollen, wenden sie sich an

Prof.Dr. Peter A. Bruck und
Mag. Andreas E. Pointner
E-Mail: <point@dir.fh-sbg.ac.at>
Techno-Z FH Forschung & Entwicklung GmbH
Jakob-Haringer-Straße 5
Tel.: 0662 - 454888 - 706
Fax: 0662 - 456174
Homepage: <http://www.dir-fh.sbg.ac.at/netedu/>

Eine kleine Typologie von Applikationen auf dem World Wide Web

von Erich Neuwirth

Das World Wide Web bietet heute weitaus mehr Anwendungen als der Normalnutzer zunächst wahrnimmt. In diesem Beitrag werden verschiedene Anwendungsmöglichkeiten und Technologien im Hinblick auf die Möglichkeiten ihrer didaktischer Nutzung näher untersucht.

Einführende Überlegungen

Das World Wide Web ist den meisten Benutzern in einer Form bekannt, die Paul Horwitz treffend als „the world's largest CDROM" charakterisiert hat. In gängiger Terminologie heißt diese Darstellungsform von Informationen verteilter Hypertext. Man könnte das Web fast als riesengroße Windows-Hilfe-Dateien beschreiben. Der große Unterschied dabei ist, daß die klickbaren „Hyperlinks" nicht nur über Dateigrenzen hinaus, sondern sogar zu einem anderen Rechner führen können. Die Basisstruktur hinter dem World Wide Web ist HTML (Hyptertext Markup Language), und HTML bietet vor allem einmal Möglichkeiten, Texte und Bilder darzustellen und einzelne Textteile oder Bilder als „Links" zu markieren. Links sind Dokumentteile, die eine Verbindung zu weiteren Textteilen oder auch anderen Dokumenten „eingebaut" haben. Durch Klicken auf ein derartiges Link (also auf ein Wort, eine Phrase oder ein Bild) wird man automatisch zu anderen Informationen weitergeführt. Diese weiteren Informationen können an einer anderen Stelle innerhalb desselben Dokuments oder in einem anderen Dokument auf demselben Rechner oder in einem anderen Dokument auf einem anderen Rechner enthalten sein.

Es ist übrigens ein weit verbreitetes Mißverständnis, das World Wide Web und das Internet gleichzusetzen. Das Internet ist im wesentlichen eine Kombination von standardisierten Hardware- und Software-Protokollen, die die Kommunikation zwischen verschiedenen Rechnern über verschiedene Kommunikations-Hardware-Einrichtungen möglich machen. Beispiele solcher Einrichtungen sind Telefone und Modems, aber auch direkte Kabelverbindungen innerhalb eines Gebäudes. Eines der Internet-Protokolle ist HTTP (Hyptertext Transfer Protocol). Dieses Protokoll, zusammen mit HTML-Dateien, die auf Web-Servern öffentlich zugänglich gemacht werden, bildet im wesentlichen das World Wide Web.
Das Internet bietet noch weitere Möglichkeiten wie etwa FTP (File Transfer Protocol), Telnet (Terminalverbindungen), und daher ist die Gleichsetzung von Internet und World Wide Web, die leider auch im Bildungsbereich immer wieder anzutreffen ist, unkorrekt.
HTML als am weitesten verbreitete Form, Informationen am World Wide Web anzubieten, ist nicht besonders interaktiv. Man könnte diesen Umgang mit dem Web als benutzergesteuertes Navigieren in einem vernetzten System statischer Hypertext-

dokumente beschreiben. Die von den Anbietern am Netz zur Verfügung gestellten Informationen bieten dem Benutzer bzw. Informationsabrufer in den meisten Fällen keine echte Interaktionen. Charkteristisch für diese Art des Web-Informatiosangebots ist, daß es sehr einfach ist, in den Informationen enthaltene Querverweise zu verfolgen. Ein weiterer wichtiger Unterschied zwischen klassischer gedruckter Information und elektronischen Dokumenten am World Wide Web ist die Möglichkeit, bei sich oft ändernden Informationen die jeweils aktuelle Version von Informationen anbieten bzw. abrufen zu können. Im nächsten Abschnitt wollen wir uns aber mit Anwendungen mit einem höheren Grad von Interaktivität beschäftigen.

Beispiele von Web-Anwendungen

Jeder Benutzer, der etwas auf dem Web sucht, verwendet sehr bald Suchmaschinen wie Altavista oder Yahoo. Diese Suchmaschinen bieten interaktive Datenbankabfragen, also nicht nur einfach vorbereitete Sammlungen vom Hyperlinks. So eine Anwendung läßt auch eine schrittweise Verfeinerung der Benutzerabfrage zu. Das ist eine der Stärken guter Suchsysteme und gleichzeitig Ausdruck des interaktiven Charakters. Bei solchen Abfragesystemen für große Datenbanken handelt es sich um serverbasierte interaktive Webanwendungen. Interaktive Anwendungen enthalten immer Programme, die abgearbeitet werden müssen. Bei serverseitigen Anwendungen wird der Großteil dieser Arbeit am Webserver geleistet. Vereinfacht gesagt reagiert der Server auf die Abfrage des Benutzers, indem er „im Flug" eine Webseite zusammenstellt und diese an den Benutzer schickt. So eine Abfrageantwortseite liegt normalerweise auf dem Server gar nicht in gespeicherter Form wie ein „gewöhnliches Hypertextdokument" vor. Die Alternative zu serverseitiger Interaktivität ist klientenseitige Interaktivität, also über das Web transferierte Programme, die dann auf dem Rechner des Benutzers ausgeführt werden.

Ein Beispiel, das in Österreich mittlerweile ziemliche Publizität erreicht hat, findet sich auf **<http://sunsite.univie.ac.at/Spreadsite/pension>**.
Dieses Programm dient der mathematisch-demographischen Analyse der Problematik der Finanzierung von Pensionen und berechnet dazu das Verhältnis der Zahl von Personen im Pensionsalter zur Zahl der Personen im Erwerbsalter. Der Benutzer kann mit verschiedenen Schiebereglern Modellparameter wie das Pensionseintrittsalter, verändern und erhält sofort in graphischer Form eine neue Modellrechnung mit graphischer Darstellung der Entwicklung der beschriebenen Verhältniszahl, der sogenannten Altersbelastungsquote. Alle zur Berechnung notwendigen Daten werden am Anfang der Sitzung auf den Rechner des Benutzers geladen. Änderungen der Modellparameter, die der Benutzer vornimmt, werden jedoch nicht an den Server, von dem das Programm abgerufen wurde, zurückgegeben. Diese Anwendung zeigt auch noch eine andere ganz wichtige Möglichkeit zur Realisation interaktiver Web-Anwendungen. Klientenseitig wird Microsoft Excel eingesetzt. Die neueren Web-Browser wie Netscape Navigator und Microsoft Explorer können mit sogenannten MIME-Types (Multipurpose Internet Mail Extensions) umgehen. An einem Beispiel illustriert bedeutet das, daß ein Webserver einem Browser eine Datei schicken kann, zu der er „dazusagt", daß es sich

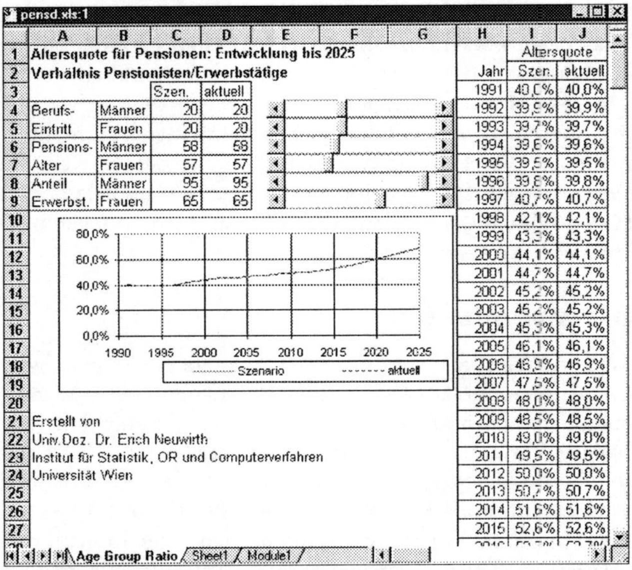

ABBILDUNG: MATHEMATISCH-DEMOGRAPHISCHE PENSIONSBERECHNUNG

um eine Excel-Datei handelt, und daß der Browser daher gleich Excel starten und diese Datei laden soll. Auf diese Art können nahezu beliebige Programme, die beim Benutzer zur Verfügung stehen, als Erweiterung des Web-Browsers eingesetzt werden. Das hat den enormen Vorteil, daß existierendes Wissen über Anwendungen auch für interaktive Web-Anwendungen eingesetzt werden kann. Natürlich kann der Benutzer solche Anwendungen nur dann verwenden, wenn ihm das benötigte Programm auch tatsächlich zur Verfügung steht. Insbesondere im Bildungsbereich muß man daher als Web-Autor bei Anwendungen genau überlegen, ob man davon ausgehen kann, daß die in Aussicht genommenen Benutzer die notwendigen Softwarewerkzeuge zur Verfügung haben. Solange es sich um kostenfrei erhältliche Programme handelt, ist dieses Problem lösbar. Oft kann man die entsprechende Software vom Web laden, installieren und dann die entsprechenden Anwendungen auch tatsächlich ablaufen lassen. Wenn es ich um weitverbreitete kommerzielle Programme wie Microsoft Excel handelt, kann man in vielen Fällen ebenfalls davon ausgehen, daß sie dem Benutzer zur Verfügung stehen.

Es gibt aber noch ein weiteres Modell zur Erstellung interaktiver Web-Anwendungen. Es gibt Systeme, bei denen der Software-Autor ein Programm benötigt, daß er kaufen muß. Der Benutzer benötigt aber nur ein sogenanntes Runtime-Modul, das vom Hersteller gratis zur Verfügung gestellt wird. Ein derartiges System ist Formula One vom Hersteller Visual Components. Dabei handelt es sich um ein Spreadsheet-System, das dem Autor ähnliche Möglichkeiten wie Microsoft Excel bietet. Da der Benutzer das Runtime-Modul gratis erhalten kann, kann der Autor jedoch davon ausgehen, daß für potentielle Nutzer seines Systems keine zusätzlichen Kosten entstehen. Allerdings illustriert dieses Programm gleich ein immer wieder auftretendes Problem bei Web-Erweiterungsprogrammen. Es ist nämlich nur in einer Version für Windows-PCs erhältlich und somit plattformspezifisch. Microsoft Excel hat im Vergleich dazu den Vorteil, daß es zumindest auch eine Macintosh-Version gibt und man daher auch international gesehen im Bildungsbereich mit einer Excel-Anwendung einen sehr großen Interessentenkreis erreichen kann. Der Vergleich Excel-Formula One illustriert noch ein weiteres Kriterium, nach dem man interaktive Web-Applikationen klassifizieren kann. Formula One ist ein sogenanntes Plugin, d.h. ein Programm, das alleine gar nicht ausgeführt werden kann, sondern nur innerhalb eines Browsers (Netscape oder Internet Explorer) laufen kann. Plugins haben außerdem meistens die Eigenschaft, daß sie kein eigenes Bildschirmfenster öffnen, sondern einen Teil des Browser-Fensters einfach „übernehmen". Plugins sind in der Regel plattformspezifisch, manche Hersteller versuchen jedoch, zumindest bei den Runtime-Modulen Versionen für 16-bit-Windows, 32-bit-Windows und Macintosh zur Verfügung zu stellen. Eines der bekanntesten Plugins ist derzeit wohl der Adobe-Acrobat-Reader. Dieses Programm erlaubt es, Dokumente beim Benutzer typographisch genauso darzustellen, wie sie der Autor entworfen hat. Web-Browser existieren in sehr vielen verschiedenen Varianten, und bei HTML-Dokumenten (also den üblichen Dokumenten am World Wide Web) kann man nicht davon ausgehen, daß dieselben Schriften und Schriftgrößen wie bei der Erstellung des Dokuments verwendet werden. Will man daher Dokumente mit genauen typographischen Spezifikationen zur Verfügung stellen, braucht man dazu weitere Hilfsmittel. Adobe Acrobat ist eine auf PostScript basierende Technologie, die solche Möglichkeiten bietet. Damit kann man auch mathematische Formeln (also auch Lernunterlagen für naturwissenschaftliche Fächer) in zufriedenstellender Form am World Wide Web zur Verfügung stellen. Der Acrobat Reader steht übrigens für die meisten derzeit üblichen Rechnerplattformen zur Verfügung, also insbesondere für die gesamte Windows-Familie und für verschiedene UNIX-Varianten.

Die neuesten Hilfsmittel für Web-basierende Programmierung wie Java und Javascript verfolgen die Idealvorstellung vollkommener Plattformunabhängigkeit. Diese beiden neuen Werkzeuge sind Programmiersprachen mit dem Zusatzeffekt, daß die Programme direkt im Browser ablaufen können. Vom Umfang her entspricht Java den vollen üblichen Programmiersprachen wie etwa C. Der Preis, den der Benutzer für die Plattformunabhängigkeit zahlt ist, daß Java-Programme wesentlich langsamer laufen als Progamme, die für eine ganz bestimme Rechnerplattform optimiert wurden. Bei vielen Anwendungen am World Wide Web ist allerdings die Geschwindigkeit nicht das Hauptproblem, und in diesen Fällen kann es schon sehr vorteilhaft sein, daß ein einziges Programm auf sehr vielen verschiedenen Rechnern lauffähig ist. Der Unterschied zwischen Java und Javascript besteht darin, dass Javascript nur eine „kleine" Umgebung benötigt. Javascript-Programme sind direkt in den Web-Seiten, die der Benutzer in seinem Browser darstellt, eingebettet. Man braucht keine besonderen Entwicklungswerkzeuge dafür, und die Programmiersprache ist relativ leicht erlernbar. Sie bietet sich beispielsweise für Anwendungen an, wo dem Benutzer in einer Web-Seite Informationen geboten werden, er aber aufgrund dieser Informationen aber dann noch Berechnungen durchführen will. Ein mit Javascript angereicherte Seite kann beispielsweise mit einem in der Seite angegebenen Wechselkurs einen Geldbetrag, den der Benutzer eingibt, in eine andere Währung umrechnen. Die Stärke von Javascript besteht darin, daß man mit relativ wenig Lernaufwand derartige Programme in ganz kurzer Zeit schreiben kann. Deswegen sind derartige Werkzeuge auch im Bildungsbereich als Einführung in den Umgang mit interaktiven Web-Anwendungen sehr empfehlenswert. Der Lernende kann in kurzer Zeit selbst ansprechende Webseiten mit interaktiven Elementen erstellen.

Nach dieser unvollständigen Beschreibung einiger typischer Web-Anwendungen, die über das reine Hypertext-Konzept hinausgehen, wollen wir versuchen, Klassifikationsschemata zu entwerfen, die dabei helfen sollen, die didaktischen Möglichkeiten interaktiver Web-Anwendungen besser verstehen zu können.

Klassifikationskriterien für Web-basierte Anwendungsprogramme

Grad der Interaktivität für den Benutzer

Der Grad der Interaktivität von Web-Anwendungen variiert sehr stark. Die simpelsten Anwendungen erlauben das Abspielen von dynamischen Dokumenten nahezu ohne Eingriffsmöglichkeit für den Benutzer. Audio und Video fallen in diese Kategorie. Etwas mehr Interaktivität bieten Virtual-Reality-Anwendungen, die dem Benutzer das Navigieren in simulierten dreidimensionalen Umgebungen ermöglichen. Diese Umgebungen können abstrakt in Form geometrischer Objekte beschrieben sein. Sie können aber auch als Kombination von Bild- und Videomaterial zur Verfügung stehen. So kann man beispielsweise mit Quicktime VR aus einer Serie von Fotos virtuelle Ausstellungsobjekte generieren, die der Benutzer mit der Maus scheinbar drehen kann. Einen noch höheren Grad von Interaktivität bieten Web-basierende Datenbankabfragen und benutzersteuerbare Modellrechnungen.

Werkzeuge zur Programmausführung nach ihrer Herkunft

Web-basierte Anwendungen können (mittels MIME-Technologie) ursprünglich nicht für den Web-Einsatz vorgesehene Programme verwenden. Das hat den Vorteil, daß vorhandenes Know-How unmittelbar auch für Web-Anwendungen eingesetzt werden kann. Speziell für das Web konzipierte Systeme (beispielsweise Plugins für Browser) erfordern zusätzlichen Lernaufwand, können aber meist direkter in den eigentlichen Text eingebettet werden und so die Idee des interaktiven Lehrbuchs besser verwirklichen.

Autorensysteme oder Anwendungen „in einem Stück"

Praktisch alle modernen Anwenderprogramme wie beispielsweise Microsoft Excel können als Web-Runtime-Umgebungen eingesetzt werden. Diese Programmsysteme sind in der Regel sehr umfangreich, und oft ist es gar nicht notwendig, daß sich der Endnutzer mit der vollen Komplexität derartiger Programmsysteme auseinandersetzt. In solchen Fällen ist der Einsatz eines dualen Systems mit komplexem Autorensystem und einfacher Benutzerkomponente eher empfehlenswert. Wenn der Benutzer allerdings schon Kenntnisse im Umgang mit bestimmten Programmsystemen hat, kann es sinnvoll sein, auch beim Endanwender ein volles (auch autorenfähiges) System einzusetzen.

Server- oder klientenseitige Interaktivität

Interaktive Anwendungen benötigen während der Ausführung Ressourcen auf einem Computer. Im Falle von Web-Anwendungen kann das der Web-Server oder der Rechner des Benutzers sein. Wenn die Anwendung keine nur auf dem Server verfügbaren Daten benötigt, dann bewirkt klientenseitige Ausführung keine zusätzliche Belastung des Servers, was sicher ein Vorteil ist. Im Falle von Datenbankabfragen ist es aber unvermeidlich, daß zumindest ein Teil der Rechenleistung vom Server erbracht werden muß. Werden allerdings mit den Ergebnissen einer Datenbankabfrage weitere Berechnungen durchgeführt oder auch Graphiken erstellt, dann kann dieser Teil der weiteren Auswertung bereits wieder klientenseitig durchgeführt werden.

Großes oder kleines Anwendungssystem
Die Auswahl an Werkzeugen zur Erstellung interaktiver Web-Anwendungen ist sehr umfangreich. Es gibt kleine Anwendungssysteme, mit denen man relativ schnell sehr interessante und nützliche Anwendungen erstellen kann. Gerade im didaktischen Bereich sollte man immer überlegen, daß Aufwand, Ertrag und Zeithorizont der Erstellung in einem vernünftigen Verhältnis zueinander stehen sollten. Daher sollte man versuchen, mit möglichst kleinen Systemen, die immer noch die gestellten Anforderungen erfüllen, auszukommen. Bei der Erstellung großer und vor allem graphikintensiver Systeme ist jedoch der Einsatz komplexer und umfangreicher Entwicklungssysteme kaum zu umgehen.

Einzelanwendung oder Gruppenkommunikationshilfe
Bei allen bisher beschriebenen Anwendungen sind wir von der Vorstellung ausgegangen, daß ein Web-Programm nach seiner Erstellung von Benutzern einzeln in Anspruch genommen wird. Gerade in letzter Zeit entwickelt sich aber eine völlig neue Kategorie von Anwendungen, die kooperative Zusammenarbeit einer ganzen Gruppe unterstützen. Solche Systeme erlauben das gemeinsame Nutzen verschiedener Ressourcen. Whiteboard-Applications, also Programme, bei denen mehrere Nutzer an verschiedenen Computern und möglicherweise an sehr verschiedenen Orten ein gemeinsames elektronisches Zeichenbrett benutzen, sind ein Musterfall einer derartigen Anwendung.

Bei derartigen Programmen kann jeder der Teilnehmer an der gemeinsamen Zeichnung eine Ergänzung vornehmen, und diese Ergänzung wird sofort auf den Bildschirmen aller anderen Teilnehmer dargestellt. Allen Teilnehmern stehen also synchronisierte Kopien des gemeinsamen Zeichenbretts zur Verfügung. Online-Chat ist eine bereits länger existierende, rein textbasierte Anwendung ähnlichen Charakters. Die neuesten Implementationen dieser Technologie lassen aber sogar Sprach- und Videokonferenzen in Ergänzung zur gemeinsam genutzten Arbeitsfläche zu. Außerdem ist es bereits möglich, auch Standardanwendungen gemeinsam zu nutzen. So können beispielsweise mehrere Mitglieder einer Arbeitsgruppe ein Rechenmodell - unterstützt von einem Spreadsheet - diskutieren. Jeder der Teilnehmer kann im Spreadsheet-Modell eine Änderung vornehmen, und diese Änderung wird sofort auf den Bildschirmen aller Teilnehmer sichtbar. Diese neue Technologie heißt Application-Sharing und eine wesentliche Komponente ist, daß dabei genau die Programme gemeinsam genutzt werden, die Gruppenmitglieder im Normalfall auch alleine an ihrem PC verwenden. Die Kombination von Video-Konferenz, Whiteboard und Application-Sharing eröffnet übrigens Fernlehrgängen völlig neue Dimensionen.

Der Verfasser dieses Artikels arbeitet derzeit an der Implementation eines derartigen Kurses zur Lehrerfortbildung in den USA, und Ziel dieses Kurses ist es unter anderem, zu zeigen, daß sich in der berufsbegleitenden Fortbildung durch das World Wide Web völlig neue Möglichkeiten ergeben. Ein System, das derartige Möglichkeiten sehr effizient und leicht nutzbar implementiert, ist BSCW (Basic Support for Cooperative Work), entwickelt von der Gesellschaft für Mathematik und Datenverarbeitung in der BRD.

Software für homogene Gruppen oder Gruppen mit diversifizierten Rollenbildern
Die soeben beschriebenen kooperativen Web-Anwendungen gehen davon aus, daß alle Gruppenmitglieder in gleicher oder zumindest ähnlicher Situation sind. Das ist gerade im Bereich der Ausbildung aber nicht immer ein sehr effizientes Modell. Deswegen gibt es eigene web-basierte Systeme, die im Ausbildungskontext zwischen den Rollen Student, Betreuer und Administrator unterscheiden. Die Systeme bieten von vornherein je nach Rolle verschiedene Zugriffsrechte für einzelne Systemkomponenten. Ein Student darf beispielsweise elektronische Kursunterlagen nicht verändern, ein Betreuer schon. Solche Systeme haben meist auch Hilfen eingebaut, die die Selbstkontrolle der Studenten und die Beurteilung durch den Betreuer erleichtern.

Abschlußbemerkungen

Ein geschriebener oder gedruckter Text über interaktive Computeranwendungen hat dasselbe Problem wie eine Konzertkritik. Das wirklich wesentliche Erlebnis kann nur unzulänglich wiedergegeben werden.
Deswegen sei auf die beiden Webadressen **<http://sunsite.univie.ac.at/>** und **<http://sunsite.univie.ac.at/beispiele/>** verwiesen. Der Server, auf dem diese Adressen beheimatet sind, ist SunSITE Austria. Das ist ein Server mit einer Widmung für Computerunterstützung für mathematische, statistische und naturwissenschaftliche Ausbildung, der von der Arbeitsgruppe für Computergesützte Didaktik an der Universität Wien betreut wird. Dieser Schwerpunkt ist allerdings nicht eng interpretiert, die angebotenen Informationen decken auch Themen aus dem weiteren Gebiet des Einsatzes von Informationstechnologie in Bildung und Ausbildung ab. Auf diesem Server finden sich Beispiele zu den meisten in diesem Vortrag beschriebenen interaktiven Anwendungstypen und weiterführende Literatur zu den behandelten Fragen. Da die Entwicklung der Werkzeuge zu unserem Thema sehr rasant ist, ist es außerdem empfehlenswert, dafür auch Online-Ressourcen anzubieten, damit das Informationsangebot auf einfache Art und Weise auf dem aktuellen Stand gehalten werden kann.

Kontakt

Univ. Doz. Dr. Erich Neuwirth
E-Mail: <neuwirth@smc.univie.ac.at>
Arbeitsgruppe Computergestützte Didaktik
Institut für Statistik
Universität Wien
Universitätsstraße 5/ 3
1010 Wien
Homepage: <http://sunsite.univie.ac.at/>

Schulprojekte mit Internet und Multimedia

Netzwerkst@tt HBLA - Offline in die Online-Welt

von Christian Schartner

Das Projekt „Netzwerkst@tt HBLA“ fand zwischen Oktober 1996 und Mai 1997 an der Höheren Bundeslehranstalt für wirtschaftliche Berufe in Linz statt. Ziel des Projektes war es, auf der Basis der Internet-Technologie ein schulinternes Informationssystem aufzubauen. Es handelte sich dabei um einen Pilotversuch zur Umsetzung des BMUK-Projekts „Netzwerkst@tt Schule“, das 1996 gestartet wurde.

Die Vorgeschichte

Broschüre „Netzwerkst@tt Schule - Impulse zur pädagogischen Aneignung des Internets“, hrsg. vom und erhältlich im Referat Neue Medien, BMUK, Minoritenplatz 5, 1014 Wien (Preis: 50.-) WWW-Information unter: <http://www.blackboard.at/nws/>

Aktivitäten im Bereich der elektronischen Kommunikation haben an unserer Schule schon eine längere Tradition. Die ersten Gehversuche waren an ein internationales Schulprojekt gekoppelt. Im Jänner 1995 fand der Schülerkongreß „Metropia“ statt. 50 Jugendliche aus acht europäischen Staaten verbrachten eine Woche mit ebenso vielen SchülerInnen der HBLA-Landwiedstraße.
Das Kongressthema „A gateway to Europe“ begründete den Anreiz, Formen elektronischer Kommunikation an der Schule zu etablieren. Und so wurde Ende 1994 der erste Internet-Anschluß - ein Computer mit Modemverbindung - an einem öffentlich zugänglichen Terminal installiert.
1995 war unser Experimentierjahr, für 1996 setzten wir es uns zum Ziel, das Internet bei SchülerInnen und LehrerInnen stärker zu verankern, die inhaltliche Arbeit in den Vordergrund zu stellen und die Infrastruktur weiter auszubauen.
Im Jänner 1996 konnten wir einen EDV-Raum mit 15 Geräten über eine ISDN-Leitung an das Internet anbinden, im Lauf des Jahres auch das Lehrerzimmer, die Bibliothek sowie fünf öffentlich zugängliche Terminals im Haus. Bis Ende 1997 werden an die 50 Computer mit dem Internet vernetzt sein. Und trotz dieser sehr guten technischen Internet-Infrastruktur war das erste große Netzprojekt an unserer Schule kein Online-, sondern ein Offline - Projekt.

Projektidee und Projektziele

Wir gingen davon aus, daß es die Internet-Technologie ermöglicht, ein gut strukturiertes internes Informationssystem aufzubauen. Mit Internet-Technologie ist hier die World Wide Web - Technologie gemeint: Informationen im HTML-Format, für ein schulisches Intranet aufbereitet.
Ob die Informationen auch ins Internet gestellt werden, wurde am Anfang bewußt offengelassen. Zentrales Ziel des Projektes war es daher, ein „Intranet“ an der HBLA-

Landwiedstraße aufzubauen. SchülerInnen und LehrerInnen sollten die Gelegenheit erhalten, wichtige pädagogische, allgemeinschulische oder administrative Informationen in das schulinterne Netz einzuspeisen und am Computer abzurufen.

Das Projekt orientierte sich dabei an den Zielen des Qualitätsnetzwerkes BHS; im speziellen sollte der Pilotversuch Verbesserungen in folgenden Bereichen erbringen:

- Steigerung der Bildungsqualität - durch intensive Auseinandersetzung mit einer neuen Technologie
- Verbesserung der Lehr- und Lernkultur - durch Zusammenarbeit von Lehrern und Schülern im Rahmen des Projekts und durch Entwicklung von ersten Selbstlernmodellen auf der Basis der Intranet-Technologie
- Entwicklung von Problemlösungskapazität statt reiner Reproduktionsarbeit
- geregelte administrative Abläufe auch über das elektronische Medium, die die pädagogische Arbeit fördern

Plakativ formuliert wurden die Projektziele in einem Informationsblatt an die Kolleginnen und Kollegen im Oktober 1996. Hier hieß es: *„Nicht für irgendwelche Unbekannten in der Weite des Netzes wollen wir arbeiten, sondern zunächst für uns selber, für die Informationsgemeinschaft Schule. Wir wollen das Internet als Intranet nutzen, als innerschulisches Kommunikationsmedium. Wir wollen pädagogisches und sonstiges Know How an der Schule für die Schule zugänglich machen. Wir wollen ein schulinternes Informationssystem entwickeln, das Offenheit fordert und sie auch fördert.“*

In unseren Überlegungen gingen wir davon aus, daß es für eine Schule vielleicht klüger ist, sich im ersten Schritt nicht in die Weite des Cyberspace zu begeben, sondern zunächst einmal die Internet-Technologie als schulinternes Informationsmedium zu verwenden. Und zwar aus folgenden Gründen:

- weil damit eine klare zielgruppenorientierte Arbeit möglich ist - es geht um Schüler, Lehrer und eventuell Eltern in der eigenen Schule,
- weil damit der Profilierungsdruck wegfällt, im weltweiten Netz „gut dastehen“ und damit „Profiarbeit“ leisten zu müssen,
- weil man damit testen kann, was man überhaupt zustande bringt und wieviele Kolleginnen und Kollegen die Nutzung der elektronischen Kommunikation in einem zweiten Schritt auch nach außen mittragen würden.

Zur Organisationsform

Die Grundidee des Projektes wurde Anfang Oktober in der Lehrerkonferenz vorgestellt: knapp 40 Kolleginnen und Kollegen erklärten sich bereit, daran mitzuarbeiten. Ende Oktober erfolgte die offizielle Konstituierung der Projektgruppe im Ars Electronica Center sowie die Festlegung der Arbeitsform:

- Es wird in 10 Themengruppen mit jeweils drei bis sechs LehrerInnen gearbeitet. Jede Gruppe hat ihre eigene Leiterin, die gleichzeitig auch die Technikverantwortliche ist.

- Die Gruppen geben sich ihre Organisationsform selbst. Inwieweit das Projekt in den Unterricht einbezogen oder als reines Lehrerprojekt realisiert wird, liegt in der Hand der Gruppe bzw. der einzelnen Lehrkraft.
- Die Technikverantwortlichen werden in regelmäßigen Treffen in die Arbeit mit Hypertexten eingeführt; in diesen Treffen findet auch die Koordination zwischen den Gruppen statt.
- In den Projektverlauf werden zwei Plenartreffen eingeplant sowie zwei Workshop-Tage im April, in denen ein EDV-Raum zur Endbearbeitung der Produkte freigehalten wird.
- Das Projekt soll Ende Mai mit einer Präsentation abgeschlossen werden. Im Anschluß fällt die Entscheidung, ob die Ergebnisse nur für das schulinterne Informationssystem zugänglich sind oder auch in das Internet gestellt werden.

Die Arbeit im Überblick

In der ersten Phase wurden die Themenfelder der einzelnen Gruppen grob festgelegt. Sie umfaßten ein sehr breites Spektrum: Von elektronischen Projektdokumentationen bis zum „Rezepturen-Highway", von Praxisarbeitsplätzen bis zu Berufsbildern, von „Tisch kreativ" bis zu Lernmodulen für den Fremdsprachenunterricht und von Facharbeiten bis zu literaturgeschichtlichen Informationen.

Nicht alle Vorhaben konnten verwirklicht werden, dafür kam die eine oder andere Idee während des Projekts hinzu. Etwa die Hälfte der Teilprojekte wurde gemeinsam mit Schülerinnen realisiert, einige Angebote, zum Beispiel die Schülerzeitung, wurden nur von Schülern bearbeitet, einige nur von Lehrern.
Eine völlig neue Dimension der pädagogischen Arbeit ergab sich bei der Umsetzung der Texte in HTML-Dokumente, die Sprache des World Wide Web. Für die meisten Lehrkräfte war diese Sprache völlig neu. Einfache Seiten konnten zwar erzeugt werden, wenn es jedoch um graphische Feinheiten und andere bildschirmadäquate Umsetzungen ging, wurde es für die meisten Lehrer schwierig. Hier bekamen einige Schülerinnen und Schüler eine völlig neue Aufgabe: Sie wurden als Tutoren für Lehrer tätig - und bald hatte jede Lehrergruppe ihren „Schülertutor", der sie bei der technischen Umsetzung unterstützte.

Eine genaue Übersicht bietet der Projektbericht. Er ist gegen einen Unkostenbeitrag von 50.– erhältlich bei:
HBLA-Landwiedstraße,
Mag. Beatrix Unger,
Landwiedstraße 80, 4020 Linz.
Tel.: 0732/82 6 98 oder per Email: <c.schartner@compaed.co.at>

Eine wesentliche Erkenntnis des Projekts ist es sicherlich, daß die „internetgerechte" Umsetzung pädagogischer Inhalte zunächst eine große Hemmschwelle und dann eine große Hürde für LehrerInnen ist. Überspitzt gesagt könnte man durchaus formulieren: Ohne das große Engagement und das Know How einiger SchülerInnen wäre manches nur auf Papier geblieben und hätte niemals Bildschirm-Form bekommen. Und dies, obwohl einer der Kollegen, Mag. Ostner, eigens ein sehr einfaches HTML-

Programmierwerkzeug entwickelt hatte, und es auch eine Handvoll Lehrer gibt, die sehr gut mit der HTML-Technik umgehen können. Doch in Anbetracht der Fülle der Themen und der Menge an Texten wäre ohne Schüler nur ein Teil der Umsetzung möglich gewesen.

Die Themengruppen

Die Grobstrukturierung der Inhalte orientierte sich am BMUK-Modell „Netzwerkst@tt Schule". Hier werden verschiedene Einstiegsschienen angeboten, über die man in Detailbereiche gelangt. Diese Strukturen wurden von uns übernommen und dem Layout unseres Infosystems angepaßt.

Das Basisbeispiel ist unter **<http://www.blackboard.at/nws/intranet/intranet.htm>** abrufbar. Die neun Schienen (Pädagogik-Forum, ProjektArchiv, Lern-Labor, Materialien-Bank, Netz-Kultur, Service-Dienst, Info-Thek, Schul-Profil und Kunter-Bunt) dienen der ersten Grobinformation darüber, welche inhaltlichen Angebote den Nutzer erwarten. Unterhalb dieser Ebene konstituierten sich die Themengruppen, deren Arbeit im folgenden kurz beschrieben wird.

Projektarchiv
An unserer Schule laufen - bedingt durch die Vorgaben im Autonomiebereich - mehr als zwei Dutzend Projekte pro Jahr. Drei Lehrer übernahmen daher die Aufgabe, einige Schulprojekte der Vergangenheit für das elektronische Archiv aufzubereiten. Gemeinsam mit drei Schülerinnen wurden an den Workshoptagen die Fotos gescannt, die HTML-Struktur entworfen und umgesetzt. Sechs Projektdokumentationen sind nunmehr über das schulinterne Informationssystem abrufbar. Die Beispiele könnten als Modell dienen, wie man Schulprojekte auch in Zukunft elektronisch dokumentieren kann.

Lernlabor
In dieser Infoschiene wurden verschiedene Angebote erarbeitet. So beschäftigte sich eine Klasse im Rahmen des Deutschunterrichts mit der Aufklärung. Sie erhielt den Auftrag, die Epoche so aufzubereiten, daß andere Schüler/innen damit eine erste Orientierung und einen Einblick in die Hintergründe dieser Zeit erhalten.

Für den Französisch- und Englisch-Unterricht wurden Übungsmaterialien erstellt. Da zu allen Übungen die Lösungen zur Verfügung stehen, sind Selbstkontrolle durch die Schüler und gezielte Fragen an die Lehrer bei Problemen leicht möglich.
Mit *„Rechnungswesen - Aktiv"* soll es Schülern möglich sein, anhand von überschaubaren Übungsbausteinen die Zusammenhänge des betrieblichen Rechnungswesens besser zu verstehen.
In *„Tisch kreativ"* wollten wir für Schüler/innen und Kolleg/innen praxisorientierte Arbeitsunterlagen für die Gegenstände Servierkunde, Hauswirtschaft und Gästebetreuung gestalten. Das Teilprojekt „Tisch kreativ" ist der Versuch, eine Strukturierung für diese fachliche Thematik vorzulegen. Im Rahmen des Projekts wurde „Florales Gestalten" in Wort und Bild ausgearbeitet.

Materialienbank

Diese Infoschiene ist im BMUK-Modell so definiert, daß sie als mehr oder weniger systematisches elektronisches Datenarchiv dient. Im Rahmen des Projekts an der HBLA-Landwiedstraße wurden verschiedene Bereiche aufgearbeitet:
Facharbeiten von SchülerInnen, die im Rahmen des Deutschunterrichts verfaßt wurden (und so unterschiedliche Themenbereiche wie „Werbung", „Internet" oder „Assuan-Staudamm" betrafen) fanden hier ebenso Platz wie das Teilprojekt „Objektverpackungen". Eine Klasse beschäftigte sich in „Bildnerischer Erziehung" damit, Objektverpackungen (Taschen, Kuverts und Schachteln) herzustellen. Verschiedene Papierarten (Packpapier, Tonpapier, aber auch Reste von Plakaten, etc.) wurden zu beliebten Verpackungsformen aufbereitet. Die Produkte wurden fotografiert und in der Bildergalerie im Intranet zugänglich gemacht.
Eine sehr umfangreicher Teilbereich war die Materialienbank „Religion". Die Erstellung eines „Ideenbaumes", eine Art Inhaltsverzeichnis für die Materialien, die grob den Lehrplan für katholische Religion abdecken sollen, war das Grundgerüst. Viele Punkte sind dabei „Baustelle" geblieben, andere Punkte wurden bereits ausgeführt. Es gibt Spiele zu verschiedenen Themen, Texte, Arbeitsanregungen für kreatives Arbeiten genauso wie theologische Denkansätze.

Service-Dienst

Die Schiene „Service-Dienst" ist so definiert, daß sie als jederzeit zugängliche Sammlung verschiedenster Informationen dient, die für Schülerinnen und Schüler interessant sind.
Das Infoangebot „Sozialberufe" beinhaltet die Ergebnisse von Arbeiten, die im Unterrichtsgegenstand „Projektmanagement" erarbeitet und aufbereitet wurden. Die Gruppe befaßte sich mit verschiedensten Berufen aus dem Sozial- und Gesundheitswesen, die für Schüler und Schülerinnen von Interesse sein können. Kurze Beschreibungen der ausgewählten Berufe beinhalten Berufsprofil, erforderliche Fähigkeiten, Voraussetzungen, Ausbildungsmöglichkeiten und Erfahrungsberichte von Vertretern der Berufsgruppen. Den Schülerinnen einer weiteren Klasse, die soeben von der Praxis im Gastgewerbe zurückgekommen waren, war es ein Anliegen, die Praxisadressen zu erfassen und allen zugänglich zu machen. Damit können nun alle Interessierten Praxisadressen über das Intranet-HBLA abrufen (derzeit ca. 60 Stellen).
Eine weitere Klasse erarbeitete ein Informationsangebot zum Thema „Aids", und fünf Lehrerinnen unserer Schule stellten für die ständig wiederkehrenden geistigen (Konzentrationsschwierigkeiten, Prüfungsängste etc.) und körperlichen Probleme (Verspannungen, „Kreuzschmerzen" etc.) ein kleines Notprogramm an Übungen und Entspannungstechniken zusammen.

Schließlich wurde die Schülerzeitung unserer Schule, die in gedruckter Form seit zwei Jahren vorliegt, während der Laufzeit des Projekts als Online-Ausgabe aufbereitet. Sie liegt nun als bunte, graphisch attraktive Bildschirm-Zeitung vor; allerdings ist es nicht einfach, ein Medium, das schon bei herkömmlicher Produktion viel Zeit und Engagement der Schüler/innen erfordert, auch noch als Zweitausgabe für den Monitor zu adaptieren.

Infothek
Ein besonderes Anliegen war es uns, über das schulische Intranet auch den Zugang zur Bibliothek zu ermöglichen. Die Zielvorstellung war es, von jedem PC in der Schule - und aus dem Intranet heraus - eine Datenabfrage im Bibliothekscomputer zu ermöglichen. Auch dieses Vorhaben konnte im Rahmen des Projekts verwirklicht werden. Zudem wurden bestimmte „administrative" Informationen für das Intranet aufbereitet, etwa die Aufnahmebedingungen an der Schule, die Lehrerliste, Informationen über den Schulgemeinschaftsausschuß oder die Wirtschaftsleitung.

Schulprofil
Eine Schülergruppe beschäftigte sich mit einer umfassenden Beschreibung und Darstellung der verschiedensten Schultypen an unserer Schule. Aufnahmebedingungen, Stundentafeln und kurze Beschreibungen einzelner Gegenstände sind auf mehreren Ebenen miteinander verknüpft und abrufbar.

Resümee

Ich zitiere hier zunächst aus dem Erfahrungsbericht von zwei Kolleginnen, da er einen guten Einblick in die Alltagsrealität gibt, wie sie sich in unserem Projekt darstellte:
„Wir haben uns an diesem Projekt beteiligt, weil wir hofften, Erfahrungen mit dem Internet zu sammeln. Eine Vernetzung mit anderen Schulen, die uns bei der Projektpräsentation als Richtung, in die sich dieses Projekt entwickeln soll, dargelegt wurde, erschien uns sinnvoll. Warum soll jeder oberösterreichische Lehrer, der dieselben Themen behandelt, alleine arbeiten, warum können wir nicht einander unsere Materialien, Spiele, Ideen, die sich in der Unterrichtspraxis bewährt haben, zur Verfügung stellen? Voraussetzung dafür ist natürlich, daß sich viele Lehrer mit dieser Idee identifizieren und ebenfalls ihr Material zur Verfügung stellen; sonst könnte auch das Gefühl entstehen, daß die Arbeit weniger von vielen benützt und „ausgebeutet" wird. Da dieser Austausch von Ideen unter uns Religionslehrer/inne/n an der Schule immer sehr gut funktioniert hat und wir auch andere FachkollegInnen als bereit für die gemeinsame Arbeit erleben, wollten wir sozusagen den ersten Schritt wagen und gute Materialien zur Verfügung stellen. Als große Schwierigkeit haben sich die Probleme mit der „Technik" erwiesen:

- *Der Lehrercomputer, dessen Verbindung zum Server in entscheidenden Arbeitsphasen nicht funktionierte, der aber auch häufig durch arbeitende Schüler/innen und Lehrer/innen hoffnungslos ausgebucht war, stellte oft ein großes Hindernis dar.*
- *Hatte man sich in seiner Freizeit Kinderbetreuung organisiert und wichtige Termine verlegt, um als Team miteinander arbeiten zu können, scheiterte man oft an solchen Schwierigkeiten und ging, verärgert und ungetaner Dinge, nach Hause.*
- *Oft blieb uns dann nichts anderes, als im Computerraum, mitten unter Schülern, die dort unterrichtet wurden, das heißt mit sehr viel Störung, zu arbeiten, wenn man wenigstens dort einen freien Platz ergattern konnte.*
- *So blieb uns sehr wenig Zeit, in der wir ungestört, in Ruhe und mit funktionierender Technik arbeiten konnten.*
- *Manchmal griffen wir dann sogar zur letzten Möglichkeit, besorgten uns einen Schulschlüssel und arbeiteten an freien Tagen im Haus.*

- *Eine intensive Einschulung, die uns selbständiger gemacht hätte („Internet und Intranet für absolute Anfänger"), hätte uns viel Ärger und Frustration erspart, und die wenigen Kollegen, die sich wirklich auskennen und daher ständig mit Fragen bombardiert wurden, sehr entlastet.*
- *Wie schwierig es war, Materialien aus unterschiedlichen, nicht zusammenpassenden Textverarbeitungsprogrammen auf einen Nenner zu bringen und dann noch in HTML umzuformatieren, merkten wir erst, als jede von uns bereits viel Einzelarbeit geleistet hatte.*
- *Wir haben ungefähr 60 Seiten an Unterrichtsmaterial für das Intranet aufbereitet. Auch wenn wir mit dem Ergebnis, das in der jetzigen Form keinen Anspruch auf Vollständigkeit erheben kann und aus oben genannten Gründen sicher sowohl in inhaltlicher als auch in formaler Hinsicht noch ausgefeilt werden könnte, jetzt halbwegs zufrieden sind, sind für uns doch viele Fragen offen geblieben.*
- *Positiv war für uns die Zusammenarbeit, das Gefühl, daß wir beide in gleichem Maß und mit gleich hohem Aufwand an unserem Projekt beteiligt waren und die für diese Arbeit nötige Überarbeitung unserer Unterrichtsmaterialien erfolgte."*

Der Bericht der beiden Kolleginnen weist sehr deutlich auf die Schwierigkeiten im Alltag hin. In vielen Gesprächen während der Projektarbeit wurden ähnliche Dinge immer wieder angesprochen. Auch wenn wir glauben, daß wir mit der „Netzwerkst@tt HBLA-Landwiedstraße" einen wichtigen Schritt in die Informationsgesellschaft getan haben, so müssen wir dennoch die kritischen Punkte unserer Arbeit ganz klar festhalten.

Die Infrastruktur

Obwohl wir an unserer Schule eine relativ moderne EDV-Ausstattung haben, erwies sich das Angebot an PC-Arbeitsplätzen als völlig ungenügend. Tatsächlich stehen für mehr als hundert Lehrkräfte gerade drei brauchbare PCs zur Verfügung; unter solchen Umständen vom Weg der Schulen in die Informationsgesellschaft zu reden, ist schlicht und einfach unseriös.
Hinzu kommt, daß der Aufbau eines schulinternen Informationssystems wie auch der Einstieg der Schulen ins Internet nicht nur Computer braucht, sondern auch einiges an Peripherie - vom Scanner bis hin zu verschiedenen Softwareprodukten. Auch hier mußten wir uns mit vielen „handgestrickten" Hilfen bzw. mit unseren Privatgeräten behelfen.

Das Know-How

Als der kritischste Punkt erwies sich in der Praxis die Umsetzung von Texten in Hypertexte sowie die entsprechende strukturelle und graphische Aufbereitung mit der World Wide Web-Technologie. Immer wieder wurden Stimmen laut, diese Arbeit doch an Spezialisten zu übertragen.
Tatsächlich scheint dies ein möglicher Weg zu sein. Er hat allerdings den Nachteil, daß die aktive Aneignung eines neuen Mediums dann auf eine kleine Minderheit im Lehr-

körper beschränkt sein wird - und damit wohl viele von der Artikulation in den neuen Informationstechnologien ausschließt.
Ein anderer Weg könnte es sein, ganz klare „Levels“ zu definieren, was die Ausbildung von Kompetenzen im Computerbereich anlangt. Level 1 wäre etwa die einfache Abspeicherung von Textverarbeitungsdokumenten als Hypertext. Level 2 könnten bestimmte Gestaltungsfähigkeiten in diesen Hypertexten sein. Level 3 würde auch die Erstellung von framefähigen Angeboten einschließen, und ab Level 4 würde sich die Angelegenheit noch mehr spezialisieren.

Die Fortbildung

Der Umgang mit den neuen Informationstechnologien erfordert ein umfassendes und durchdachtes Fortbildungskonzept. Hier lag sicher eine Schwäche in unserer Arbeit; wir konnten zwar im Rahmen des Projekts einige Seminare durchführen, es fehlte uns allerdings ein auf das tatsächlich vorhandene Know-How der Lehrer zugeschnittenes und ausgearbeitetes Schulungskonzept. Das „Learning by doing“ erwies sich angesichts der Größe des Projekts, der unterschiedlichen Voraussetzungen und Ansprüche als kontraproduktiv.

Als Schlußfolgerung können wir hier nur eines festhalten: Hätten wir ausgearbeitete und aufbereitete Seminarmodule zur Verfügung gehabt, so wären uns viele Irrwege und auch viel an Frustration erspart geblieben. Wir waren auf unsere - wiederum sehr „handgestrickten“ - Angebote verwiesen, von irgendwelchen Hilfen für Lehrer auf diesem Sektor ist uns nichts bekannt.

Die Finanzen

Wir hatten in unserem Projekt den Vorteil, daß die Kosten für die Projektleitung sowie für diverse Fortbildungs-Seminare vom Pädagogischen Institut übernommen wurden und sich das BMUK an der Finanzierung der Materialien (Projektbericht, Broschüren) beteiligte. Dennoch halten wir fest, daß in das Gesamtprojekt sicher an die tausend Arbeitsstunden eingeflossen sind, die von den Kolleginnen und Kollegen gratis geleistet wurden.
Wenn verstärkte Aktivitäten an den Schulen in Richtung Informationstechnologien erwünscht und gefordert werden, so ist umgekehrt die Forderung zu erheben, daß es dafür auch eine Abgeltung gibt. Anzustreben ist zumindest ein autonomes Projektbudget an den Schulen, aus dem Aktivitäten wie die hier geschilderten finanziert werden können.

Die Organisation

Vor Projektbeginn wurde mit der Schulleiterin vereinbart, daß das Vorhaben gestartet wird, wenn sich mindestens zehn Lehrkräfte zur aktiven Mitarbeit bereit erklären. Daß sich 40 Kolleginnen und Kollegen meldeten und mehr als 30 auch durchhielten, war nicht vorauszusehen, stellte aber das Projekt vor große organisatorische Probleme.

So fabelhaft die Bereitschaft des Lehrkörpers zur Mitarbeit war - und das ist tatsächlich ein riesiges Plus, wissen wir doch aus anderen Schulen, daß die Befassung mit neuen Informationstechnologien meist an einer ganz kleinen Minderheit von Lehrern hängt - so schwierig gestaltete es sich im Alltag, alles auf einen Nenner zu bringen.
Bewährt hat sich die Aufteilung der Projektleitung auf zwei KollegInnen, wobei einer für den technischen und die zweite für den organisatorischen Teil zuständig war. Bewährt hat es sich auch, die Arbeitsform und das Arbeitstempo weitgehend den Einzelgruppen zu überlassen, und bewährt hat sich schließlich die starke Einbeziehung der Schülerinnen und Schüler.
Zu überdenken ist, ob es richtig war, die Technikverantwortlichen aus jeder Gruppe gleichzeitig als Koordinatorengruppe einzusetzen. Der Austausch über Inhalte, über die konkreten Arbeitsfelder kam so zu kurz, da die Technikfragen alles andere überlagerten. Möglicherweise wäre es sinnvoller, analog der Arbeitsteilung in der Projektleitung, auch in den einzelnen Gruppen Verantwortliche für die Technik und Verantwortliche für den Bereich Koordination/Kommunikation/Pädagogik zu haben.
Zusammengefaßt kann also vorläufig einmal festgehalten werden, daß das Intranet-Projekt an der HBLA-Landwiedstraße zwar von einem großen Teil der Kolleginnen und Kollegen als Idee aufgenommen und zu einem durchaus interessanten Ergebnis geführt wurde, daß aber doch einige sehr große Hürden zu bewältigen waren. Diese Hürden nimmt man als Beteiligter im Rahmen eines Projektes meist zwar in Kauf, für die Überführung in den Regelbetrieb sind sie aber ein entscheidendes Hindernis.

ABBILDUNG: DIE HOMEPAGE DER NETWERKST@TT SCHULE

Wie die Arbeit an unserem schulinternen Informationssystem weitergeführt werden soll und ob die Ergebnisse via Internet auch öffentlich gemacht werden sollen, ist für uns noch nicht ganz klar. Voraussetzung dafür ist eine fixe Arbeitsgruppe aus

SchülerInnen und LehrerInnen, die das Intranet betreut. Welche Orgnaisationsform wir dafür finden, konnten wir allerdings bis jetzt noch nicht endgültig klären.

Perspektiven

Für uns steht fest, daß das Thema „Neue Medien“ an unserer Schule auch weiterhin ein Schwerpunkt sein wird. In der Schlußkonferenz am Ende des Sommersemesters wurde vereinbart, ab Herbst eine schulinterne Seminarreihe „Online-Praxis im Schulalltag“ durchzuführen und damit den Schritt vom Intranet ins Internet zu tun. Das Konzept ist in der Folge und als Abschluß dieses Erfahrungsberichts dokumentiert.

Seminar: Online-Praxis im Schulalltag

Der SCHILF (Schulinterne Lehrerfortbildung) - Schwerpunkt „Onlinepraxis“ setzt sich zum Ziel, pädagogische Internetkompentenz zu entwickeln. Zum einen geht es darum, die methodischen Basisgrundlagen zu schaffen, mit denen die SchülerInnen an das Internet herangeführt werden können, zum anderen sollen Fallbeispiele erprobt werden, wie das Internet auch im Fachunterricht bzw. in den Ausbildungszweigen genutzt werden kann. Im Idealfall sollte eine Art Curriculum des Internet-Lernens entstehen.

Das Seminar besteht aus Basismodulen, Fachmodulen und Trainingsmodulen. Jedes Modul setzt sich aus folgenden Elementen zusammen: Impulsreferat, Arbeitsphase am PC, pädagogischer Reflexion. Folgende Module werden angeboten:

- Basismodul: Allgemeine Einführung in das Internet
- Fachmodul „Wirtschaftsinformatik“: Methodische Prinzipien der Heranführung der SchülerInnen ans Internet
- Fachmodul „Allgemeinbildung“: Vorwiegend für Fächer wie Deutsch, Geschichte, Geografie, BE, Musik etc.
- Fachmodul „Fremdsprachen“: Englisch, Französisch, Italienisch
- Fachmodul „Wirtschaft“: Wie nutzt die Wirtschaft das Internet? Einbau von wirtschaftsrelevanten Informationen in den Unterricht.
- Fachmodul „Stenotypie und Textverarbeitung“. Der Schwerpunkt liegt hier auf der Fragestellung, ob und in welcher Weise der Aufbau von „Internet-Kompetenz“ bei den Schüler/inne/n in dieses Fach geholt werden könnte.
- Fachmodul „Naturwissenschaften“: Biologie, Chemie, Physik, Mathematik
- Fachmodul „Hauswirtschaft“: Essen + Trinken, Ernährung, Gastronomie...
- Fachübergreifendes Modul: „Pädagogische Modelle und Angebote im Internet“
- Trainingsmodule: Individuelles Arbeiten mit begleitender Beratung.

Das Seminar wird wöchentlich als Nachmittagskurs während des 1. Semesters geführt. Voraussetzung für den Einstieg in die Fachmodule ist die Absolvierung des Basismoduls. Es wird an drei Nachmittagen am Beginn angeboten. Das Trainingsmodul wird insgesamt ebenfalls an drei Nachmittagen angeboten, alle anderen Module gibt es nur an einem Nachmittag. Mindestteilnehmer: 8 pro Modul. Maximal: 12. Der Kurs umfaßt insgesamt vierzehn Nachmittage zu je drei Einheiten, das entspricht zehn Halbtagen.

(Nähere Hinweise azu den Publikationen zur Netzwerkst@tt Schule finden sich im Serviceteil dieses Buches)

Kontakt

Mag. Christian Schartner
E-Mail: <c.schartner@compaed.co.at>
HBLA Linz-Langwiedstraße
Langwiedstraße 80
4020 Linz
Tel.: 0732 - 82698
E-Mail: <s401619@asn-linz.ac.at>
Homepage: <http://www.bboard.blackbox.or.at/nws/intranet/intranet.htm>
Netzwerkst@tt Schule: <http://www.bboard.blackbox.or.at/nws/>

Die Integration neuer Informations- und Kommunikationstechnologien in ein Schulkonzept - Neue Medien und Unterrichtsformen am BG Gallus, Bregenz

von Andreas Renner

Der Umgang mit den neuen Informations- und Kommunikationstechnologien (IKT), das Erlernen dieser neuen Kulturtechniken und der Umgang mit gewaltigen Informationsmengen wird zunehmend eine Hauptaufgabe der Schule sein. Kognitive Inhalte rücken in den Hintergrund, da Information sehr kurzlebig ist. Dagegen sind Fertigkeiten wie komplexe Informationssuche und kritische Evaluation von Information gefragt. Der Einsatz der neuen Medien bietet sich in allen Fächern an, vor allem in Zusammenhang mit offeneren und projektorientierten Unterrichtsformen. Geschlossene Unterrichtsformen - der Frontalunterricht am PC - sind schwierig und wenig sinnvoll. Inzwischen ist der Einsatz von neuen Medien an Schulen akzeptiert, auch wenn sie nicht von allen Lehrern angewendet werden. Der Wunsch der Schüler, mit den neuen Medien zu arbeiten, wächst. Die Schulleitung versucht eine möglichst gute technische Ausstattung bereitzustellen und die Ressourcen möglichst allen einfach und unbürokratisch zugänglich zu machen.

Dieser Beitrag versucht die Integration neuer Medien unter dem Aspekt eines sich verändernden pädagogisch-didaktischen Schulkonzeptes am BG Gallus in Bregenz darzustellen. Die Informations- und Kommunikationstechnologien sind dabei Teil der gesamten Schulentwicklung, seines Leitbildes und Wertekataloges.

Entstehungsgeschichte und Überblick über technische Einrichtungen

Im Jahr 1990 wurde ein Informatiksaal mit vierzehn Computern (80286er) vernetzt. Dieses Netz wurde in diversen Fächern wie Informatik, Textverarbeitung, Deutsch, Englisch, Latein, Geographie und Mathematik genutzt. In diesen Trägerfächern für Informatik kamen vor allem fachspezifische Lernprogramme - durchwegs DOS-Anwendungen - zum Einsatz. In den meisten Fächern wurde mit diesen Programmen der Lehrstoff geübt und gefestigt. Einige kleinere Projekte wurden auch mit Hilfe von Textverarbeitungsprogrammen gestaltet und dokumentiert.
1992 ging ein weiterer Saal mit zehn Computern (80486er) ans schulinterne Netz. Dieser wurde ähnlich verwendet wie der vorher beschriebene. Der Einsatz von Windows und vor allem von WinWord zog jedoch zunehmend Schüler und Lehrer an. Viele Handouts, Projektberichte, Folien, Maturavorbereitungen etc. wurden am Computer erstellt. Zusätzlich brachte die Graphikanwendung Corel Draw einen engagierten Kunsterzieher in den Informatiksaal. Damit war der Grundstein für sehr kreative, computerunterstützte Projekte gelegt.

Im Herbst 1995 konnten wir unser schulinternes Netz über eine ISDN Standleitung (64 KB) ans Internet hängen. Damit hatten wir als erste Vorarlberger Schule an zehn Computern Zugang zu den neuen Informations- und Kommunikationstechnologien. Wir verdanken diesen raschen und leistungsfähigen Zugang zum Internet der Vorarlberger Kommunikationsgesellschaft und vor allem deren Direktor, Dipl. Ing. Heinz Loibner. Mit der Firma Teleport fand Dipl. Ing. Heinz Loibner einen sehr kompetenten Internetprovider für Vorarlbergs Schulen. Der ausgezeichneten Zusammenarbeit dieser beteiligten Partner und der Unterstützung durch das Land Vorarlberg ist es zu verdanken, daß hierzulande die Integration der neuen Informations- und Kommunikationstechnologien an den Schulen so rasch voranschreitet.

Im Sommer 1996 ging unser hauseigener WWW-Server **<bg-gallus.vol.at>** ans Netz. Ab sofort waren wir nicht mehr passiver Teilnehmer im World Wide Web, sondern hatten unsere eigene Plattform, um Beiträge im Internet zu publizieren. Hatten wir schon in den Jahren zuvor den Schülern den Zugang zu den Computern sehr frei ermöglicht, öffneten wir die Computersäle jetzt offiziell allen Schülern und Lehrern und ermunterten alle Kollegen, Internet in ihren Unterricht zu integrieren. Schon bald kam es vermehrt zu Engpässen, sodaß wir im Frühjahr 1997 einen weiteren Saal mit 14 Pentium Computern und Internetzugang ausstatteten.
Im Juni 1997 eröffneten wir feierlich ein Lern- und Informationszentrum (LIZ), in dessen Mittelpunkt die Bibliothek und Multimediacomputer mit Internetzugang stehen. In diesem Zentrum sollen die Schüler selbständig lernen, entdecken und forschen.

Integration der neuen Medien und IKT in das Schulkonzept

Als wir 1995 den Internetanschluß an unserer Schule technisch realisierten, hinkten wir den rasanten Entwicklungen nach. Niemand hatte eine konkrete Vorstellung, was dieses neue Medium alles konnte und welche Möglichkeiten es für den Unterricht bot. Der Internetanschluß wurde von positiven Visionen und weniger von klaren Konzepten getragen. Einige von uns waren jedoch von Pioniergeist und Aufbruchsstimmung motiviert und entdeckten auf diese Weise dieses neue Medium. Mir selbst half der spielerisch entdeckende und aufgeschlossen unbekümmerte Zugang der Schüler, mich in dieses Neuland vorzutasten. Allmählich zeichneten sich für mich in diesem „nebulösen" Internet Konturen ab, die zur Entwicklung von Zielen und Konzepten führten.

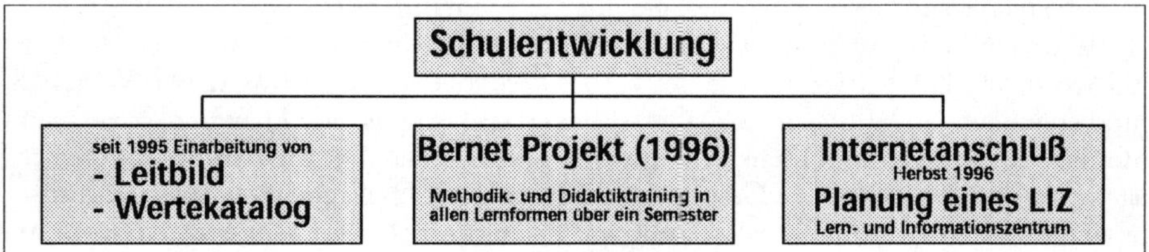

ABBILDUNG: DIE DREI SÄULEN DER SCHULENTWICKLUNG

Informations- und Kommunikationstechnologien als Teil der Schulentwicklung
Seit 1995 wird die Schulentwicklung am BG Gallus sehr dynamisch vorangetrieben. Für die Integration der neuen Informations- und Kommunikationstechnologien sind drei Säulen als Teil dieser Entwicklung von Bedeutung.

Integration der Informations- und Kommunikationstechnologien in Leitbild und Wertekatalog der Schule
Zentrale Aspekte unseres Leitbilds sind die Öffnung der Schule nach außen und nach innen. Der „global village effect" des Internets unterstützt diese Öffnung nach außen automatisch. Mit wenigen Mausklicks sind die Schüler mit verschiedensten Teilnehmern und Anbietern weltweit verbunden und über Electronic Mail, Chat oder Newsgroups können sie mit diesen kommunizieren.

Ab Herbst 1997 wird auch jeder Vorarlberger Schüler auf Wunsch seine eigene E-Mail Adresse erhalten. Die Teilnahme und Nutzung dieser globalen Plattform steht unseren Schülern nicht nur als Konsumenten beim Abrufen von Informationen, sondern auch als Anbieter von selbstgestalteten Internetseiten zur Verfügung. Der Einsatz der neuen Informations- und Kommunikationstechnologien führt zwangsläufig zu erweiterten Unterrichtsformen. Der dominierende Frontal- und Frageunterricht bietet zu wenig Raum für die neuen computerunterstützten Medien. Diese Öffnung nach innen, hin zu offeneren Unterrichtsformen, ist ein wesentlicher Teil unseres neuen pädagogischen Schulkonzepts.

Methodisch - didaktische Konzepte: Das Bernet Projekt
Die Konzeptentwicklung im methodisch – didaktischen Bereich wurde von Roland Bernet, einem Schweizer Pädagogen, begleitet. Über ein Semester begleitete er ein gesamtschulisches, praxisbezogenes Training in allen Lehr- und Lernformen mit Schwerpunkt auf erweiterte Unterrichtsformen. Wir experimentierten mit Werkstattunterricht, Wochenplanarbeit, Projektunterricht, Rollenspiel, Planspiel, Gruppenunterricht, Partnerarbeit, Leitprogrammen, Fallstudien und schließlich auch mit medienunterstütztem Lernen. Alle diese Unterrichtsmodelle sind sehr schülerzentriert und einige davon eignen sich hervorragend für den Einsatz neuer, computergestützter Medien.

Die neuen Medien und allen voran das Internet zwingen zu selbständigem, forschendem und entdeckendem Lernen, wofür nur offene Unterrichtsformen genügend Raum bieten.

Neue Sozialformen im Unterricht
Der Einsatz von Informations- und Kommunikationstechnologien ist, wie schon erwähnt, nur in erweiterten Unterrichtsformen möglich. Die neuen Medien und Unterrichtsformen führen zwangsläufig zu einer Aktivierung der Schüler im Lehr- und Lernprozeß. Der Lehrer tritt in den Hintergrund: er organisiert, strukturiert, hilft, berät und evaluiert. Der Lehrer ist somit nicht mehr der „Nabel" des Lehr- und Lernprozesses, wie wir es von geschlossenen Unterrichtsformen her kennen.

Einsatz von Informations- und Kommunikationstechnologien in möglichst vielen Fächern

Die neuen Medien werden unterrichtsbegleitend eingesetzt und sind nicht fester Bestandteil der Stundentafel. Zur Zeit werden sie im Kunstunterricht, in vielen geisteswissenschaftlichen Fächern, in allen Sprachen und einigen naturwissenschaftlichen Gegenständen verwendet. Eines unserer wichtigsten Ziele ist es, die neuen Informations- und Kommunikationstechnologien in möglichst vielen Fächern einzusetzen.

Freier Zugang zu Computer-Ressourcen

Die Computer werden von der Informatikabteilung betreut. Der Informatikunterricht findet auch voranging in den Computerräumen statt. Diese Räume stehen jedoch allen Fächern, Schülern und Lehrern zur Verfügung. Die Räumlichkeiten kann man mittels Raumplan ganz unkompliziert reservieren. Schüler haben für sinnvolle Aufgaben freien Zugang zu den Informatikräumen, sodaß viele Schüler beziehungsweise Schülergruppen dort außerhalb des Unterrichts an diversen privaten und schulischen Projekten arbeiten. Wir mußten die Öffnungszeiten auf 8:00-17:00 beschränken, da vereinzelt Schüler bis tief in die Nacht im Internet surften. Das Vertrauen in die Schüler hat sich bisher bewährt - wir hatten noch keine nennenswerten Sachbeschädigungen. Diese Offenheit erfordert von Lehrern, der Schulleitung und vor allem vom Netzbetreuer viel Flexibilität, Vertrauen und organisatorische Anpassungsfähigkeit. Vor allem das Vertrauen zu unseren Schülern ist in unserer Schulgemeinschaft eine über Jahre gewachsene Qualität.

Die Lehrerausbildung

Je nach Nachfrage erhalten die Lehrer von Informatiklehrern schulinterne Fortbildungen zu den Informations- und Kommunikationstechnologien. Sie werden im Umgang mit den wesentlichen Internetdiensten und in der grundlegenden technischen Handhabung der Geräte geschult. Fachspezifische, didaktische Schulungen erhalten die Lehrer über die fachbezogenen Arbeitsgemeinschaften am Pädagogischen Institut des Landes Vorarlberg.

Entlastung der Lehrer durch Experten unter den Schülern

Die Schüler der 9. Schulstufe (5. Klasse Gymnasium) werden im Pflichtfach Informatik geschult, sodaß die Lehrer das technische Handling weitgehend den Schülern überlassen können. Die Lehrer sollen ihre pädagogischen Fähigkeiten im Umgang mit den neuen Medien entfalten können und dürfen daher nicht zu sehr mit technischen Problemen belastet werden. In jeder Klasse finden sich „PC-Experten" unter den Schülern, die gerne und kompetent helfen. Zudem handelt es sich bei diesen „Computerfreaks" oft um unauffällige, introvertierte Persönlichkeiten, deren Selbstwertgefühl durch diese neue Aufgabe wachsen kann. Jedenfalls sollte man bei der Organisation des Unterrichts die Schüler als Experten einplanen. Dieses Vertrauen fördert die betroffenen Schüler, führt zwangsläufig zu Teamarbeit und zu ganz neuen Schüler-Lehrer und Schüler-Schüler - Interaktionen. Die Lehrer wiederum sollten ihre Technikangst abbauen und einsehen, daß sie nicht mehr alles überblicken können, bzw. den Verlauf sowie die Ergebnisse einer Unterrichtseinheit nicht mehr genau steuern können.

Internetprojekte des BG Gallus

Mit den folgenden Beispielen möchte ich ein paar Resultate unserer Arbeit mit den neuen Informations- und Kommunikationstechnologien zeigen. Alle Projekte sind im Internet über URL: **<http://bg-gallus.vol.at>** abrufbar.

Douglas Adams:'The Hitchhiker's Guide To the Galaxy' Trilogy of Five – A Literary Treatise via Internet

In Englisch verfaßte Peter-Paul Pichler eine Fachbereichsarbeit zu einem modernen, englischen Kultautor. Nachdem konventionelle Informationssysteme wie Bibliotheken oder Fernleihen zu diesem Autor kaum Material boten, forschte Peter-Paul Pichler im Internet und wurde dort nicht nur fündig, sondern entdeckte in Adams einen Literaten der das Internet in mehreren Formen für sein künstlerisches Schaffen nutzt. Im folgenden Zitat aus dieser Arbeit beschreibt Peter-Paul Pichler diesen neuen Zugang zur Literatur:

Why Douglas N. Adams?

I first came to know the novels of Douglas N. Adams (DNA) through a friend. Having read the first book out of the „Hitch Hiker's Guide to the Galaxy" trilogy of five I was really enthusiastic about it and immediately read the rest of them. Douglas Adams writes in a very witty way giving us a perfect example of cynical British humour. His stories are funny, inspired and most of the time very absurd. I really liked Adams' work and wanted to give it some attention. Therefore I thought it would be interesting to do a „Fachbereichsarbeit" on DNA and his novels.

While I was writing this text, I found it very difficult to switch between Adams' funny and colloquial style, which occupied my mind, and the academic style in which I was supposed to write. I also encountered tremendous troubles searching for secondary literature and reviews in libraries. The only source of information seemed to be Neil Gaiman's „Don't Panic - The Official Hitchhiker's Guide to the Galaxy Companion". Consequently, I had to find other ways of gathering information. The first source I could think of was the internet.

Research in the Internet

I thought of what would be the best media to review and discuss a contemporary science-fiction writer like DNA. The most obvious and probably only possible one was the internet. As the most progressive media, it provides the widest possible spectrum of reception including:

- *reviews*
- *individual reading-experiences*
- *selective quotes*
- *platforms for discussions*
- *articles from the writer*
- *newsgroups*
- *fan clubs*
- *merchandising*
- *chat forums with the author etc.*
- *reader's comments*

When I searched the internet, I was rather astonished to find such a wealth of diverse information. Besides loads of useless rubbish and sites that had only little to do with DNA, there were plenty of sites and places specially dedicated to DNA which dealt with his work in many different ways.DNA was one of the first writers who dared to enter this new and nearly unexplored terrain, but I think many will follow. I hope more authors will use this

media in the future because I believe that one can reach many people, and one can stay in touch with the readers very easily. It is important for an author to get feedback not only from literary critics, but also from his readership. That is why DNA once in a while holds chat forums where everybody can talk to him, and he talks about his current projects. (Peter-Paul Pichler: Douglas Adams: 'The Hitchhiker's Guide To the Galaxy' Trilogy of Five – A Literary Treatise via Internet, Fachbereichsarbeit am BG Gallus, Bregenz, 1997, S. 3-4.)

Kunst ist ein Lebensmittel:
Ein Homepageprojekt für die Österreichische Gallerie Belvedere
Auf diesen Internetseiten präsentieren Schüler österreichische Literatur und Malerei der Jahrhundertwende. Bilder und Texte werden dargestellt, in ihrem künstlerischen Umfeld besprochen und interpretiert.

Thomas Bernhard:
Eine Photoaustellung von Sepp Dreissinger
Die Schüler des Wahlpflichtfaches Informatik veröffentlichten eine Thomas Bernhard Ausstellung des bekannten Portraitphotographen Sepp Dreissinger im Internet.

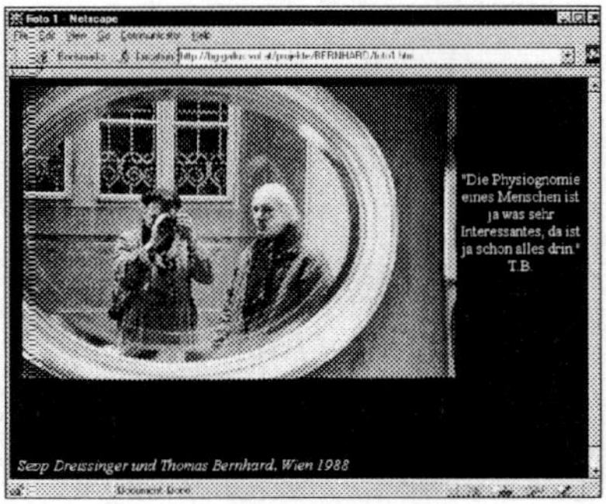

ABBILDUNG:
PRÄSENTATION THOMAS BERNHARD AUSSTELLUNG

Kontakt

Mag. Andreas Renner
E-Mail: <bg.gallus1@schulen.vol.at>
BG-Gallus
Gallusstraße 4
6900-Bregenz
Tel.: 05574 - 42460
Fax: 05574 - 44031
E-Mail: <BG.Gallus@schulen.vol.at>
Homepage: <http://bg-gallus.vol.at/>

Handelsakademie am Info-Highway - Projekt „Schule im Internet"

von Antonin Boris Hanika und Reinhold Sattlegger

Dieser Beitrag beschreibt drei konkrete Internet - und Multimedia - Projekte der Vienna Business School - HAK II / HAS III aus den letzten Jahren, an der Informationsbeschaffung (Recherchen im WWW) und Kommunikation via E-Mail in den Übungsfirmen der IV. Jahrgänge Handelsakademie und 3. Klassen Handelsschule schon zur Routine geworden sind. Anhand des zeitlichen Ablaufs und der Einbindung der Schüler wird klar dokumentiert, wie der Einsatz neuer Kommunikationstechnologien mit den pädagogisch-didaktischen Zielen der Schule zusammenspielt.

Die pädagogisch-didaktische Verwertbarkeit von Internet- und Multimedia-Projekten

Die Schul-Homepage
Konzeption und Erstellung der Homepage der Schule und im WINF-Unterricht
➡ Die Inhalte werden in mehreren Unterrichtsfächern interdisziplinär erarbeitet. Die Homepage bietet aktuelle Sachinformation (z.B. Personal, Schulformen, Ausbildungsschwerpunkte), eine Chronik, eine Suchmaschine, ein Gästebuch und ein Online-Formular zur Anforderung weiterer Informationen.

Der HamerLINKplatz
Zielorientierte Nutzung neuer Informations- und Telekommunikationsmöglichkeiten
➡ Der HammerLINKplatz besteht aus schüler- und lehrerrelevanten Internet-Links in der Funktion einer *„Virtual Library"*.

Der Jahresbericht auf CD-ROM
Projektmanagement anhand eines schülernahen, motivationsfördernden, realen Produktes (Planung, Organisation, Durchführung, Finanzierung, Marketing)
➡ Der CD-ROM Jahresbericht enthält Klassen- und Lehrerfotos, Berichte, Bilder, Ton- und Videoaufzeichnungen des vergangenen Schuljahres, einen Rückblick auf „92 Jahre HAK II" und eine Denkspiel-Sammlung.

Die Homepage

Im Schuljahr 1995/96 unterrichtete ich (Antonin Boris Hanika) Wirtschaftsinformatik in einem II. Jahrgang der Handelsakademie. Das Thema der Doppelstunde vom 17.10.1995 war „Telekommunikation". Solche Themen vergebe ich gerne an interessierte Schüler zwecks Ausarbeitung eines Referates.
Diesmal hat sich Benedikt Carda gemeldet und eine ganz ausgezeichnete Präsentation gehalten, in der er die Möglichkeiten der Telekommunikation aufzeigte und sehr viele Hintergrundinformationen bot. Am Ende seiner Ausführungen regte er die Erarbeitung einer eigenen Internet- Homepage der Schule an. Diese Idee gefiel mir gut.

In einem Gespräch mit dem Schüler entstand folgendes Szenario:

- die Homepage entsteht als Projekt der III. A, die Weiterentwicklung in den Folgejahren soll jeweils von einem III. Jahrgang getragen werden;
- die Vermittlung der notwendigen Kenntnisse und Fertigkeiten soll im Unterricht des III. Jahrganges erfolgen;
- jeder interessierte Schüler der Schule soll an dem Projekt mitarbeiten können;
- daher wird für die Arbeit (abgesehen von der Wissensvermittlung im III. Jahrgang) hauptsächlich die Freizeit der Schüler herangezogen.

Chronologie des Projekts

8. November 1995: Das Thema „Telekommunikation“ wird in der III. A behandelt, einige Schüler haben das Thema anhand verschiedener Unterlagen vorbereitet. Nach der Präsentation diskutieren wir das Projekt einer eigenen Homepage und vereinbaren den Start des Projektes nach den Weihnachtsferien.

10. Jänner 1996: Ich komme in der III. A auf das Projekt zu sprechen. Mit den Schülern wird folgender Projektablauf vereinbart:

1. Entwurf des möglichen Aussehens der Homepage: was sollen die Inhalte des Entwurfes sein; Struktur und Inhalte der Homepage; was wollen wir Besuchern der Homepage vermitteln?
2. Wissensvermittlung:
   - Wie entsteht eine Homepage?
   - Welche Elemente kann / soll eine Homepage beinhalten?
   - Worauf ist bei der Gestaltung besonders zu achten?
3. Gestaltung der Homepage durch interessierte Schüler in Heimarbeit
4. Präsentation der Homepage und Veröffentlichung im Internet
5. Sicherung der Wartung und laufende Aktualisierung

Zur Ausführung des ersten Schrittes werden die Schüler in drei Gruppen eingeteilt mit der Aufgabenstellung, bis 24.01.1996 einen ersten Entwurf auszuarbeiten. Schwerpunkt der Aufgabe sind die Inhalte, mit denen wir den Besuchern „Lust auf die HAK II“ machen möchten. Auf die technischen Möglichkeiten (was ist machbar?) kann und soll in dieser Phase nicht Rücksicht genommen werden.

24. Jänner 1996: Die Schüler präsentieren ihre in Gruppen schriftlich ausgearbeiteten Vorschläge und diskutieren die verschiedenen Vor- und Nachteile der einzelnen Entwürfe. Ergebnis der Diskussion ist die Struktur der Homepage.

7. Februar 1996: Benedikt Carda aus der II. A präsentiert HTML, die Sprache zur Gestaltung der Homepage, und verweist auf die wichtigsten Elemente der Gestaltung.

- Graphiken: nicht zu viele und nicht zu groß, da dadurch die Zeit des Seitenaufbaus verlängert wird, aber auch nicht zuwenige, da die Seiten dadurch zu „fad“ würden;
- Möglichkeiten der Interaktion: Besucher sollen die Möglichkeit erhalten, mittels Online-Formulars mit der Schule zu kommunizieren.

Im Anschluß an die Präsentation melden sich vier Schüler der III. A, die in ihrer Freizeit den Rohentwurf umsetzen möchten. Auch Carda aus der II. A und Philipp Frisch aus der I. C, der entsprechende Vorkenntnisse besitzt, arbeiten in Heimarbeit Seiten aus, wobei für die einzelnen Seiten mehrere Entwürfe erstellt werden. In Abständen von einem Monat präsentieren die Schüler die Ergebnisse ihrer Heimarbeit und diskutieren untereinander und mit mir Verbesserungsvorschläge. Knapp vor Ende des Schuljahres ist die Arbeit soweit fortgeschritten, daß die Veröffentlichung im WWW erfolgen kann. Der Schüler Carda hat für eigene Zwecke Speicher auf einem Server in den USA gemietet und stellt den notwendigen Speicherplatz der Schule zur Verfügung. Während der Sommerferien 1996 verbessern in unregelmäßigen Abständen Schüler mit mir das Layout der Homepage und publizieren die URL in diversen Suchmaschinen im WWW.

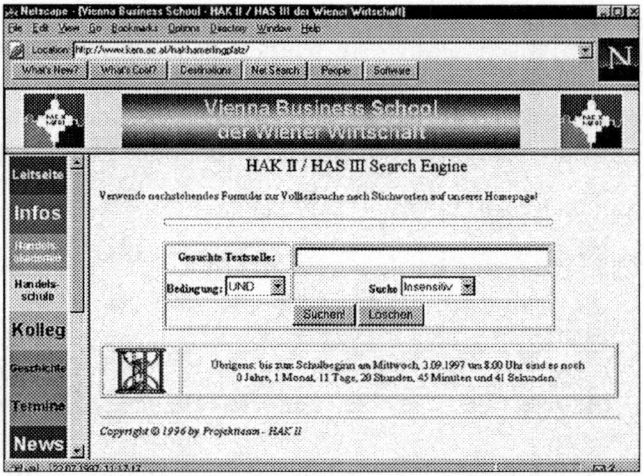

ABBILDUNG: DIE SUCHMASCHINE DER HAKII/HASIII

Präsentation der Homepage

Die Homepage wurde von den Schülern bisher bei folgenden Gelegenheiten präsentiert: am 05.09.1996 anläßlich der Eröffnung des Siemens-Nixdorf-Multimedia-Saales vor Vertretern der Wiener Handelskammer, dem Fonds der Wiener Kaufmannschaft, Vertretern der Firma Siemens-Nixdorf und Journalisten, am 18.09.1996 anläßlich einer pädagogischen Konferenz vor dem Lehrkörper der Schule und am 17.10.1996 anläßlich der Hauptversammlung des Elternvereins vor den anwesenden Eltern.

Evaluierung des Projektes

Schon während der Erstellung der Homepage stellte sich immer wieder die Frage, ob eine / unsere Homepage im Internet überhaupt besucht wird und wenn ja, in welchem Ausmaß.

Zur Beantwortung dieser Fragen haben wir auf unseren Seiten ein „Logbuch“ eingerichtet, das aufzeichnet,

- welche Seiten wie oft genutzt werden;
- wie der Besucher auf unsere Seite gelangte;
- aus welchem Land der Besucher kommt;
- mit welchem Browser der Besucher unsere Seiten abfragt.

Aus diesen Protokollen können wir laufend wichtige Erkenntnisse für die weitere Seitengestaltung gewinnen, da wir erfahren, welche Informationen die Besucher besonders interessieren.

Ausblick
Dieses Projekt wird voraussichtlich nie abgeschlossen sein:

- einzelne Seiten - vor allem die Neuigkeiten und Termine - sind laufend zu warten;
- Lehrer, Klassen, Schüler und die Übungsfirmen haben die Möglichkeit, sich auf weiteren Seiten im Rahmen der Homepage zu präsentieren.

Dadurch hoffen wir, daß die Homepage den Besuchern stets Neues bieten wird und immer aktuell gehalten werden kann.

Die Homepage hat folgende Struktur

1. Ebene	2. Ebene	3. Ebene
Leitseite motivierender Einstieg, Überblick über: Schule,Schulformen, Gegenstände	*Infos* Sachinformationen: Anschrift,Telefon, E-Mail, Verkehrsanbindung	*Schulerhalter, Direktion* Neuigkeiten,Termine: Homepages von: Professoren, Klassen, Schülern, Übungsfirmen,
	Schulformen: Handelsakademie, Handelsschule, Kolleg Eingangsvoraussetzungen, Berufsberechtigungen, Berufsaussichten	*Ausbildungsschwerpunkte:* Controlling,Marketing, Wirtschaftsinformatik: Lernziele, Lehrstoff, Stundentafel
	Chronik	
	Suchmaschine zur gezielten Suche nach Informationen auf unseren Seiten	
	Gästebuch mit Möglichkeit der Eintragung	
	Online - Formular zur Anforderung weiterer Informationen	
	Impressum	

Schau'n Sie sich das an!" (© Karl Farkas) Die URL der Homepage lautet: **<http://www.kem.ac.at/hakhamerlingplatz>**

HamerLINKplatz

Der HamerLINKplatz ist eine Zusammenstellung interessanter, vorwiegend schüler- und lehrerrelevanter Internet-Adressen (sog. „Links"), die aktuell aus vielen verschiedenen Bereichen (Banken, Firmen, Gesundheit, Jugendservice, Literatur, Mathematik, Museen, Musik, Politik, Recht, Schulen und Universitäten, Theater, WWW-Search, Zeitungen etc.) stammen. Darüberhinaus werden am HamerLINKplatz auch schuleigene Projekte vorgestellt. Derzeit ist die aktive Einbindung bzw. Mitarbeit von Schülern und Lehrern insofern beschränkt, als die flächendeckende Ausstattung mit der nötigen EDV-Infrastruktur noch nicht gegeben ist.Als Internet-Einsteiger, aber auch als fortgeschrittener „User" findet man dort schnell, wonach man sucht, ohne lange im Internet-Dschungel „herumzuirren". In den nächsten Jahren soll der HamerLINKplatz zu einer „Virtual Library“ ausgebaut werden. Schüler und Lehrer sollen somit die Möglichkeit bekommen, Lerninhalte, Problemstellungen, Fallstudien, Hausübungen (und Lösungen) etc. zu publizieren bzw. interaktiv zu nutzen. Betreut wird der HamerLINKplatz von Mag. Reinhold Sattlegger, der sich über Anregungen und Kritik freut **<reinhold.sattlegger@bboard.blackbox.or.at>**. Den HamerLINKplatz findet man unter dem URL:**<http://www.blackboard.at/schulen/hak2/>.**

Schuljahresbericht auf CD-ROM

Anfang April 1997 wurde von Schülern einer 3. HAK-Klasse und Mag. Reinhold Sattlegger im Rahmen des BWUP-Unterrichts (BetriebsWirtschaftliche Übungen und Projektarbeit) die Idee geboren, den Jahresbericht der Schule den neuen, multi-medialen Möglichkeiten anzupassen - sprich die üblicherweise gedruckte Jahresbericht-Broschüre durch das Medium „CD-ROM“ zu ersetzen.

ABBILDUNG: INTRO-SEITE DER CD-ROM

Daraus wurde ein interessantes Projekt, in dem moderne Instrumente und Methoden des Projektmanagements wie Erhebungs- und Kreativitätstechniken, Stellenbeschreibungen, ein Projektstrukturplan etc. eingesetzt wurden und an dessen zeitlichem Ende ein „marktreifes Produkt“ stand. In einer letzten Phase wurde die CD-ROM in unserer Schule sehr erfolgreich präsentiert. Die CD-ROM kombiniert Texte, Bilder, Ton und Videos, wurde auf HTML-Basis erstellt und kann somit mit jedem Internet-Browser angeschaut werden.

Inhaltlich gliedert sie sich in vier Bereiche, die über das Intro (siehe Abbildung) erreicht werden können:

1. dem Hauptteil mit dem Jahresbericht 1996/97. Dieser wurde in der „Frame-Technik“ angelegt und ist horizontal nach Klassen und vertikal nach Themenschwerpunkten (z. B. Personal, Projekte mit wirtschaftlichem, sprachlichem, sportlichem Bezug, Maturathemen etc.) untergliedert. Über zahlreiche Querverbindungen („Links“) wird ein rasches und flexibles „Surfen“ durch das Schuljahr 1996 / 97 ermöglicht.
2. einem Fotoalbum der Schule, in dem interessante und amüsante Ereignisse der Vergangenheit dargestellt werden. Dieser Bereich wurde „the best of ... 1905 - 1992“ genannt.
3. einer Präsentation des „hamerLINKplatzes“, der die Internet-Seiten der Jahresberichts-Sponsoren und die Homepage der Schule anstelle der eigentlichen Links beinhaltet.
4. einem Software-Bereich, von dem man sich (Denk-)Spiele auf die Festplatte „downloaden“ kann. Diese Software ist durchwegs Free- oder Shareware.

Da der Zeitrahmen für dieses Projekt (ca. 2 Monate) sehr kurz gehalten war und die EDV-Ausstattung im BWUP-Unterricht grundsätzlich nicht gegeben ist, mußte ein großer Teil der Arbeit aus dem Unterricht ausgelagert und von Schülern und Lehrern in Heimarbeit erledigt werden. Nächstes Jahr soll dieses Projekt wiederholt und ein längerer Zeithorizont eingeplant werden.

Konktakte

Mag. Antonin Boris Hanika
E-Mail: <Boris.Hanika@bboard.blackbox.or.at>
Mag. Reinhold Sattlegger
E-Mail: <reinhold.sattlegger@bboard.blackbox.or.at>
Vienna Business School - Handelsakademie II und Handelsschule III
der Wiener Wirtschaft
Hamerlingplatz 5-6
1080 Wien
Tel.: 01 - 406 23 47
Fax: 01 - 406 23 474
Homepage: <http://www.kem.ac.at/hakhamerlingplatz/>

Multimedia als neues Medium in der Schule

von Helmut Caba

Der Informatikunterricht hat sich innerhalb der letzten zehn Jahre entscheidend geändert. Die technischen Möglichkeiten sind heute wesentlich vielfältiger als damals. Die Veränderung ist aber auch an den Inhalten und an durchgeführten Projekten erkennbar. Am schwächsten entwickelt ist hingegen die didaktische Seite dieser Entwicklung. In meinem Beitrag möchte ich den Schwerpunkt auf diese Aspekte legen. Er spiegelt großteils persönliche Überlegungen und meine praktischen Erfahrungen aus meiner Lehrtätigkeit am Bundesgymnasium Hallein wider.

Didaktische Überlegungen

Multimedia erlaubt die sinnvolle Integration verschiedener Fächer, wie sie auch angestrebt werden sollte. Im Rahmen der „Trägerfächer" ist dies vom Lehrplan schon seit längerer Zeit vorgesehen, jedoch hat die technische Entwicklung heute einen Stand erreicht, wo dieses Anliegen leichter verwirklicht werden kann. So können etwa über den Aufbau von HTML-Seiten Inhalte verschiedener Unterrichtsgegenstände mittels Hypertext-Links angezeigt werden. Dem steht entgegen, daß die technische Entwicklung und der Informatikunterricht immer eher formorientiert als inhaltsorientiert waren und sind.
Ein Großteil der Diskussionen, Vorträge und Schulungen hat die technische Komponente zum Thema. Nur am Rande werden eigentliche Unterrichtsinhalte erwähnt. Im Überblick der letzten 10 Jahre lag der Schwerpunkt immer auf seiten der vorhandenen Möglichkeiten von Hard- und Software. Es werden immer wieder neue Formen beworben und gefordert, und nicht neue Inhalte.

„Auffallend bei Gesprächen mit Informatiklehrern und beim Studium der vorhandenen Literatur zum Informatikunterricht ist die Orientierung am jeweiligen Stand der Softwareentwicklung. Die Frage, ob nun in der Schule X bereits die Version Y der Programmiersprache Z verwendet wird, ist vorrangig zur Frage, welche Inhalte mit der jeweiligen Sprache vermittelt werden sollten. Die Inhalte beziehen sich meist darauf, was mit derjenigen Sprache möglich zu vermitteln ist. So findet man in einem Werk für die Unverbindlichen Übungen Informatik 3. Klasse bereits die Verwendung von Zeigern." (Fundamentale Ideen der Informatik und der Integration neuer Technologien, Fuchs, Caba, 1994)

In der letzten Zeit ist man von komplexeren Programmierkonzepten abgekommen. Die Oberfläche dominiert. In den Programmierbeispielen zu objektorientierten Oberflächen erscheinen Benzinpreisabrechnungen - wie vor 10 Jahren. Multimedia betont das Bild und drängt die logische und die Textkomponente zurück. Das hat den Vorteil, daß die Grundlagenarbeit bei Multimedia von vielen Schülern mit großem Interesse aufgenommen wird, da die Anwendungen sehr anschaulich sind und vor allem dem visuellen Lerntypus entsprechen. Bisher war durch die Betonung des Programmierens der logisch-formale Lerntypus bevorzugt.

Entwicklungen im Informatikunterricht der letzten 10 Jahre

Die Verschiebung der Schwerpunkte und Inhalte des Informatikunterrichts der letzten zehn Jahre läßt sich sehr anschaulich und chronologisch zeigen:

1. Logik des Programmierens
2. Hardware und hardwareorientierte Programmiersprachen
3. Prozedurale Programmiersprachen
4. Objektorientierte Programmiersprache
5. Erarbeitung von computer-unterstützten Denkstrukturen mit Hilfe spezieller Programme. Einige Beispiele (Symbolische Algebra - Derive, die das Experimentieren mit mathematischen Formen - begleitend zu korrektem formellen Vorgehen im Mathematikübungsheft - ermöglichte; die Netzplantechnik verbesserte das Vorstellungsvermögen für Abhängigkeiten in vernetzten Systemen; DG-Programme wie Schul-CAD förderten das räumliche Anschauungsvermögen; Textverarbeitungen dienen als Erweiterung der Kulturtechnik „Schreiben" mit der Betonung auf Erweiterung; Bildbearbeitung war der Einstieg zu Multimedia-Anwendungen)
6. Präsentations- und Multimedia-Programme

Diese Entwicklungsgeschichte läßt sich auch an der Projektliste des Bundesgymnasiums Hallein erkennen, die am Ende des Beitrages zu finden ist.

Worin besteht die Innovation durch die neuen Medien?

Die Innovation besteht meiner Ansicht nach im Verständnis und in der sinnvollen Anwendung der vom Medium vorgegebenen Denkstrukturen. Die Einübung und Anwendung dieser Strukturen kann vom Schüler nur an kleinen und einfachen Beispielen geübt und erlernt werden. Deshalb wird eine rein technische Anbindung und Vernetzung aller Arbeitsplätze nur einen winzigen didaktischen Fortschritt bringen. Die neue Medien unterstützen zwei wesentliche „Denkstrukturen", sie fördern Schnelligkeit bzw. Präzision und das Verständnis übergeordneter Strukturen. Ein weiterer Punkt betrifft die „Vertiefung" der Unterrichtsarbeit. Die wünschenswerte Konzentration auf die Lehrinhalte ist aber noch nicht ausreichend realisiert.

Schnelligkeit und Präzision
Der Zugriff auf Informationen ist schneller und präziser möglich. Das hat auf allen Ebenen des Schulbetriebes seine Auswirkungen, von der Verwaltung bis hin zu den Hausaufgaben. Um in dieser Entwicklung einen Fortschritt zu sichern, ist es notwendig, das Verständnis für einzelne Teilbereiche einzuüben, verbal oder durch schriftliche Wiedergabe. Es muß auch sichergestellt werden, daß Teilbereiche alleine und selbständig von den Schülern erarbeitet werden können.
Präzision im Auffinden von Daten wird nur dann möglich sein, wenn die Stoffgebiete bekannt sind oder die Schüler über Zugriffsmöglichkeiten und fundamentale Ideen informiert werden.
In Untersuchungen wurde beispielsweise überprüft, ob eine Internetabfrage oder das Nachschlagen im Brockhaus effektiver sei. Sie werden sicher antworten, daß dies vom Stoffgebiet abhängt. Ein eigener Versuch im Klassenzimmer dazu lohnt sich!

Verständnis übergeordneter Strukturen
Voraussetzung für den innovativen Ansatz der beliebigen Kombinierbarkeit von Elementen (Synthese) ist das Verständnis übergeordneter Strukturen, d.h. die von den neuen Medien vorgegebenen Elemente müssen vom Schüler in einem Gesamtzusammenhang eingeordnet werden können.

Die Vertiefung der Unterrichtsarbeit
Der Einsatz des Computers muß die Unterrichtsarbeit vertiefen und darf nicht jede Unterrichtseinheit bei der Stunde Null beginnen lassen. Die Möglichkeit, erfaßte Texte schrittweise zu verbessern, sollte genutzt und bei gegebenem Anlaß demonstriert werden.

Konzentration auf Lehrinhalte
Die Erarbeitung der neuen Medien sollte sich auf Lehrinhalte konzentrieren. Diese Lehrinhalte sollten an vorgebender Stelle eingesehen und diskutiert werden können. So habe ich persönlich für meine Unterrichtsfächer Biologie und Informatik Datenbanken, die ich gerne im Netz zur Verfügung stellen würde, um darüber diskutieren zu können. Wenn ich einen Beitrag über ein Thema der Biologie suche, wäre mir ein Beitrag eines Lehrers aus Österreich lieber als ein Aufsatz einer amerikanischen Universität. Als sehr wesentlichen und bedenklichen Punkt sehe ich, daß es zur Zeit nicht möglich ist, für ein bestimmtes in Österreich unterrichtetes Fach eine mittels IKT erstellte Ausarbeitung zu bekommen.
Ich bin mir bewußt, daß es dafür viele Gegenstimmen gibt, aber: Sollte es nicht möglich sein, beispielsweise von einem WWW-Server den AHS-Stoff für Geschichte der 8. Schulstufe herunterladen zu können? Dies wäre eigentlich nur die erste Stufe, denn der sinnvolle Einsatz von Vernetzung und Multimedia würde verlangen, daß dieses Stoffgebiet ständig in seiner Darstellung verbessert wird. Sozusagen als lebendes Buch?

Ein allgemeines didaktisches Konzept und Ziele für den Unterricht

Als allgemeines didaktisches Konzept im Informatikunterricht würde ich folgende Punkte anführen:

- Altersgemäßheit
- Förderung der Fähigkeit zur Analyse von Problemen
- Problemlösungen zu präsentieren
- Einsicht in die Struktur und Philosophie unterschiedlicher Software - Werkzeuge und Programmiersprachen zu gewinnen

Für den Unterricht müssen die vom Computer vorgegebenen Möglichkeiten erkannt und eingesetzt werden. Die Anbindung an nationale und internationale Netze stellt nur eine mengenmäßige Erweiterung der unten angeführten Gesichtspunkte dar. Sie bietet keinen qualitativen Sprung.

- *Ausrichtung und Beginn der Arbeit durch den Vergleich am besten Produkt*
  Durch Internet und E-Mail sollte es möglich sein, seine eigenen Arbeiten mit Arbeiten anderer Schüler und Lehrer zu vergleichen, um an den besten Ergebnissen weiterarbeiten zu können.

- *Gliederungsebenen und Volltextansicht*
  Der Schüler sollte erkennen, daß der Computer es ermöglicht, die Strukturen des Lehrstoffes auf Knopfdruck darzustellen und daß weiter auszuführende Textteile bei Bedarf eingesehen werden können.
- *Sinnvolle Verbindung von Text und Bild*
  Hier kann es sich nur um eine Richtung handeln. Eine Aufbereitung aller Lehrinhalte in dieser Form wird aus Mangel an Speicherplatz noch nicht möglich sein. Die Verbindung von Text und Bild sollte möglichst aussagekräftig sein.
- *Schnelligkeit und Vertiefung*
  Trotz seiner Schnelligkeit bietet der Computer als Medium die Möglichkeit, vorhandene Ausarbeitungen und Darstellungen zu verbessern. Ist es einmal gelungen, zu einem Thema substantielle Aussagen zu machen, so können diese auch nach Jahren weiter verbessert werden. Es ist ein wichtiges Unterrichtsziel, Schülern diesen Vorteil überzeugend zu vermitteln.
- *Der Sinn der Vernetzung*
  Der Sinn der Vernetzung ergibt sich aus der Anwendung der angeführten Punkte. Dadurch kann eine Verbesserung des Produktes über die Grenzen einer Schule hinaus erfolgen.

Was ermöglichen die neuen Medien im Unterricht?

- Größere Gewichtung auf Einsatz und Arbeit des Schülers, wenn Ziele definiert und vorgegeben werden
- Betonung des schöpferischen Prozesses
- bessere Zusammenarbeit zwischen Schüler-Schüler, Lehrer-Schüler, national und international
- bessere Integration der Fächer durch einheitliche Programmoberflächen. Integrierende Elemente der neuen Medien sind Textverarbeitung, Bildbearbeitung, Film- und Tonbearbeitung
- Neue Medien sind gleichzeitig Ziel und Herausforderung für den Lernprozeß
- Schüler sollen größere Zusammenhänge erkennen und bearbeiten können. In diesem Zusammenhang sollen mehrere Elemente von Bild, Ton und Text für die Erarbeitung realistischer Aufgabenstellungen (z.B. ein Museumsführer) zusammengestellt werden

Plattformen zur bundesweiten Verknüpfung von Arbeitsergebnissen

Meiner Ansicht nach wäre es wichtig, sich auf wenige Plattformen zu stützen, diese sollten jedoch verläßlich Informationen sammeln und strukturieren und - als wichtigster Punkt - miteinander über Links verknüpft sein.
Hier sollte man sich auf eine gemeinsame Struktur einigen, etwa in Form einer Excel-Tabelle mit vorgegebenen Feldern. Aus meiner Erfahrung möchte ich im folgenden vier Institutionen beschreiben, die dafür gute Voraussetzungen bieten.

Black•Board **<http://www.bboard.at/>** ist eine sehr sinnvolle Einrichtung, da hier mit wenig Aufwand eine große und differenzierte Breitenwirkung erzielt wird. Wünschenswert wäre hier eine deutliche Ausweisung der Qualität der Angebote, was letztlich zu qualitativ hochwertigen Texten führen könnte.
Die Österreichische Computergesellschaft - ÖCG fördert seit einem Jahrzehnt die Entwicklung anspruchsvoller Programme. Die ÖCG hat aus meiner Sicht einen entscheidenden Beitrag zum Informatikunterricht in Österreich geleistet. Ein Teil der Entwicklungen im Informatikunterricht spiegelt sich wider in den von der ÖCG vergebenen Preisen.
Die Innovationsagentur bietet seit vielen Jahren die Möglichkeit einer Projektförderung an. Es ist möglich, mittels einer XLS-Tabelle einen Überblick über die jährlich geförderten Projekte zu bekommen. In dieser Tabelle sind auch die E-Mail Adressen der Projekteilnehmer angeführt.
Die KOKOSNUSS **<http://www.kokos.ac.at>** bietet als interaktive Datenbank einen sehr interessanten Ansatz, die in Österreich entstandenen Projekte zu präsentieren.

Die Internet-Homepage BG/BRG Hallein

Betreuerin: Mag. Claudia Diller
Zur Gestaltung einer eigenen Homepage für unsere Schule wurden wir im Jahr 1995 durch die Kollegin Mag. Andrea Mayer vom BRG Bruck/Mur angeregt. Der Gedanke wurde aufgenommen und in das Wahlpflichtfach Informatik der damaligen 7. Klasse eingebaut. Die Schüler lernten den Umgang mit den kryptischen HTML-Codes (damals stand uns als HTML-Editor kein WYSIWYG - Editor zur Verfügung), mußten die erstellten Dateien speichern und das Ergebnis auf einem anderen Computer, auf dem ein Browser (damals Netscape 2.0) installiert war, betrachten. Das große Problem, das im Informatikunterricht immer wieder auftaucht, ist, daß die vorhandene Hardware in zu geringer Anzahl am aktuellen Stand der Softwareentwicklung ist und behinderte uns bei dieser Arbeit deutlich. Die Schüler überlegten sich, welche Inhalte sie einbauen wollten und begannen ihre Recherchen dazu. Ende des Schuljahrs gab es dann die erste Version unserer Homepage im Internet. Unser besonderer Dank gilt Herrn Mag. Adam (Borg Graz) dafür, daß er uns Speicherplatz auf dem Borg-Server zur Verfügung stellte, denn sonst könnte niemand unsere Site im „Netz“ betrachten.
Der Schwerpunkt unserer Homepage sollte eine Vor-

ABBILDUNG: DIE HOMEPAGE DES BG/BRG HALLEIN

stellung der diversen Projekte, die an unserer Schule durchgeführt werden bzw. worden sind, sein. Leider ist das noch nicht zu allen Kollegen und Kolleginnen (trotz oftmaligem Erwähnen bei Konferenzen) „durchgedrungen", so daß das Angebot noch etwas spärlich ist. Aber im Laufe der Zeit kommt schon jeder auf den Geschmack. Ein zweiter Schwerpunkt sollten die Fachbereichsarbeiten (FBA) unserer Schule sein. Neben der Liste der bereits erstellten Arbeiten verweisen Links auf Zusammenfassungen. Auch dieser Teil unserer Site ist noch im Aufbau begriffen, denn nur wenige Schüler nützen das Angebot, ihre zum Teil großartigen Arbeiten dem interessierten Leser vorzustellen. Die restlichen Teile sind eine Lehrerliste, die im kommenden Schuljahr auch die Sprechstunden enthalten wird, ein kurzer Abriß der Geschichte der Schule u. a. **<http://www.borg-graz.ac.at/~hallein/1bg-brg1.htm>.** Für das nächste Schuljahr ist geplant, daß auch die wichtigen Termine der Schule über die Homepage abrufbar sind. Neben der schuleigenen Homepage werden unsere Schüler im nächsten Schuljahr eine Homepage für das Jugendrotkreuz Salzburg erstellen.

Fachbereichsarbeiten zu Informatik-Themen

Klaus Ackermann: Theorien der künstlichen Intelligenz mit besonderem Augenmerk auf neuronale Netze (Betreuerin Claudia Diller)
Es ist eine einzigartige Fähigkeit des Menschen, über sich selbst, seine Existenz und seinen Sinn, über sein Verhalten und seine Handlungen nachdenken zu können, und somit wurde es ihm erst möglich, schließlich zu fragen, wie dieses Reflektieren, dieses Denken abläuft. Antworten wurden nicht gefunden, nur Erklärungen, Hypothesen und Denkansätze, und so stellt auch die Forschungsrichtung der KI nur einen Versuch dar, den menschlichen Geist zu erklären. Besonders in letzter Zeit, als der Computer in die Gesellschaft Einzug hielt, begann man sich wieder für die Implementierung der menschlichen Intelligenz in eine Maschine zu interessieren, einerseits, um Ergebnisse und Fähigkeiten des Computers zu verbessern, und andererseits, um seine Bedienung einfacher zu gestalten.
In dieser Arbeit werden die einzelnen Ansätze dieser Forschungsrichtung dargestellt, um zu zeigen, welche Denkweisen Erfolg versprechen und welche nicht. Besonderer Augenmerk wird auf die Neuraltheorie gelegt, erstens, weil sie die besten Ergebnisse liefert und momentan als die aussichtsreichste erscheint, und zweitens aufgrund der Ähnlichkeit im Vergleich mit dem menschlichen Gehirn, die anderen Ansätzen völlig fehlt. Wie man Neuronen in der Praxis einsetzt und welchen Erfolg sie zeigen, wird anhand des in Turbo PASCAL verfaßten Programms zur Lösung des Travelling-Salesman-Problems gezeigt.

Thomas Palmberger: Datenfernübertragung: Voraussetzungen und Netze - Schwerpunkt Internet (Betreuerin: Claudia Diller)
Mit dieser FBA wird versucht, interessierten Computeranwendern die Welt der Datenfernübertragung näherzubringen und den Einstieg in die Datenfernübertragung zu erleichtern. Das erste Hauptkapitel befaßt sich mit den Hardware- und Softwareseitigen Voraussetzungen. Es wird die Funktionsweise von Modems und die ISDN-Technologie erklärt. Des weiteren werden ein kurzer Einblick in die notwendigen Normen und Standards gewährt und die verschiedenen Terminalemulationen, Protokolle und Terminalprogramme erläutert.

Das zweite Hauptkapitel trägt die Überschrift Datennetze und dementsprechend werden der Online-Markt, die Funktionsweise von Mailboxen, natürlich aber auch große weltumspannende kommerzielle Netze erklärt. Es werden Netze wie CompuServe, MSN, PAN oder Fidonet vorgestellt. Der Autor hat auf die unterschiedlichen Strukturen der einzelnen Netze und auf den E-Mail-Sektor besonders viel Wert gelegt. Aber auch andere Bereiche, wie etwa die Diskussionsforen oder die Datenbanken der unterschiedlichen Netze, werden eingehend erläutert. Dem Internet wurde ein eigenes Hauptkapitel gewidmet, da der Verfasser der Ansicht ist, daß dieses Netz besonderes Interesse verdient, allein schon aufgrund der rasant steigenden Teilnehmerzahl. Das Internet bietet verschiedene Dienste an, der wichtigste ist sicherlich der E-Mail-Bereich und das WWW.

Informatik-Projekte des Bundesgymnasiums Hallein (1985-1997)

Die folgende Übersicht über die in Hallein durchgeführten Projekte im Bereich der Informatik macht unter anderem auch deutlich, wie sehr sich die Art der Projekte geändert hat.

Beginn	Thema/Projekt	Partner
1985	Ampelgesteuerte Kreuzung [BASIC] Jörg Thuswaldner/Bernd Preininger	ÖCG
1987	„Informatik Heute" Lehrbuch 5. Klasse AHS	
1987	Prokalk [Logo]Harald Russegger/Johann Schlick	ÖCG
1987	Igelgraphik [Pascal]Klaus Scheicher/ Rene Lurger/ Wolfgang Herzog/ Helmut Geil	ÖCG
1987	Rotationspumpe zur Verwendung als Blut und Herzpumpe [Pascal]Jörg Thuswaldner	ÖCG
1987	Pluskurs „Studium dynamischer Prozesse"	LSR Sbg
1988	Blattlauswachstum, Schadstoffemision, Arbeitslosigkeit [Dynamo]Pluskurs	ÖCG
1988	Gonwork [Logo]Christian Meisl	ÖCG
1988	„Informatik Heute" Lehrbuch 6. Klasse AHS	
1988	Begabtenförderung Referat Kongreßhaus Salzburg	
1988	Pluskurs „Systemdynamik"Michaelbeuern	PI
1988	„Informatik" Lehrbuch für 3. Klasse AHS	
1989	Cobol Bildschirmmasken Sterbetafeln	Nürnberger Versich.
1989	Pluskurs Seminar am RISC Institut (Bruno Buchberger)	
1989	Leitung der Lehrerfortbildung Informatik, Michaelbeuern	
1989	Projekt und Programmierwettbewerb: Logo 4. Klasse	ÖCG

1990	Leitung der Lehrerfortbildung Wahlpflicht 6. Klasse, Michaelbeuern	
1990	„Neuronale Netze und Expertensysteme" Arbeit mit VP-Expert	PI
1990	Projekt: Ein Modell aus der Praxis [OAII] Nicolas Reithner	ÖCG
1990	Gestaltung der Begabtenförderung	
1991	Projekt: CHEMEQU [Basic, Lisp] Christian Meisl	ÖCG
1991	Lehrerfortbildung LISP Prolog	
1991	Aktien Wahlpflicht 6. Klasse	Innov.-agentur
1991	Aktien Computer und Kapitalmärkte Arbeit mit Aktienverwaltungsprogramm Taipan	Innov.-Agentur
1991	Information Daten - Wissen Schwerpunkt: Mind Map	
1991	PC-Wartung Reperatur defekter Geräte Wahlpflicht	
1991	Trägerfach Informatik Richtlinien zur Gestaltung; PI	PI
1991	Mitarbeit in einer Arbeitsgruppe des BMUK Neue Techniken im GZ	BMUK
1991	Netzplantechnik	PWA
1992	Projekt: RADIO 1.1 Simulation radioaktiver Zerfallprozesse (BASIC, LISP)	ÖCG
1992	Schulzeitung Wahlpflicht 8. Klasse	
1992	Wissen und Wissensgewinnung Informatik 5. Klasse	Innv. Ag.
1992	4. Informatikolympiade Bonn, Christian Meisl	IOI
1992	ca. 20 Veröffentlichungen zum Thema Computereinsatz im Mathematikunterricht	div. Verlage
1992	Informatikolympiade V. Mendoza/Argentinien; Robert Praxmarer	ÖCG
1993	Netzplantechnik Maturaball	PI
1993	Lehrerfortbildung Informatik OS Klagenfurt	PI
1993	Datenbanken Wahlpflicht 6. Klasse	Innv. Ag.
1993	Programmierwettbewerb Erste Hilfe Robert Praxmarer	ÖCG
1993	5. Informatikolympiade Mendoza	IOI
1993	Vorträge über den Einsatz von CAS im Mathematikunterricht u.a. in Plymouth, Honolulu, Bonn, Kassel, Regensburg, Budapest	
1993	Besuch Prof. Berry, M.Ph. A. Watkins (Univ. Plymouth)	
1993	Pluskurs: Ordnung und Chaos in Zusammenarbeit mit Prof. Schweiger (Univ. Salzburg)	LSR Sbg
1993	Klavo Skriptum und Betreuung	

1994	Skriptum zu Draw Perfect	
1994	Partnerschaft Auswertung einer Umfrage	
1994	Netzwerke Netzwerkaufbau	Innov. Ag.
1994	Gewalt in der Schule Erhebung Auswertung über Excel	
1994	Gap Lückentexttrainer	
1994	Programmierwettbewerb 14 und nun ??? Christopher Lindinger Teilnahme an der Olympiade in Stockholm/Schweden	ÖCG
1994	Computerspiel Last Try Weiss Wolfgang	ÖCG
1994	Computer und Spiele Bericht	ÖKS
1994	Computerspiel Winkler Thomas; Computerspiel New World Watzal	ÖCG
1994	Bücherei Umstellung der Bücherei auf EDV	Schul-bücherei
1994	Computerspiel Zahlenrodeo Oberascher	ÖCG
1994	Betreuung der EDV-Anlage des Halleiner Fremdenverkehrsverbandes Feichter Edwin	
1994	Computerspiel Worminator Steinlechner Felix	ÖCG
1994	Computer und Spiele	ÖKS
1994	6. Informatikolympiade Stockholm	IOI
1994	Didaktik der Informatik	Medien& Schulpraxis
1994	Projektlehrer im BMUK Projekt DERIVE im Mathematikunterricht 3M: Elementare Algebra, 5Rb: Quadratische Gleichungen, Prototypen von Funktionen, 7Ga: Annäherung reeller Funktionen (Potenzreihen), Gäste aus dem Ausland	BMUK
1994	Vokabeltrainer	
1994	Schulmail-Box Arbeit mit BTX, Elba, Genie	Innov. Ag.
1995	Dr. Kutzler & Mag. Aspetzberger (RISC Linz) Vorstellung von Modelle zum Einsatz von DERIVE im MU	
1995	7. Informatikolympiade Eindhoven	IOI
1995	Doz. Hortobagy (Universität Budapest) Besuch einer CAD-unterstützten Geometriestunde	
1995	Treffen der ARGE-Leiter für Mathematik am BG/BRG Hallein mit dem Generalthema Computer im MU"	BMUK
1995	Schulmail-Box Verwaltung von Terminen und Referaten	FBA ÖCG
1995	Projektgruppe Aktien Vilovic, Dennis	Raiffeisen Hallein
1996	Internet Homepage für BG-Hallein	

1996	Biologie Aufbau einer Biologiedatenbank zu den wichtigsten Lehrplaninhalten, Aus meiner Sicht hohe Priorität, jedoch keine Diskussionspartner	
1996	Programm zur Tariferhebung von Massensendungen Johannes Grumböck & 4M	Innov. Ag. Post
1996	Genetik Französisch	La Vilette
1996	CD-ROM Führer für die Stadt Salzburg (1. Planung) In den Anfangsphasen stehen geblieben.	Innov. Ag.
1996	Französisch und EDV Arbeit mit Cordial und French2	
1996	Programmierwettbewerb Sprechtagprogramm Krammer Konrad	
1996	8. Informatikolympiade Veszprem	IOI
1996	Besuch Prof. B. Waits (Ohio State University)	
1996	Bücherei Vernetzung des Datenbestandes der Schulbücherei und der Stadtbücherei	Stadt-bücherei
1996	Schulverwaltung Ablaufdiagramm zum Datenfluß Mentor - Untis - Schüsta	
	Info-Säulen der Stadt Hallein: Präsentation der Termine FVV des Halleiner Kulturforums mit Powerpoint	Hallein
1997	Vorträge an der Tcubed Summer School über Computeralgebra an der Ohio State University 7R	
1997	CD-ROM Führer durch das Keltenmuseum	
1997	Schilf „Internet für Anfänger"	PI

Kontakt

Mag. Helmut Caba
E-Mail: <Helmut.Caba@bboard.blackbox.or.at>
BG Hallein
Schützengasse 3
5400 Hallein
Tel.: 06245 - 80924 - 0
Homepage: <http://www..borg-graz.ac.at/~hallein/1bg-brg1.htm>

Einsatz von neuen Medien als „Katalysator" neuer Unterrichtsformen

von Peter Mazohl, Günther Schödl und Carmen Grumböck

Im Schuljahr 1994/95 wurde am Bundesgymasium Babenbergerring in Wr. Neustadt erstmals ein Netzanschluß über PAN für eine Projektabwicklung hergestellt. Dieser Anschluß wurde 1995/96 durch einen Internetanschluß über PING - wieder für eine Projektgruppe - ersetzt. Seit Mitte 1996 gibt es einen vollwertigen Zugang über die HTL Wr. Neustadt, der prinzipiell allen Lehrern und Schülern zur Verfügung steht. Dies ist jedoch für einen Schule unseres Ausmaßes entschieden zu wenig, wenn man wie wir das Internet intensiv als neues Unterrichtsmittel nützen möchte.
Der Einsatz neuer Medien betrifft verschiedene Ebenen

- Im Informatikunterricht werden die Grundlagen für eine sinnvolle Arbeit in anderen Fächern geschaffen.
- Die zentrale Einsatzform sind aber derzeit Projektarbeiten. Dabei wird mit Projektpartnern kommuniziert und die Ergebnisse werden präsentiert.
- Der dritte Bereich betrifft die Vorbereitung auf Spezialgebiete für die Reifeprüfung. Zur Vorbereitung auf Prüfungen wurde das Internet ebenfalls bereits herangezogen. (Beispiel: Thema Tolkien - Herr der Ringe)

Neue Unterrichtsmittel benötigen auch neue Organisationsformen!

Diesem Prinzip widerspricht bedauerlicherweise die Trägheit des Schulwesens, das durch eine einschränkende Gesetzgebung bestimmt ist. Dadurch wird vieles, was innovativ ist, be- oder verhindert. Lehrer, die im Unterricht Gruppen mit Arbeitsaufträgen versehen, verstoßen immer wieder gegen die anachronistisch formulierte Aufsichtspflicht. Die Freiräume, die ein Lehrer für neue Formen hat (zeitautonom und ortsautonom) sind mehrfach eingeschränkt bzw. nicht vorhanden. Dies gilt insbesonders für die Auflösung des Klassenverbandes. Bei der Erteilung von Arbeitsaufträgen kann aber auch die Arbeitshaltung der Schüler zum Problem werden. Ein weiteres Problem ist die Beurteilung der erbrachten Leistung, wofür eine schriftliche Themenbearbeitung weiterhin unumgänglich sein wird. Die Bewertung der erbrachten Leistung ist - wie auch im Informatikunterricht - schwierig, weil ein zeitlich begrenzter Auftrag auch bei großem Einsatz und richtiger Vorgangsweise erfolglos bleiben kann. Zuviele externe Faktoren beeinflussen die Arbeit: eigene Hardware, fremde Hardware, Kommunikationstechnik, fehlerhafte Software u.v.a.m.
Gruppenarbeit im Unterricht, das Bearbeiten eines Auftragsthemas im Team sowie die Auftragsarbeit außerhalb des Unterrichts sind die bevorzugten Arbeitsformen. Dafür sind gewisse Rahmenbedingungen nötig, die neue Denkweisen im Schulmanagement erfordern - wie etwa der Zugang zum Internet außerhalb der Unterrichtszeit oder ein Internetzugang über die Schule von Home PCs.
Eine wesentliche Tätigkeit beim Unterricht mit Internet ist die Recherche in Datenbeständen.

Die verschiedenen Stufen sind ...

- das Sammeln von Daten für eine externer Auswertung,
- die Präsentation externer Daten und die
- Auswertung und Präsentation externe und recherchierter Daten

Die dazu verwendeten Hilfsmittel sind im wesentlichen das World Wide Web (WWW) zum Recherchieren von Daten, Internet E-Mail zum Informationstausch und das FileTransferProtocol (FTP) zur Pflege der verwendeten Software. Auf die Verwendung von Newsgroups haben wir bewußt verzichtet. Teilweise müssen wir auch im Mailbereich einen Mißbrauch feststellen.

Wie oft werden neue Technologien eingesetzt?

Wie nahezu alles im Unterrichtswesen ist auch der Einsatz neuer Technologien lehrerabhängig. Dabei ergibt sich zunächst ein Ausbildungsproblem. Wenn man nicht bereit ist, in die Ausbildung der Lehrer zu investieren, dann darf man keine Wunder durch Autodidakten erwarten. Der Mut zu neuen Unterrichtsformen muß von der Schulaufsicht und von den Direktoren gefördert werden. Nicht das kleinliche Festhalten an z.T. überkommenen Lehrerpflichten (Aufzeichnungen, Aufsicht,...) sondern die bewußte Förderung engagierter innovativer Lehrer sind die Zeichen der Zeit. Daß die neuen Technologien bei uns derzeit. nur sporadisch (ca. 10Std/Wo) eingesetzt werden, liegt sowohl an Ausstattungsengpässen und organisatorischen Problemen wie auch an (schul-)gesetzlichen Hindernissen.

Vorteile des Internet am Beispiel eines Projektes: „EURO“

Im Fach Geographie wurde ein aktuelles Thema aufgegriffen. Dazu sollten Schüler zur Aufgabenstellung „EURO“ Informationen einholen. Es wurden zwei Gruppen gebildet, die mit unterschiedlichen Hilfsmitteln an die Arbeit gingen:

Gruppe 1: Ohne Internet

Bei der mühsamen Suche in der Bibliothek standen nur relativ veraltete und eingeschränkte Informationen zur Verfügung. Erschwerend war auch die schwierige Weiterverarbeitung der Daten. Das „Abschlußarbeit“ mußte aus handschriftlichen Notizen bzw. Abschriften erstellt werden.

Gruppe 2: Mit Internet

Diese Gruppe hatte aktuelle Informationen aus erster Hand in Kürze zur Verfügung und konnte diese auch relativ leicht - wenn man von gewissen Kenntnissen in der Informatik ausgeht - verwerten und in eine schriftliche Arbeit übertragen.

Erfahrungen mit dem Einsatz von Informations- und Kommunikationstechnologien

- Die Motivation bei Schülern, denen die Recherche im Internet aufgetragen wird, ist außergewöhnlich hoch. Dabei konnten wir keinerlei geschlechtsspezifischen Unterschiede feststellen. Die Schüler stehen den Neuerungen durchwegs positiv gegenüber.

- Die Kompatibilität mit den bestehenden Organisationsformen ist denkbar schlecht. Zeitliche Einschränkungen und dienstrechtliche Verpflichtungen sowie mangelnde Kooperationsbereitschaft durch „Unkundige“ sind bedeutende Hemmnisse. Dazu kommt, daß derartige Unterrichtsformen in keiner Weise in den Lehrplänen verankert sind. Weil das die Verpflichtung des Schulerhalters zur Herstellung der notwendigen Infrastruktur bedeuten und damit neue Kosten verursachen würde, wird diese Verankerung offensichtlich nicht vorgenommen.
- Die Akzeptanz durch die beteiligten Lehrkräfte ist ambivalent. Vor allen Dingen bestimmt jedoch das Engagement sowie die Fachkenntnis des Direktors den Stellenwert innovativer Unterrichtsformen. Die Lehrer teilen sich in „fachkundig“ „laienhaft interessiert“ und „ablehnend“.
- Die Ausbildung der Informatiklehrer erfolgt großteils autodidaktisch und mit hohem persönlichem Einsatz an Zeit und Geld. Die Ausbildung anderer Lehrer erfolgt - wenn überhaupt - schulintern in Kleingruppen durch Informatiklehrer. Dabei werden nur die Interessierten (bei uns ca 20%) erfasst. Es wäre aber gerade für jene, die ängstlich vor neuen Technologien zurückweichen, wichtig, erste Informationen und Eindrücke zu erhalten. Hier liegt vermutlich das größte noch nicht ausgeschöpfte Potential im Bildungsbereich.

Die „Hardware" und die Schulvernetzung

Derzeit besteht der Internetzugang unserer Schule über einen PC 486/66 mit 14" Monitor und einem 28800 Modem. Trotz mehrerer Versuche bei Vorgesetzten war es nicht möglich, zumindest einen 17" Monitor zu erhalten. Die notwendige Hardwareausstattung zu bekommen, ist ein phantasievolles und abenteuerliches Unternehmen, das einiger Kreativität bedarf. In weiterer Folge ergaben sich auch Probleme mit der veralteten Telefonanlage. Die Verbindungsraten liegen irgendwo zwischen 15200 und 21800 bps. Interessanterweise läßt die Anlage nicht alle Nummern zu, was uns 6 Monate Fehlersuche gekostet hat. Der Verbindungsaufbau ist schwierig, da es hausintern nur zwei Freileitungen gibt. Die Ansprechpartner (Techniker und Computerhändler) erweisen sich meist als wenig kompetent, man muß alle Probleme selbst lokalisieren und lösen. Dazu kommt, daß die finanziellen Ressourcen für Anschaffungen äußerst gering sind und eigentlich um jeden Harwarebestandteil „gefeilscht“ werden muß.

Die Vernetzung der Schule wurde 1997 intensiv vorangetrieben. Seit Februar sind die EDV-Säle per twisted pair Kabel vernetzt. Weiters wurden Bibliothek, Konferenzzimmer und Direktion verkabelt. Ende Mai konnte eine Standleitung in Betrieb genommen werden, die von der Uni Wien über das Schulrechenzentrum und die HTL Wr. Neustadt in die Schule führt. Als vorläufig letzer Schritt wurde in Kooperation mit der TU-Wien ein eigener WWW-Server eingerichtet. Der Server soll uns die Möglichkeit geben, Projekte zu präsentieren und als Info-Server der Schule auch den Eltern (Abfrage von Terminen, Sprechstunden, ...) zur Verfügung stehen. *Unsere Zukunftsvision wäre ein Internetzugang in jedem Klassenraum.*
Diese Einrichtungen verursachten erhebliche Kosten, die durch verschiedene Institutionen finanziert werden konnten.

Einrichtung	Kosten	finanziert durch
Standleitung	8.000,-	Absolventenverband
WWW-Server	30.000,-	Absolventenverband
Verkabelung	35.000,-	BGV
Vernetzung	55.000,-	Elternverein
Aufrüstung	30.000,-	Elternverein/Absolventenverband

Das Toskana-Projekt. Ein Bericht von Carmen Grumböck

Von 10. Bis 17. Mai 1997 fuhren 13 Schüler der 7.C-Klasse am BG Babenbergerring Wr. Neustadt zu einer Projektwoche in die Toskana.

Ihr habt euch für eine Projektwoche in der Toskana entschieden. Wie habt ihr euch darauf vorbereitet?

Der Gedanke, diese Projektwoche zu etwas Besonderem werden zu lassen spornte uns an, verschiedene Dinge in der Vorbereitungsphase in Angriff zu nehmen. Im Rahmen dieser Woche sollte ein alternativer Reiseführer, eine Multimedia-CD-ROM, ein(ige) Kalender sowie ein Brettspiel entstehen. All dies wollten wir aber auch der Öffentlichkeit zugänglich machen und nicht nur für uns produzieren. Aber natürlich wollten auch wir unsere Vorteile davon haben - wer will das nicht? Wir wollten eine Reise unternehmen, die uns alle ein Stück näherbringen, die Schule eine Woche lang ersparen und zu guter letzt auch noch lustig werden sollte.

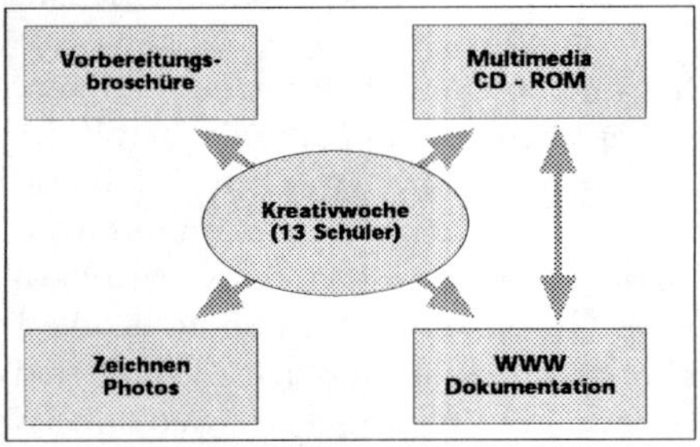

ABBILDUNG: ZIELE DER KREATIVWOCHE

Wie sich herausgestellt hat, haben sich unsere Erwartungen erfüllt, wurden in mancher Hinsicht auch noch übertroffen. Eine weitere Überlegung, die schon ganz zu Beginn angestellt werden mußte, war die nach den notwendigen Materialien, Unterlagen und Hilfsmitteln. Computer, Software und die Möglichkeit zur Benützung des Internets, von Fax und E-Mail sowie auch für herkömmliche Briefe wurden von der Schule zur Verfügung gestellt. Informationen, Photos bzw. Zeichnungen mußten wir selbst anfertigen oder beschaffen. Zu diesem Zweck wurde uns auch ermöglicht, einen Zeichenworkshop - während der regulären Unterrichtszeit aber auch am Nachmittag - abzuhalten. Ungelogen kann man behaupten, daß das uns sehr viel gebracht hat.

Wie habt ihr euch die nötigen Informationen beschafft, was mußtet ihr dafür lernen?

In der Vorbereitungszeit hatten wir aber auch so schon einiges zu tun. Die Informationen mußten erst beschafft werden, um eine Broschüre für jeden einzelnen von uns anzufertigen, die ihn oder sie mit Informationen zu jeweils anderen Gebieten versorgen sollte. Die Arbeit wurde natürlich aufgeteilt. Jeder spezialisierte sich auf ein Gebiet, zu dem er Unterlagen zusammentrug und diese auch verarbeiten mußte. Dadurch mußten wir uns notgedrungenermaßen auch mit verschiedensten Programmen und deren zielgerichteter Nutzung aus-

einandersetzten. Textverarbeitungsprogramme spielten eine ebenso große Rolle wie Bildbearbeitungs- oder Layoutprogramme.
In diesem Bereich hatten wir auch mit einigen Problemen zu kämpfen: Zu einigen Themen gab es massenhaft Unterlagen und Reiseführer, wie zum Beispiel zu Städten, doch zu anderen Bereichen war es sehr schwierig, auch nur Kleinigkeiten herauszufinden. In diesem Punkt stellte das Internet natürlich eine „wahnsinnige" Erleichterung dar. Brauchten wir uns doch nicht durch Berge von Büchern quälen, sondern nur ein Stichwort eingeben, nach dem im WWW gesucht werden sollte.

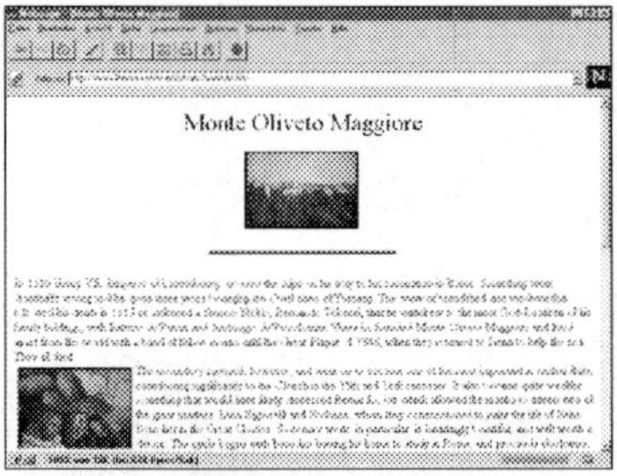

ABBILDUNG: BEISPIEL FÜR EINE VON UNS VERWENDETE INFOSEITE AUS DEM WWW

Um mit verschiedenen Organisationen dann in Kontakt zu treten, oder neue Informationen anzufordern, verwendeten wir natürlich neben dem Internet auch noch Fax und E-Mail. So lief zum Beispiel die komplette Konversation mit unserem Ansprechpartner für das Quartier, der Firma Cuendet, über E-Mail ab. Faxe wurden sowohl nach Italien geschickt, um zum Beispiel Parkplätze vorzubestellen, als auch nach Wien, um Informationen vom italienischen Kulturinstitut ENIT oder von der italienischen Botschaft anzufordern.

Wie wurden die Ergebnisse der Projektwoche präsentiert?

Wir erlernten auch die Grundlagen für das Erstellen von WWW-Seiten. Neben der Präsentation, die jeder von uns erstellen mußte, hatten wir auch noch die Aufgabe, eine geeignete und auch graphisch ansprechende WWW-Seite zu gestalten.
So erlernten wir den Umgang mit Frames, Hyperlinks, eingebauten Bildern oder Graphiken und anderen Spielereien.

Gab es auch Schwierigkeiten bei der Durchführung des Projektes?

Diese Doppelbelastung neben der Schule stellte sich für viele als schwierig heraus. War doch alles mit einem sehr hohem Zeitaufwand verbunden. Vor allem schlechtere Schüler hatten damit zu kämpfen, die Schule und dieses Projekt unter einen Hut zu bringen, wobei wir aber auf derartige Umstände Rücksicht genommen haben und sie nur das notwendigste machen mußten. Und, nicht zu vergessen, stand uns ja immer ein kompetenter Ansprechpartner zur Seite, der uns tatkräftig unterstützte, wenn wir einmal nicht weiter wußten, was ja auch mitunter vorgekommen sein soll.

ABBILDUNG: BEISPIEL FÜR EINE VON UNS GESTALTETE INFOSEITE AUS DEM WWW

Was hat es gebracht, was unterschied diese Projektwoche vom „normalen" Unterricht?

Nachdem ich Ihnen das hier jetzt alles mehr oder weniger emotionslos erzählt habe, kommt jetzt natürlich die Frage, was uns das wirklich gebracht hat. Meiner Meinung nach sind diese Erfahrungen nicht allgemein zu beurteilen, waren doch auch die Voraussetzungen für

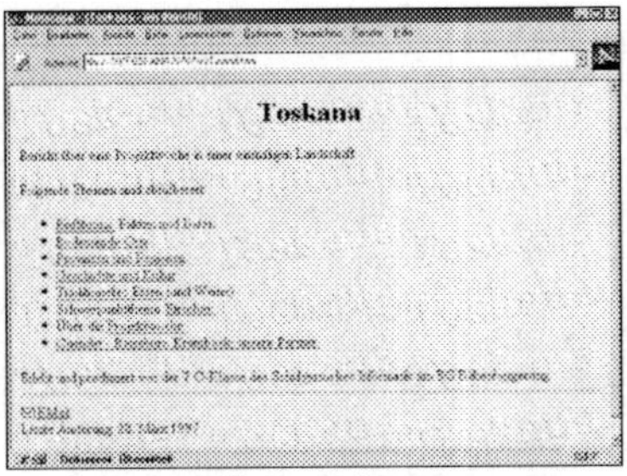

Abbildung: Beispiel für eine von uns gestaltete Infoseite aus dem WWW

jeden anders. Manche stürzten sich mit Feuereifer und Begeisterung in die Sache, währenddessen andere eher zurückhaltend waren und alles mit Ruhe angingen. Doch ich glaube, als Beteiligte, die auch von allen anderen Rückmeldungen bekommen hat, kann ich sagen, daß diese Woche und dieses Projekt mit Sicherheit etwas Besonderes war. Für kurze Zeit hatten wir einen kleinen Einblick, wie vielleicht unser späteres Berufsleben aussehen wird, was Teamarbeit wirklich heißt und wie man am besten, ohne viel zu arbeiten zu ausgezeichneten Ergebnissen kommt. Kurz gesagt, dieses Projekt hat uns etwas beigebracht, das uns „normale" Schule nicht beibringen kann: nämlich den Grundsatz „Gemeinsam sind wir stark". In der Schule kämpft mehr oder weniger jeder für sich, doch hier haben wir alle zusammen etwas geschaffen, das kein einzelner von uns zusammenbringen würde. Und ich glaube, wir können auch ein klein wenig stolz darauf sein, daß wir es geschafft haben.

Das Schlagwort „learning by doing" trifft hier besonders gut zu, weil wir nicht Gelerntes sinnlos übten, sondern weil wir zielorientiert arbeiteten.

Am schönsten ist es natürlich, daß auch andere dieser Meinung sind und unser Projekt prämiieren (2. Platz beim Wettbewerb der Österreichischen Computergesellschaft, Prämiierung beim AK-Wettbewerb).

Mit diesem Projekt haben wir etwas für unser späteres Leben gelernt. Und das sollte die eigentliche Aufgabe einer Schule sein: Die Schüler auf das Leben vorzubereiten!

Abbildung: Die Projektgruppe (auf dem „Steg" in Wr. Neustadt, Wr. Neustädter Frühling

Kontakte

Mag. Peter Mazohl
E-Mail: <mapaus@ping.at>
Mag. Günther Schödl
E-Mail: <gschoedl@ycom.or.at>
BG Babenbergerring 10
Babenbergerring 10
2700 Wiener Neustadt
Tel.: 02622 - 22380
Fax: 02622 - 22390 - 28
Homepage: <http://www.htlwrn.ac.at/bgbab/>

Corporate Engineering - Innovationen im Schulbetrieb

von Bruno Losbichler

Der folgende Beitrag „Corporate Engineering - Veränderungen im Schulbetrieb" soll den durch den Projektunterricht ausgelösten Strukturwandel an HTL´s aufzeigen. In diesem Zusammenhang wird den neuen Informations- und Kommunikationstechnologien (IKT) besonderer Stellenwert eingeräumt und ein Szenario für das Klassenzimmer der Zukunft gegeben. Als konkretes Projekt wird die Entwicklung eines Flugmotors herangezogen, der Aufbau einer Engineering Data Base (EDB) gezeigt und die dabei gewonnenen Unterrichtserfahrungen beschrieben.
Die HTL-Steyr zählt mit etwas mehr als 1000 Schülern und 120 Lehrern zu den größeren Höheren Technischen Bundeslehranstalten. An der Schule bestehen 4 Fachrichtungen: Maschinenbau, Kraftfahrzeugtechnik, Elektronik/Informatik und Kunsthandwerk.
Sie ist eine der ältesten berufsbildenden Schulen Österreichs und feiert im nächsten Jahr ihr 120-jähriges Bestehen. Im Verlauf dieser Zeit hat sich die Schule den jeweils aktuellen technischen Herausforderungen gestellt. Der letzte Meilenstein in ihrer Geschichte war der Anschluß an das Internet **<http://www.htl-steyr.ac.at>.**

Die EDV-Infrastruktur der HTL-Steyr - ein lokales Netzwerk (LAN) mit 6 File Servern (Novell) und über 150 PC-Arbeitsplätzen - ist so ausgelegt, daß von jedem Netzwerkarbeitsplatz Zugang zum Internet möglich ist. Die Schule hat einen eigenen Internet Server (Linux-Rechner) und ist über eine ISDN-Standleitung zur RiS GmbH an das weltweite Internet angeschlossen. Die Maßnahmen zur Anbindung an den Education Highway OÖ bzw. an das Austrian School Network sind bereits eingeleitet.

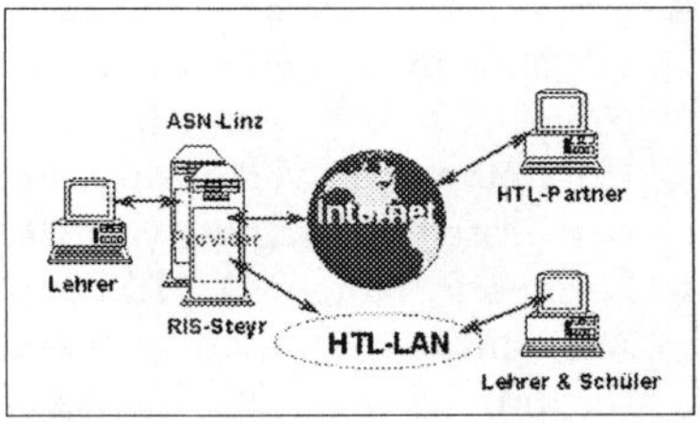

ABBILDUNG:
DIE EDV-INFRASTRUKTUR DER HTL-STEYR

Das Klassenzimmer der Zukunft

Im Jahresbericht 93/94 der HTL-Steyr zeigt der Beitrag „Das Netzwerk der HTL-Steyr" bereits ein Szenario auf, in dem ein Wachstum des lokalen PC-Netzwerks über das Schulareal hinaus vorausgesagt wurde. Inzwischen ist dies eingetreten. Die folgenden Ausführungen sollen darüber informieren.

Neue Medien in der EDV-Infrastruktur
Ein Projektteam von mehreren Lehrern entwickelte 1995 ein Sollkonzept für ein sogenanntes Klassenzimmer der Zukunft. Mit Mitteln des Absolventen- und Elternvereins (ca. ÖS 200.000,–) konnte bis heute eine erste Stufe realisiert werden. Ein neu adaptierter Raum dient als Übungsfeld und als Modell für ein Klassenzimmer der Zukunft.

Folgende Komponenten prägen die neue Infrastruktur:

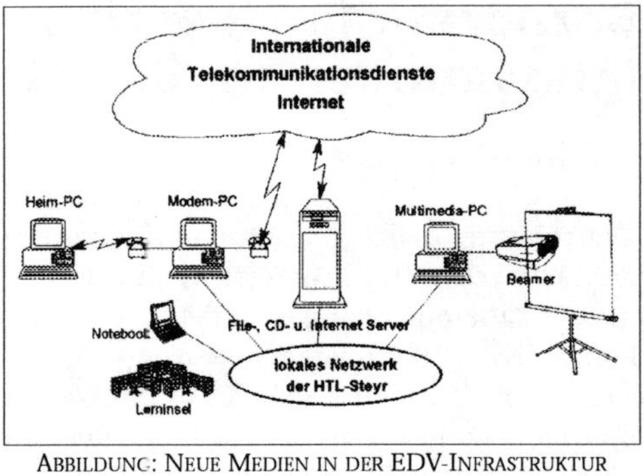

ABBILDUNG: NEUE MEDIEN IN DER EDV-INFRASTRUKTUR

- Multimedia Arbeitsplatz: Ein leistungsstarker Pentium-PC, zusätzlich ausgestattet mit einem schnellen CD-ROM Laufwerk und einer Sound-/Video-Karte, ermöglicht den Einsatz neuer Medien im Unterricht. Neben dem obligaten Anschluß an das LAN erlauben eine Wechselfestplatte und ein ZIP-Drive, daß sich der Lehrer für den jeweiligen Unterricht eine optimal abgestimmte Arbeitsumgebung schaffen kann.
- Präsentationseinrichtung: Das Problem unzulänglicher Visualisierungsmöglichkeiten von Bildschirminhalten behebt ein sogenannter Beamer. Mit diesem Gerät ist es möglich, Bildschirmausgaben des Multimedia-PC auf eine 180x180 cm große Leinwand in Farbe zu projizieren. Die Mausbewegung am Bildschirm kann darüber hinaus noch ferngesteuert werden, die Projektion vergrößert, verändert und weggeblendet werden. Der Beamer ist eine ideale, jedoch heute noch sehr teure Ergänzung zur konventionellen Präsentation mit einem Overheadprojektor.
- Strukturierte Verkabelung: Zwischenzeitlich ist das Netzwerk der HTL-Steyr bereits 10 Jahre alt und erfüllt puncto Geschwindigkeit nicht mehr die Benutzeranforderungen. Deshalb wurde bei der Einbindung des Multimedia PC in das vorhandene LAN eine neue Verkabelungstechnologie (100Base-TX, Cat 5 UTP) gewählt, die eine Datenübertragung von 100 Mbit/s (dzt. 2,5 bzw. 10 Mbit/s) zuläßt.
- Lerninseln/Notebooks: Mit an der Schule selbst gefertigten Spezialtischen können sogenannte Lerninseln gestaltet werden, die den Schülern einen LAN-Anschluß für ihre PCs bzw. Notebooks bieten. Dies vereinfacht das Arbeiten in Teams, wobei die individuelle Stellmöglichkeit auch eine klassische Anordnung der Tische in Reihen erlaubt. Dadurch wird auch dem klassischen Frontalunterricht Rechnung getragen.
- Internet-Server und CD-ROM Server: Ein neuer Server mit dem Betriebssystem LINUX stellt die Schnittstelle zum Internet dar und verbindet die PC-Arbeitsplätze der Schule mit zigtausend Computern, die sich in diesem weltweiten Netz befinden. Sämtliche Servicedienste des Internet (z.B. Mailing, File Transfer, WWW ...) sind damit auf jedem Arbeitsplatz verfügbar. Die bestehenden File Server (Novell NetWare) wurden um einen CD-ROM Server erweitert, der bis zu 14 verschiedene CD´s gleichzeitig lesen kann und beim vermehrten CD-Einsatz im Unterricht zu einer zentralen Komponente im LAN wird.
- Modem PC: Ein mit einem Modem und spezieller Software ausgestatteter PC ermöglicht den Zugriff von außen auf das Netzwerk der Schule. Es ist z.B. möglich, sich per Modem von zu Hause in die Schule einzuwählen, was in der Pilotphase für Wartungsaufgaben und Unterrichtsvorbereitungen mit Erfolg genutzt wurde.

Sämtliche Installationsarbeiten wurden vom Team mit Unterstützung der Werkstätten selbst durchgeführt. Seit dem Schuljahr 96/97 stehen die neu geschaffenen und in Pilotprojekten getesteten Einrichtungen dem Regelunterricht zur Verfügung. Derzeit wird die LAN-Verkabelung zu den Klassen hingeführt, um beim Einsatz neuer Medien sowie Projektarbeiten nicht immer von der Verfügbarkeit der EDV-Säle abhängig zu sein.

Anforderungen an den Arbeitsplatz

Zum heutigen Zeitpunkt läßt sich prognostizieren, daß die Schüler vermehrt mit Notebooks am Unterricht teilnehmen werden. Diese schaffen sich über kurz oder lang eine bessere Arbeitsumgebung als die Schule mit ihren beschränkten Finanzmitteln bieten kann. Man stelle sich vor, welcher Investitionsaufwand bei 200 PC notwendig ist, um die Geräte technologisch auf einem zeitgemäßen Stand zu halten. Setzt man eine Nutzungsdauer von 5 Jahren an (dies entspräche heute einem völlig veralteten 386 PC), ergibt das einen Bedarf von 40 PC pro Jahr, d.h. ÖS 700.000,– Ersatzinvestitionen per anno - ein Betrag, den sich die Schule sicher nicht leisten kann. Es bedarf also einer geänderten HW-Strategie.
Sie heißt: *Jedem Schüler/Lehrer sein Notebook!*

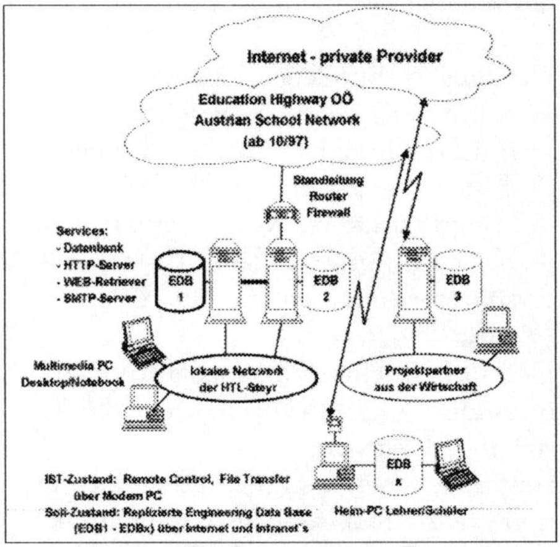

ABBILDUNG: DAS LERNUMFELD DER ZUKUNFT

Damit werden der Engpaß an Geräten im Unterricht beseitigt und die laufenden Kosten bzw. Investitionen für die Erneuerung gelöst. Das Notebook wird sich zum universellen Lernbehelf der Zukunft entwickeln und in Verbindung mit der CD herkömmliche Unterrichtsmaterialien ablösen. Fragen in diesem Zusammenhang wie z.B. zentrale Einkaufsaktionen, Finanzierung, Gewährleistung, Diebstahl bedürfen noch einer Klärung. Die eigentliche Innovation steht jedoch erst bevor, wenn es möglich sein wird, sich unabhängig von Zeit und Ort der Bildungseinrichtungen der Schule zu bedienen. Sich von zu Hause per Modem in das Schulnetzwerk (lokal, global) einzuwählen, ist eine legitime Forderung und hinsichtlich der technischen Realisierbarkeit in greifbarer Nähe. Die Anforderungen an eine derartige Installation sind:

- Der Arbeitsplatz geht mit: Man ist nicht an den Schulstandort gebunden, sondern kann sich auch von zuhause aus der Ressourcen der Schule bedienen.
- Zugriff auf Wissensdatenbanken: Alle Schüler und Lehrer haben Zugriff auf eine Engineering Data Base (= lokale Wissensdatenbank der Schule und ihrer Projektpartner aus der Wirtschaft) sowie auf die nachgelagerten Bildungsserver des Austrian School Network.

- Konsistente Datenbestände und Versionen: Ein automatisierter Abgleich muß sicherstellen, daß die Datenbanken in den verschiedenen Umgebungen aktuell gehalten werden.
- Hohe Verfügbarkeit und Security: Erforderlich ist ein Betrieb rund um die Uhr unter Sicherstellung notwendiger Datenschutz- und Datensicherungsmaßnahmen.
- Minimale HW/SW-Erfordernisse: Auf der Client-Seite müssen Geräte mit üblichen Leistungsmerkmalen als Arbeitsplatz Verwendung finden können.
- „0–Tarif“ für Schüler und Lehrer: Die Realisierung und der Betrieb müssen finanziell erschwinglich sein.

Mit der Umsetzung dieses Konzepts wird die HTL-Steyr einen weiteren Schritt in das Zeitalter des multimedialen Tele-Learning setzen.

Unterrichtserfahrungen

Die folgenden Ausführungen sollten die mit neuen Informations- und Kommunikationstechnologien (IKT) bereits gewonnenen Erfahrungen wiedergeben. Die Darstellung erfolgt unterrichts- und servicebezogen.

IKT im Betriebslabor
Erstmalig wurden IKT im Rahmen des Betriebslabors (5. Jahrgang Abteilung Kraftfahrzeugtechnik, Schuljahr 96/97) eingeführt.

Die dabei verbundene Zielsetzung war:
1. Sammeln erster Unterrichtserfahrungen (Gruppengröße: 6-8 Schüler)
2. Testen der geschaffen IKT-Umgebung (Windows, Novell, Unix)
3. Nachschulung in IKT (Informatikunterricht liegt bereits 2 Jahre zurück!)

Den in 8 Wochen á 3 Wochenstunden behandelten Lehrstoff zeigt die nebenstehende Übersicht.

Lehrstoff IKT - BLA/EDAD
1. Überblick Internet Services
2. Mailing und Newsgroups
3. Surfen und Suchmaschinen
4. Diskussion per E-Mail
5. Scanner und Digitalkamera
6. Einführung in HTML
7. Erstellung einer Homepage
8. Ergebnissicherung in der EDB

Gesamt gesehen konnte mit diesen Unterrichtsinhalten eine hinreichende theoretische und praktische Grundausbildung erreicht werden. Das Interesse der Schüler war sehr groß, nicht zuletzt, da das Thema Internet tagtäglich in den Medien präsent ist. Die anfängliche Euphorie beim Surfen war wegen der Anwortzeiten schnell verflogen. Für die Diskussion per E-Mail wurde aus gegebenem Anlaß das Problem der Fehlstunden herangezogen. Mithilfe noch zu erstellender Unterrichtsbehelfe und besserer HTML-Editoren ist eine Zeiteinsparung möglich. Abgezeichnet hat sich, daß sich der Unterricht im Gegenstand Betriebslabor ändern wird:

- Das übliche Protokollschreiben gehört der Vergangenheit an, per E-Mail läßt sich das viel effizienter abwickeln.
- Für die gestellten Aufgaben können Informationen aus dem Internet bezogen werden, ein „eingefahrener“ Laborbetrieb ohne WEB-Zugriff wird nicht mehr zu halten sein.

- Durch die Beantwortung von E-Mails der Schüler ist der Lehrer in die Aufgabenbearbeitung eingebunden, was wesentlich zur Qualitätssicherung beiträgt.

IKT-Grundlagen gehören in den Informatikunterricht! Wie bereits erwähnt, wurden nur aus Aktualitätsgründen die IKT einmalig in das Betriebslabor gelegt, um den diesjährigen Absolventen noch Kenntnisse zu vermitteln, die sie in ihrem Berufsleben sicher benötigen werden. Künftig wird das Betriebslabor wieder für die im Lehrplan vorgesehenen Inhalte genutzt, jedoch unter Einbeziehung der Möglichkeiten von Informations- und Kommunikationstechnologien.

IKT in der Projektabwicklung
Zwei, bereits das gesamte Schuljahr 1996/97 laufende Projekte,
- MAM/3BHK: **M**ultifunktionaler **A**nhänger in **M**odulbauweise
- CEIS/4HK: **C**orporate **E**ngineering **i**m **S**chulbetrieb - Serie 3: Funktions- und designoptimierter Flugmotor

wurden herangezogen, um den Nutzen von IKT in der Projektabwicklung zu evaluieren. Durchgeführt wurde das Vorhaben im Rahmen einer Projektwoche zum diesjährigen Schulschluß. Die folgenden Ausführungen sind aus einer Nachlese entstanden und sollen den Projektablauf und die dabei gewonnenen Erfahrungen wiedergeben.

1. Tag: Projektstart
Projektschwerpunkt: Aufgaben des Lehrers
- Ziele der Projektwoche - Ressourcenplanung
- Aufgabenplanung - Schulung: E-Mail
- Personal-/Terminplanung - Information: Aufbau der Engineering Data Base (EDB)

Erfahrungen mit IKT: Mailing und Engineering Data Base
- *2 Stunden reichen für eine Einführung in Electronic Mailing mit Eudora aus, um Briefe versenden, empfangen und beantworten zu können.*
- *Projektkommunikation per E-Mail erfordert, daß jeder Schüler und Lehrer ein permanentes Home-Verzeichnis am File Server hat und eine eigene E-Mail Adresse besitzt.*
- *Eine klar strukturierte EDB, die für das Team die gemeinsame Arbeitsumgebung am File Server bildet, vereinfacht das Ablegen und Wiederfinden von Dokumenten.*

2. Tag: Organisatorische Themen
Projektschwerpunkt: Aufgaben des Lehrers
- Zuständigkeiten fixieren - Konflikte bereinigen
- Ressourcen beschaffen

Erfahrungen mit IKT: Mailing und Engineering Data Base
- *Über Verteilerlisten lassen sich bequem Projektmitteilungen an alle beteiligten Schüler und Lehrer versenden.*
- *Täglich wurde eine Projektinformation an alle Beteiligten verschickt, die eine Zusammenfassung der Aktivitäten vom Vortag war und den Arbeitsschwerpunkt für den laufenden Tag definierte.*
- *Die erste Tätigkeit jedes Projekttages war das Bearbeiten der Eingangspost.*
- *Ideal wäre es, wenn der Zugriff auf die EDB nicht unbedingt den Zugang zum EDV-Saal erfordert.*

3.Tag: Sachthemen

Projektschwerpunkt: Aufgaben des Lehrers

- Hilfestellung bei projektspezifischen Aufgaben
- Beistellung von Vorlagen, Mustern, Standards ...

Erfahrungen mit IKT: Mailing und Engineering Data Base

- *Stellungnahmen zu spezifischen Themen lassen sich rasch und einfach über individuelle Mails abwickeln. Den Schülern wurde garantiert, daß sie innerhalb von 2 Stunden eine Antwort haben.*
- *Eine permanente Anwesenheit des Projektleiters war nicht erforderlich, die Mails wurden von zuhause verschickt.*
- *Eine EDB soll Standards, Vorlagen, Muster beinhalten. Das Erstellen von technischen Dokumentationen, Korrespondenzen (Brief, Fax) wird damit erheblich vereinfacht und die Qualität verbessert.*

4.Tag: SOLL/IST-Vergleich

Projektschwerpunkt: Aufgaben des Lehrers

- Fortschreiben des Aktivitätenplans - Diskussion sozialer Probleme in den Teams

Erfahrungen mit IKT: Mailing und Engineering Data Base

- *Mailing kann für bestimmte Aufgaben (z.B. Motivation) die persönliche Anwesenheit nicht ersetzen. 1 Stunde tägliche Anwesenheit bei den Projekten ist zu empfehlen.*
- *Mit Hilfe einer EDB und Mailing lassen sich Synergien erreichen, d.h. mit beiden Instrumenten ist es möglich, bei geringem Mehraufwand 2 Projekte parallel abzuwickeln.*

5. Tag: Surfen

Projektschwerpunkt: Aufgaben des Lehrers

- Schulung: Arbeiten mit Suchmaschinen
- Toleranz den Schülerinteressen entgegenbringen

Erfahrungen mit IKT: Mailing und Engineering Data Base

- *Unter dem Motto „Surfen ist Freizeitbeschäftigung" wurde der unterrichtsfreie Aufnahmeprüfungstag herangezogen.*
- *Das Angebot „Freies Surfen im WEB" wurde am unterrichtsfreien Tag nur von 10% der Schüler angenommen.*

6. Tag: Ergebnissicherung

Projektschwerpunkt: Aufgaben des Lehrers

- Bereinigen und Restrukturieren der Engineering Data Base
- Gliedern und Mitarbeit beim Projektbericht

Erfahrungen mit IKT: Mailing und Engineering Data Base

- *Die Struktur einer EDB ändert sich im Zuge des Projektfortschritts. Bewährt hat sich, daß die erste Verzeichnisebene in allen Projekten gleich strukturiert und benannt ist.*
- *Die EDB sichert, daß die Ergebnisse auch Nachfolgeprojekten zur Verfügung stehen.*
- *E-Mails sind Bestandteil einer projektbegleitenden Dokumentation und lassen sich mit geringem redaktionellen Aufwand in einen Projektbericht einarbeiten.*

7. Tag: Projektende

Projektschwerpunkt: Aufgaben des Lehrers

- Abschlußarbeiten - Fragebogenauswertung - Projektabschlußfeier

Erfahrungen mit IKT: Mailing und Engineering Data Base

- *Bei der Verwendung von IKT soll die soziale Dimension in einem Projekt nicht vernachlässigt werden. Ein Fragebogen im Sinne einer Manöverkritik hat sich bewährt.*
- *Die Projektabschlußfeier soll keine virtuelle Veranstaltung sein, sondern situativ jenen Dingen gewidmet sein, die bei den IKT zu kurz kommen.*

Electronic Mailing

Bei der Einführung neuer IKT wurde der Schwerpunkt auf E-Mail gelegt. Nicht zuletzt deshalb, weil dieser Service die geringsten Kosten für die Schule verursacht. Die dabei gewonnenen Erfahrungen sollen im folgenden nochmals zusammengefaßt werden:

Persönliche Erfahrungen

- E-Mail stellt ein *Rationalisierungspotential* in der Kommunikation und Information dar. Es verbilligt und beschleunigt Vorgänge. Beispiel: Verteilen eines Protokolls.
- E-Mail unterstützt die *Ideenumsetzung.* Beispiel: Spontaner Einfall um 23.00 Uhr - formulieren, versenden und verfolgen als E-Mail - die Idee wird nicht vergessen!
- E-Mail bringt einen *Informationsvorsprung* und wird dadurch zu einem politischen Instrument. Beispiel Mailinglisten: Arbeitsgemeinschaft für Telekommunikation **<agtk@ccc.or.at>**, Computer Communications Club **<cccinfo@ccc.or.at>,** Lehrerforum **<lehrerforum@ccc.or.at>**, PC News edu - Informationen **<pcninfo@ccc.or.at>....** Anm.: E-Mails über **<listserv@ccc.or.at>** subskribieren!
- E-Mail *beseitigt Grenzen.* Es erlaubt den Zugang zu Klassen, Schulen, Firmen usw. von einem Ort und zu einem Zeitpunkt, den man selbst bestimmen kann.
- E-Mail stellt ein *Muß für Lehrer* dar, da systembedingt eine Kommunikation außerhalb des Unterrichts nahezu nicht gegeben ist.

Perspektiven aus Schülersicht:

Im Jahresbericht 96/97 der HTL-Steyr hat ein Schülerbeitrag folgende Perspektiven aufgezeigt: *„Im Schulbetrieb ist E-Mail für Schüler eine Möglichkeit, mit Lehrern zu kommunizieren, da diese nicht immer erreichbar sind und E-Mail unabhängig von Ort und Zeit ist. Zum Beispiel können Hausübungen direkt an den Heim-PC des Lehrers gesandt werden. Dies erspart dem Lehrer das Schleppen von Heften, riesige Papierstöße am Schreibtisch und außerdem gehen E-Mails nur selten verloren. Es ermöglicht aber auch Lehrern und Schülern, sich in Interessensgruppen zusammenzuschließen und über bestimmte Themen zu diskutieren (Stichwort: Mailinglisten). Wesentlich erscheint auch, daß über Internet und insbesondere per E-Mail auch nach der Matura der Kontakt mit der Schule aufrecht erhalten werden kann."*

Andere Internet Services

Aufgrund des geographisch benachteiligten Standorts von Steyr war eine intensive Beteiligung am Internet, insbesondere am World Wide Web, aus dem Schulbudget nicht finanzierbar. Grund: Fernsprechzone 1 zum ASN-Knoten Linz, traffic-abhängige Gebühren beim lokalen Provider. Dies ist die Ursache, daß sich die HTL-Steyr im Vergleich zu anderen Schulen im WEB nicht spektakulär präsentiert und den Newsgroups-Dienst nur lokal im Intranet der Schule verwendet.

Hier ist jedoch abzusehen, daß sich die Situation sehr bald für die Schule verbessern wird. Zum einen werden die Telefongebühren billiger, zum anderen wird das Austrian School Network und der Education Highway OÖ einen Einwahlknoten für die Steyrer Region errichten.

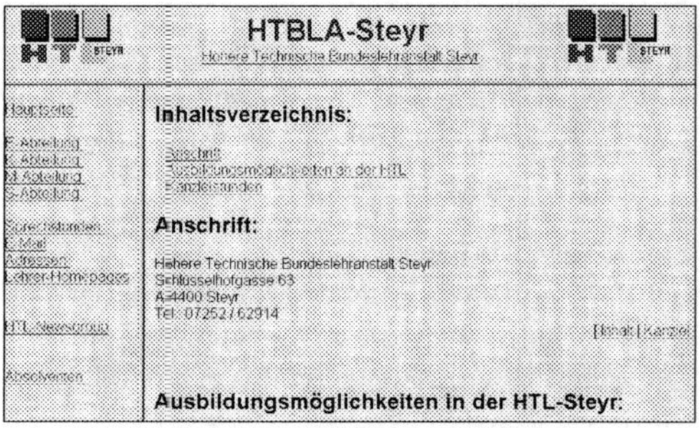

ABBILDUNG: HOMEPAGE DER HTL-STEYR
<HTTP://WWW.HTL-STEYR.AC.AT>

Projektorientierter Unterricht

Abteilung Kraftfahrzeugtechnik - Projekte 2000

Mit der Einführung einer fächerübergreifenden, projektorientierten Unterrichtsform an den HTL´s ist ein Strukturwandel in der klassischen Ausbildung passiert. Am Beispiel der Abteilung Kraftfahrzeugtechnik der HTL-Steyr sei dies aufgezeigt. In dieser Abteilung laufen derzeit 5 aufeinander abgestimmte Projekte auf dem Gebiet der Fahrzeug- und Motorentechnik:

Allen Projekten ist gemeinsam, daß die Schüler eine komplette Produktentwicklung erleben - von der Ideenfindung und Konstruktion bis hin zur Fertigung und Erprobung. Die ersten 4 Projekte haben eine typisch fachbezogene Aufgabenstellung als Grundlage und stehen unter der Gesamtzielsetzung, bis zum Jahr 2000 ein auf einem Prüfstand funktionserprobtes Gokart, angetrieben von einem Wankelmotor und transportiert auf einem Anhänger, der breiten Öffentlichkeit vorzustellen. Eine Sonderstellung hat das *Projekt „Flugmotor"*, wo im Gegensatz zu den anderen Projekten nicht die Technik im Vordergrund steht, sondern *Methoden und Werkzeuge der Projektabwicklung*. Es ist sozusagen der „Motor", der die anderen Projekte „antreibt" und die Innovationen im Schulbetrieb vorbereitet.

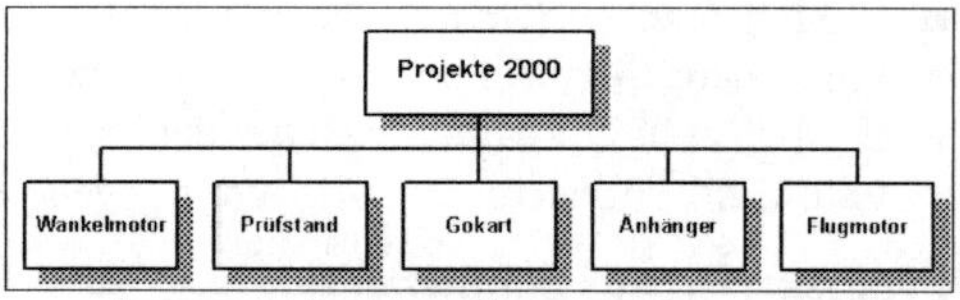

ABBILDUNG: ABTEILUNG KRAFTFAHRZEUGTECHNIK - PROJEKTE 2000

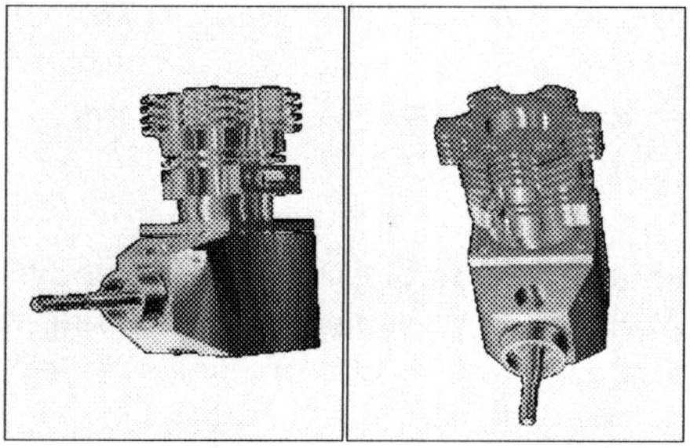

ABBILDUNG: ANIMATIONEN DES FLUGMOTORS, ERSTELLT MIT AUTOCAD 3D-STUDIO

Das Projekt Corporate Engineering im Schulbetrieb (CEIS)

Beim Flugmotor stehen nicht technische Neuerungen im Vordergrund (Anm.: sie werden aber auch nicht ausgeschlossen), sondern Innovationen im Schulbereich. Das Projekt wird unter der Kurzbezeichnung CEIS „Corporate Engineering im Schulbetrieb" geführt, um das gesamtheitliche Auftreten eines Teams (Lehrer und Schüler einer berufsbildenden Schule) nach außen hin zu unterstreichen.

Im Zentrum des Projekts, das im März 1994 begonnen wurde und alle 2 Jahre neu gestartet wird, stehen methodische Vorgangsweisen einer Entwicklung, beginnend mit einer Idee bis hin zur „Vermarktung“ der Ergebnisse - die Innovationen. Der Wert dieses Vorhabens liegt somit in den Arbeitstechniken, d.h. in Methoden, Werkzeugen und Hilfsmitteln. Der Flugmotor als ansprechendes Produkt wird dazu benötigt, diese zu erproben und zu visualisieren.
Das Projekt CEIS läßt sich inhaltlich in der derzeitigen Form wie folgt beschreiben:

Projektziel:

1. Erleben einer kompletten Produktentwicklung
   ➡ *fächerübergreifende Vorgehensweise*
2. Erprobung neuester Arbeitstechniken
   ➡ *Innovationen in der Ausbildung*

Projektaufgabe:

- Konstruktion und Fertigung eines Modellflugmotors (15 cm^3)
  ➡ *Alle Stufen einer Produktentwicklung: Konstruktion, Fertigung, Erprobung*
  ➡ *Alle projektbegleitenden Maßnahmen: Planung, Steuerung, Kosten, PR ...*
- Anwendung neuester EDV-Arbeitstechniken, dzt.
  ➡ *Telekommunikation, Bildverarbeitung, 3D-Konstruktion ...*

Ergebnis/Nutzen:

- 8 lauffähige Motoren und ein Prüfstand
  ➡ *der Motor ist motivierender Projektträger, keine Erfindung!*
- Know-how der Beteiligten
  ➡ *Methoden und Arbeitstechniken*
- Innovationen im Schulbereich
  ➡ *Internet, 3D-Konstruktion, Projektmodell, digitale Fotografie*
- Engineering Data Base
  ➡ *Wissensdatenbank für Folgeprojekte*

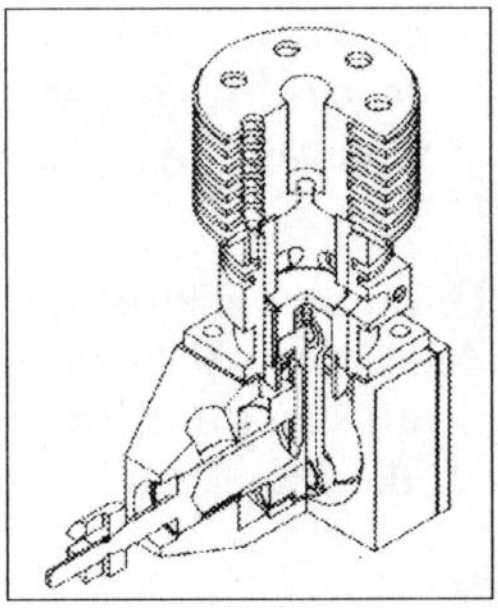

ABBILDUNG: 3D-MODELL DES FLUGMOTORS, ERSTELLT MIT AUTOCAD DESIGNER

Die Engineering Data Base

Neben den vielen Innovationen, die das Projekt bereits gebracht hat, wird in den nachfolgenden Ausführungen die Engineering Data Base herausgegriffen, da sie im Zusammenhang mit neuen Informations- und Kommunikationstechnologien eine zentrale Bedeutung hat.

Zweck und Aufbau

Der primäre Zweck der *Engineering Data Base (EDB)* ist es, sämtliche *Ergebnisse der Projekte zu sichern* und der ganzen Schule, ggf. auch Außenstehenden zugänglich zu machen. Die Datenbasis stellt für die laufende Projektarbeit die zentrale und aktuelle Informationsquelle dar. Enthalten sind technische Dokumente (Zeichnungen, Arbeitspläne, Versuchsberichte ...), kaufmännische Dokumente (Einnahmen, Ausgaben, PR-Maßnahmen ...) und Dokumente der Projektorganisation (Planungen, Berichte, Checklisten, ...).

Die Engineering Data Base kann auch als Wissensdatenbank (Stichwort: Bildungsserver) der Schule betrachtet werden. Ihr großer Nutzen liegt darin, daß neue Projekte oder Folgeprojekte nicht von Null beginnen müssen, sondern auf Ergebnisse und Knowhow (z.B. Planungstechniken, Briefstandards, Tools, ...) vorangegangener Vorhaben aufsetzen können.
Betrachtet man die im Zentrum des projektorientierten Unterrichts stehende Engineering Data Base, so hat diese eine dreidimensionale Struktur:

1. *Dimension:* Die Projekte stellen die 1. Dimension dar. Jedes Projekt verfügt in der EDB über eine eigene Projektbibliothek.
2. *Dimension:* Eine über alle Projekte hinweg standardisierte Ablage der Dokumente bildet die 2. Dimension.
3. *Dimension:* Hier kommt zum Ausdruck, daß von den Dokumenten Versionen existieren, die in verschiedenen Umgebungen (projektintern, schulweit, Internet) verfügbar sind.

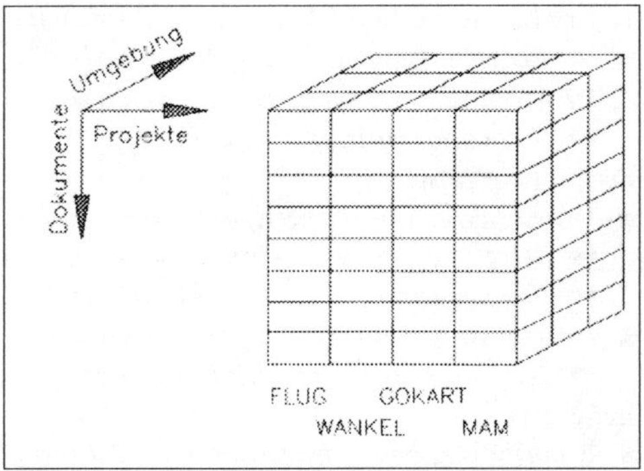

ABBILDUNG: DIE DREIDIMENSIONALE STRUKTUR DER ENGINEERING DATA BASE

Dokumentenstruktur/-inhalte

Bei der Strukturierung der Engineering Data Base gilt es größtes Augenmerk auf Übersichtlichkeit und Transparenz zu legen. Als Fallbeispiel wird im folgenden die Struktur der Projektbibliothek FLUG des Projektes CEIS gewählt:

```
V:
+ FLUG
  +` ORG            Projektorganisation
     +  PROJEKT  - Projektplanung allgemein (Ziele, Teilprojekte, Aufgaben)
     +  AKTPLAN  - Aktivitätenpläne der Teams/Bearbeiter
     +  MAILS    - Interne Mitteilungen, E-Mails
     +  VORLAGEN - Standards, Muster, Anleitungen, Formulare
     +  KOSTEN   - Einnahmen/Ausgabenrechnung, Bestellunterlagen
     +  POST     - Korrespondenz (Sponsoren, Firmen, Adressen ...)
     +  ...      - Organisationspläne von Events (z.B. Tag der offenen Tür)
     +  ...
  + BERICHT         Projektabschlußbericht
     +  1xxx     - Kapitel 1 bis n, ggf. nach Teilprojekten strukturiert
     +  2xxx     - ...
     +  ...
  + DWG             Zeichnungen u. Stücklisten
     +  2D       - strukturiert nach Teilprojekten und nach 2D-/3D-Zeichn.
     +  3D       - ...
     +  ...
  + CNC             Fertigungsunterlagen
     +  ...      - strukturiert nach Teilprojekten und/oder Baugruppen
     +  ...      - ...
     +  ...
```

```
+ DOKU         Technische Einzeldokumentationen
  + ...        - strukturiert nach Teilprojekten und/oder Sachgebieten
  + ...        - ...
  + ...
+ PR           PR-Maßnahmen
  + FOLDER     - Projektkurzbeschreibung und Folder sowie
  + ...        - Präsentationen, Referate, Medienberichte ...
  + ...
+ FOTO         Fotografien und gescannte Bilder
  + ...        - strukturiert nach Situationen und/oder Produkten
  + ...        - ...
  + ....
+ WORK         Files in Bearbeitung
  + ...        - strukturiert nach Teams oder Personen
  + ...        - ...
  + ...
+ DIVERSES     Projektfremde Unterlagen
  + ...        - nicht zuordenbare Dokumente
  + ...
```

Neben der Strukturierung sind noch folgende Aspekte bei der Führung der Engineering Data Base von Bedeutung:

- Zuständigkeiten: Ein eigens dafür nominierter Administrator sorgt dafür, daß in der Projektbibliothek sowie in der konventionellen Ablage Ordnung gehalten wird.
- Zugriffsrechte: Auch die Verwaltung der Zugriffsrechte (nur Lesen, Lesen und Schreiben) bedarf einer Regelung.
- Namenskonventionen: Auf die Wahl von sprechenden und systematisch aufgebauten Dokumentennamen ist laufend hinzuweisen.
- Projekthandbuch: Wiederverwendbare Arbeitstechniken einzelner Projekte sind zu verallgemeinern und in einem EDV-gestützten Projekthandbuch verfügbar zu machen.
- Anwendersoftware: Die zur Bearbeitung der Dokumente erforderlichen SW-Tools (z.B MS Office, AutoCAD, Corel Draw, ...) sind im Informatikunterricht zu behandeln.

Zusammenfassung und Ausblick

Die projektorientierte Unterrichtsform, unterstützt durch neue IKT wie Engineering Data Base, Bildungsserver, Mailing, WWW usw. wird einen Wandel im Schulbetrieb herbeiführen bzw. hat diesen bereits eingeleitet. Das Leistungspotential einer Schule mit ihren Ressourcen (Schüler, Lehrer, Einrichtungen, Finanzmittel und Kontakte mit der Wirtschaft) kann jedoch im Unterricht nur dann optimal umgesetzt werden, wenn moderne Arbeitsmethoden und computergestützte Verfahrenstechniken zur Anwendung kommen.

Die dafür notwendige Infrastruktur einschließlich Lehrerweiterbildung und Sammeln von Unterrichtserfahrungen beschäftigt all jene Schulen in Österreich, die den Anschluß nicht verpassen wollen.

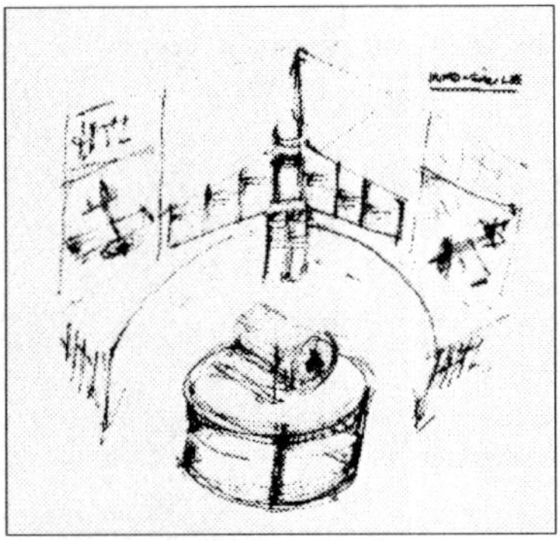

ABBILDUNG: VISION EINER INFOSÄULE ZUM THEMA „INNOVATIVE AUSBILDUNG - DIE HTL-STEYR“

Mit dem PC, dem LAN und zuletzt dem Internet hat sich für die technischen Schulen wieder die Chance aufgetan, eine „State of the Art“-Ausbildung vorzunehmen. Die Werkzeuge sind im Gegensatz zur Vergangenheit nicht im physischen, sondern im geistigen Bereich angesiedelt. Besonderen Stellenwert wird das Notebook, die CD und eine schulübergreifende Bildungsplattform mit multimedialen Inhalten bekommen, auf die Schüler und Lehrer auch von zuhause Zugriff haben.
Diese Entwicklung hat die HTL-Steyr erkannt und ihr bereits Rechnung getragen. Die Schule wird ab kommendem Schuljahr großflächig die Möglichkeiten der neu geschaffenen Infrastruktur nutzen und sich 1998 bei der OÖ Landesausstellung der breiten Öffentlichkeit präsentieren. Der Grundsatz, nicht voreilig und mediengerecht, sondern bedachtsam unter Achtung auf die Qualität in der Ausbildung vorzugehen, war der Grund dafür, daß es für Außenstehende unbemerkbar blieb, wie sich der Schulbetrieb an der HTL-Steyr verändert hat. Die Impulse eines Arbeitskreises mit Vertretern der Schule und namhaften internationalen Industriebetrieben (BMW, SKF, SNF) haben einen wesentlichen Anteil daran, daß der strukturelle Wandel an der HTL-Steyr bereits stattgefunden hat.

Kontakt

Dipl.-Ing. Dr. Bruno Losbichler
E-Mail: <Bruno.Losbichler@pr-steyr.ac.at>
Höhere Technische Bundeslehranstalt Steyr
Schlüsselhofgasse 63
A-4400 Steyr
Tel.: 07252 - 62914
Fax: 07252 - 62914 - 25
Homepage: <http://www.htl-steyr.ac.at>

Internet-unterstützter Unterricht an einer HTBL-Abendschule - Erfahrungen und Zukunftspläne

von Walter Waldner

Das Internet boomt seit einigen Jahren. Zahlreiche Informations- und Kommunikationsdienste werden „täglich“ ausgebaut und erreichen immer mehr Anwender. Es ist daher nicht verwunderlich, daß Internet und die zugehörigen Services auch im Unterricht verstärkt eingesetzt werden. Seit Jahrzehnten wird weltweit über den Einsatz und die Vorzüge von Lerntechnologien diskutiert. Weder der klassische Ansatz „CBT - computer based training“ noch Bildungsfernsehen und Kabel-TV haben trotz hoher Erwartungen zu besonderen Umwälzungen geführt. Einerseits war die verfügbare Hardware zu wenig leistungsfähig, andererseits fehlte die Integration der verschiedenen Medien und die Interaktivität in der Nutzung. Das World Wide Web entwickelt sich zunehmend zur hardware- und betriebssystemunabhängigen Multimedia-Plattform (HTML, JAVA-Technologie) und als Distributionsmedium für alle Formen von Informationen (Text, Bild, Ton, Video, Animation). Die Möglichkeiten sind so vielfältig, daß mittel- und längerfristig davon ausgegangen werden kann, daß die klassische Form der schulischen Ausbildung überdacht werden muß und es Sinn macht, die Angebote moderner Informations- und Kommunikationsdienste verstärkt im Unterricht einzusetzen.
In diesem Beitrag beschreibe ich meine Erfahrungen und Pläne mit Internet-unterstütztem Unterricht in den Fächern EDV und Technische Informatik an der HTL für Berufstätige.

Der Ausgangspunkt

Ich unterrichte an der Höheren Technischen Bundeslehranstalt, Mössingerstraße in Klagenfurt die Unterrichtsfächer „Elektronische Datenverarbeitung und Angewandte Datenverarbeitung “ (EDAD)und „Technische Informatik“ (TINF). Unsere Schule hat Abteilungen für Elektrotechnik und Nachrichtentechnik, eine Fachschule und eine Abteilung für Berufstätige, ebenfalls mit den Richtungen Elektrotechnik und Nachrichtentechnik. Ich selbst bin fast ausschließlich an der Abendschule tätig. Der Unterricht findet Montag bis Freitag jeweils von 18 bis 20 Uhr (fünf Unterrichtseinheiten) statt.

Die Infrastruktur

Die HTBL Klagenfurt, Mössingerstraße ist im Austrian School Net (ASN) ein Internet-Knoten für andere lokale Schulen und verfügt über eine sehr gute Infrastruktur für Inter- und Intranet-Lösungen, eine unbedingt notwendige Voraussetzung für den im folgenden beschriebenen Unterrichtseinsatz. Die wichtigsten Internet-Dienste wie Web, Proxy, DNS, E-Mail und FTP laufen auf zwei schulinternen SUN Sparc 2 - Servern.

Die Schule selbst ist über eine ISDN-Standleitung über die Universität Klagenfurt (ACONET-Knoten) mit dem weltweiten Internet verbunden. Andere Schulen und Lehrer haben die Möglichkeit, sich über insgesamt 8 Modemleitungen an die Schulserver anzuwählen. Seit einigen Monaten besteht zusätzlich eine Anbindung an das Telekabel-Netz - ein Highspeed-Verbindung mit bis zu 10 Mbit/sec. Einige Klagenfurter Schulen sind bereits über Telekabel mit der HTBL Mössingerstraße verbunden. Intern sind derzeit ca. 100 PCs ins lokale Netzwerk integriert. Mehrere Server versorgen die Rechner in insgesamt vier PC-Lehrsälen. Von jedem Arbeitsplatz aus sind alle Internet-Dienste verfügbar, da auch die Internet-Server in das Netz eingebunden sind. Die Verkabelung erfolgte strukturiert nach Kategorie 5 (bis 100 Mbit/sec) unter Verwendung von HUBs und Switches mit hoher Ausfallssicherheit. Für den Aufbau umfassender Intranet-Lösungen ist somit eine gute hardwaremäßige Voraussetzung vorhanden.

Das Konzept „Internet-unterstützter Unterricht"

Unter der Adresse **<http://www.htblmo-klu.ac.at/>** wurde eine WWW-Homepage für meinen Unterricht eingerichtet. Auf den Web-Seiten finden die Schüler Unterrichtsmaterialien, interessante Links, Übungsmaterial, Software, Dokumentationen, Folien, Diagramme zum EDAD- und TINF-Unterricht. EDAD und TINF sind Fächer, in denen neben dem Theorie-Unterricht auch ein Übungsbetrieb abgewickelt wird. Im Rahmen der Übungen müssen die Schüler ihnen gestellte Aufgaben bearbeiten (z.B. Software-Entwicklung in C++, Assembler-Programmierung, Ausarbeitung von Referaten über Hard- und Software-Themen). Die Arbeiten sind abzugeben und werden anschließend bewertet. Die Abgabe der Schüler-Arbeiten erfolgt ab dem Schuljahr 1997/98 in elektronischer Form über E-Mail. Auch die Rückmeldung an den Lernenden erfolgt über E-Mail. Jeder Schüler unserer Anstalt erhält dazu ab dem Herbst 97 seine individuelle E-Mail-Adresse.

Warum Internet-unterstützter Unterricht ?

Unterstützung berufstätiger Schüler

Berufstätige Schüler haben aufgrund ihrer privaten, familiären und beruflichen Situation im Durchschnitt wesentlich mehr Fehlstunden als Schüler der Tagesschule. Die Lerninhalte werden auf den WWW-Seiten protokolliert und die Schüler haben so die Möglichkeit, von zuhause oder vom Arbeitsplatz aus versäumte Unterrichtsstunden nachzulesen. Auch die aktuellen Übungsaufgaben und Projektarbeiten mit den zugehörigen Abgabeterminen können abgerufen werden. Die Abgabe der Arbeiten erfolgt ebenfalls in elektronischer Form. Ziel dieses Angebots ist zunächst nicht, den Fernunterricht zu fördern. Es ist vielmehr die Absicht, häufig fehlenden Schülern bessere Möglichkeiten zu bieten, dem Unterricht zu folgen und die Lehrziele zu erreichen.

Papierlose Verteilung von Unterrichtsmaterialien

Gerade im Unterrichtsfach „Technische Informatik" sind stets aktuellste Entwicklungen im Hard- und Software-Bereich zu berücksichtigen. Lehrbücher und Skripten sind dafür fast nicht vorhanden. Im World Wide Web hingegen gibt es zahlreiche interessante und aktuelle Informationsangebote, die für den Unterricht gut geeignet sind und als Dateien in elektronischer Form verteilt werden können. So können Dokumente als Arbeitsunterlagen an die Schüler weitergegeben werden, die aufgrund des zum Teil großen Umfangs andernfalls inakzeptabel hohe Kopierkosten (bei gleichzeitig kurzer Lebensdauer des Inhalts) verursachen würden (etwa Manuals).

Implizite Lehrziele
Informations- und Kommunikationsdienste sind explizite Lehrziele der Unterrichtsfächer „Elektronische Datenverarbeitung" und „Technische Informatik". Der Schüler soll durch die unterrichtsbegleitende Arbeit im Internet aber auch implizit die Vorzüge moderner Informations- und Kommunikationstechnologien kennen und einsetzen lernen. Dies umfaßt insbesondere an unserem Schultyp auch das Umgehen mit technischen Dokumentationen, Datenblättern, Spezifikationen, Programmbibliotheken und das Lesen von englischsprachigen Originaldokumenten.

Das WWW-Angebot

Zur Realisierung dieser Grundideen wurde ein Konzept für die Gestaltung der Web-Seiten erarbeitet. Zum Einsatz kommt die komfortable Frame-Technologie (HTML 3.0). Dabei ist der Bildschirm in drei Bereiche untergliedert: Links findet der Schüler die Navigationsleiste mit den Themen des Unterrichts. Durch Anklicken des entsprechenden Stichwortes wird in den rechten Frames spezifische Information angeboten. Am rechten oberen Bildschirmrand findet der Schüler vier Symbole, über die weiter navigiert werden kann: L (Lehrstoff), + (Lehrstoff-Ergänzungen), Ü (Übungsmaterial) und ? (Aufgabenstellungen).

L In diesem Abschnitt wird der Lehrstoff als HTML-Dokumente mit integrierter Graphik (eventuell Animationen) angeboten. Die Texte und Graphiken sind auch in verschiedenen download-Formaten abgespeichert (PDF, Word-Format, Bitmap-Formate uvm.).

+ Hier wird zusätzliche Information angeboten und der Kontext des Lehrstoffs aufgezeigt. Der Schüler findet Links zu interessanten Internet-Sites, zusätzliche Dokumente und Informationen und Hinweise zur Vertiefung des Lehrstoffs, fallsweise auch Lernsoftware.

Ü In diesem Teil wird Übungsmaterial mit Hinweisen und Lösungsvorschlägen angeboten.

? Hier findet der Schüler die Aufgabenstellungen für die Übungsbeispiele bzw. Projektarbeiten, die in elektronischer Form (als E-Mail) abzugeben sind und Grundlage der Bewertung darstellen. Die Aufgaben werden den Schülern mit Korrekturhinweisen als E-Mail retourniert.

Die Frame-Technik erlaubt eine relativ einfache Erweiterung des Angebots. Im wesentlichen kann man sich auf die Inhalte der Kernseiten (Hauptframe rechts unten)

konzentrieren, ohne viel auf Navigationsverweise achten zu müssen.
Die Graphik zeigt ein Beispiel der Gestaltung für das Thema „Sortieralgorithmen“ - Lehrstoff im Bereich „Datenstrukturen und Algorithmen“ aus dem Fach TINF (4. Jahrgang).
Dieses Material wird ab dem Wintersemester 97/98 online sein.

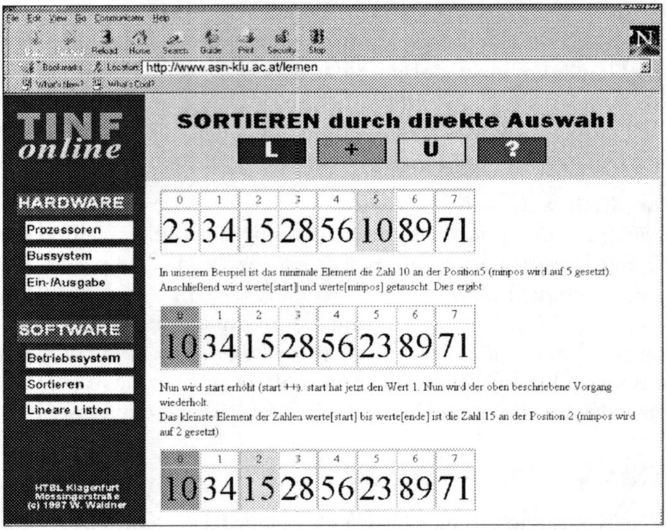

ABBILDUNG: TINF - LEHRSTOFF, ERGÄNZUNGSMATERIAL UND ÜBUNGEN AUF DEN WEBSEITEN DER SCHULE

Schlußbemerkungen

Der hier beschriebene internet-unterstützte Unterricht wird im Herbst 1997 beginnen. Schon im abgelaufenen Schuljahr wurden einige Lehr-Inhalte und Übungen in ähnlicher Weise durchgeführt. Auch für die Ausarbeitung von Referaten im Matura-Jahrgang der Abendschule wurde das Internet für Recherchen verwendet. Alle Versuche haben gezeigt, daß die Schüler sehr motiviert und erfolgreich mit dem neuen Medium arbeiteten.
Der Aufbau eines hier beschriebenen Unterrichtsangebots im Internet bedeutet natürlich einen entsprechend hohen Aufwand. Ich lade interessierte Kollegen ein, diese Arbeit mit mir gemeinsam in Angriff zu nehmen und bitte um Kontaktaufnahme.

Kontakt

Dr. Walter Waldner
E-Mail: <waldner@htblmo-klu.ac.at>
HTBL Klagenfurt
Mössingerstraße 25
9020 Klagenfurt
Homepage: <http://www.htblmo-klu.ac.at/> bzw.
<http://asterix.htblmo-klu.ac.at/lernen>

Was kann IKT in der Sonderpädagogik leisten?

von Erich Pammer

„Es ist die Frage, aus der alles entsteht,
denk an die Frage eines Kindes,
was tut der Wind, wenn er nicht weht?"
(Erich Kästner)

Die 15. (bzw. 17.) Schulorganisationsnovelle brachte für die Behindertenpädagogik in Österreich bahnbrechende Umwälzungen. Nicht mehr die Segregation der behinderten Kinder soll im Mittelpunkt stehen, sondern die Integration aller behinderten Kinder in das bestehende Schulsystem. Die Integrationsbewegung war in erster Linie von den Eltern getragen und wir LehrerInnen mußten und müssen uns mit vollkommen neuen Gegebenheiten auseinandersetzen.
Soll eine Integration erfolgreich sein, so müssen sich in erster Linie die Lehrmethoden ändern. Im Mittelpunkt erfolgreicher Integrationspädagogik steht „Offenes Lernen" mit vielen Abwandlungen. Durch die Heterogenität der Klassen muß eine starke Individualisierung und Differenzierung Platz greifen. Nicht mehr das Unterrichten auf einen „anonymen" Durchschnitt hin ist gefragt, sondern jedes Kind in seiner Eigenart verlangt individuelle Lernformen, individuelles Lerntempo und individuelles Eingehen auf seine Persönlichkeit. Bei einem derartigen Konzept kann der Computer - wenn er richtig eingesetzt wird - unschätzbare Dienste in der Sonderpädagogik leisten. Für Kinder mit schulischen Problemen kann dieses neue Medium eine entscheidende Hilfe bieten. Unabhängig voneinander erkannten viele diese Chancen und es entstanden Initiativen, die diese neuen Möglichkeiten an behinderte Kinder herantrugen.

Wo steht das Kind, wo ist der Ausgangspunkt, an dem wir die Förderung beginnen sollten?

EDV bei behinderten Kindern einzusetzen, heißt, Lösungen zu suchen. Wir versuchen, innovative Wege zu gehen, um eine Pädagogik zu verwirklichen, die vom Kind ausgeht. Es geht beim Computereinsatz in der Schule nicht um eine (veraltete) Defizitfeststellung, sondern um die Auslotung der Möglichkeiten, die Informations- und Kommunikationstechnologie in der Sonderpädagogik bieten können. Mit der atemberaubenden Entwicklungsgeschwindigkeit der EDV-Technologie kamen auch immer bessere Softwarelösungen auf den Markt.

Dr. Wetzel von der Universität Salzburg hat schon 1990 auf die großen Vorteile eines EDV-Einsatzes hingewiesen. Er verwendete dafür eine Einteilungsstruktur, die bis heute richtungsweisend ist.

Computer als Lern- und Hilfsmittel in der Therapie
Die Revolution des Lernens macht auch vor der Sonderpädagogik nicht halt. Gerade hier ist der Einsatz des Computers vielversprechend. Mit multimedial orientierten Programmen können wir kognitive Lerninhalte in hoher Qualität und abwechslungsreich an das Kind heranbringen. Dabei ist es unsere pädagogische Aufgabe, mit diesen Technologien verantwortungsvoll umzugehen und sich auch der Gefahren bewußt zu sein. Kriterienkataloge können helfen, die Spreu vom Weizen zu trennen. Zu hoffen ist auch, daß neue Impulse von der Sonderpädagogik auf das gesamte Schulgeschehen ausgehen.

Computer als prothetisches Hilfsmittel
Fehlende oder mangelhaft ausgebildete Funktionen können ersetzt werden; zumindest können einschlägige Computerlösungen Erleichterungen bringen. Bekannt ist das „Cochlearimplantat" für taube Menschen oder Spracheingabeprogramme bei Sprechbehinderungen. (Selbst ein Herzschrittmacher ist eigentlich ein prothetisches Hilfsmittel.)

Computer als basales Funktionstraining für intensiv behinderte Kinder
Viele Kinder, speziell in S-Klassen, müssen sich grundlegende Funktionen, die wir als selbstverständlich betrachten, erst mühsam aneignen. Es gibt eine Fülle von Möglichkeiten, schwerstbehinderten Kindern mit Spezialanwendungen zu helfen. Das reicht vom Wahrnehmungstraining bis zum visuellen oder auditiven Differenzieren.

Informationstechnische Grundbildung bei Kindern
Je komplizierter und „vertechnisierter" unsere Welt wird, umso mehr müssen wir uns auch darum kümmern, daß behinderte Kinder nicht den Anschluß verlieren. Beginnend bei Bedienungsanleitungen für einfache Alltagsgeräte bis hin zu EDV-Standardwerkzeugen reicht der Bogen. Berufschancen werden auch für behinderte Menschen geringer, ohne informationstechnische Grundbildung ist auch für sie die moderne Arbeitswelt sicher nicht mehr zu bewältigen. Hier ist auch die Beschäftigung mit den vielfältigen Möglichkeiten der Datennetze einzuordnen. Es ist ganz wesentlich, daß wir hier tätig werden.

Computer als Hilfsinstrument in der Diagnostik
Die Entwicklung ist hier noch am Anfang. Zu beachten ist, daß immer die Förderung des Kindes im Auge behalten werden muß. Als Hilfsmittel - neben vielen anderen Diagnostikmethoden - ist ein EDV - Einsatz aber durchaus weiterzuverfolgen. Ein alleiniger Einsatz eines solchen Instrumentariums ist zum jetzigen Zeitpunkt und Entwicklungsstadium äußerst problematisch.

Koordination und neue Finanzierungsmodelle

Das Sonderpädagogische Zentrum Freistadt wird – da logischerweise auch alle anderen anfallenden Arbeiten erledigt werden müssen – kollektiv geführt. Wir sind 6 Teammitglieder, die eine klare Aufgabenteilung vorgenommen haben. Es funktioniert sehr gut, wiewohl natürlich gerade im EDV - Bereich eine größeres Stundenkontingent notwendig wäre.

Um neue Lösungen etablieren zu können, bedarf es eines perfekten Zusammenspiels. Eine für innovative Ideen offene Schulbehörde ist genauso wichtig wie engagierte LehrerInnen, die sich gern auf Neuland einlassen und dafür auch etwas tun.

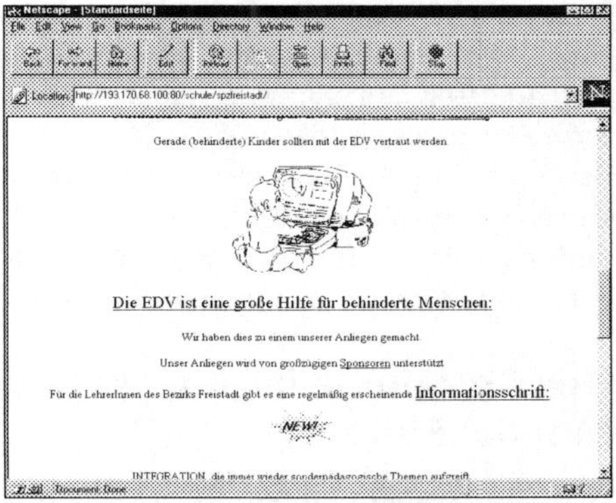

ABBILDUNG: TEILBEREICH DER HOMPAGE DES SONDERPÄDAGOGISCHEN ZENTRUMS FREISTADT

Individuell angepaßte Lösungen haben in unserem Bereich überwältigende Erfolge gezeitigt. Im Bezirk Freistadt werden an ca. 25 Standorten verschiedenste Modelle erprobt. Die Probleme sind überraschend gering, sie beziehen sich meistens auf die Kosten bzw. auf die Technik. Im Bereich der Kosten ist es gelungen, ein Sponsorenmodell einzurichten. In einem wirtschaftlich schwachen Gebiet mit geringer Kaufkraft, die sich auch in der finanziellen Eingeschränktheit des Schulerhalters wiederspiegelt, sind wir auf neue Modelle der Finanzierung angewiesen. Auf unserer Homepage im Internet **<http://www.asn-linz.ac.at/schule/spzfreistadt/sponsore.htm>** weisen wir darauf hin. Der Internetzugang wurde beispielsweise über eine Filiale einer örtlichen Supermarktkette gesponsert. Sponsormodelle können natürlich niemals die Kostenbeteiligung der öffentlichen Hand ersetzen. Speziell in der Behindertenpädagogik wird der Staat seine finanzielle Verantwortung auch weiterhin maßgeblich wahrnehmen müssen.

LehrerInnen und Eltern müssen lernen

Für viele (Integrations-)LehrerInnen ist der Computer nicht mehr wegzudenken. Er konnte in manchen Fällen Kindern erstmalig einen Zugang zu den Kulturtechniken in Fällen öffnen, wo das vor kurzem noch nicht möglich war.

Nach wie vor leisten wir viel Überzeugungsarbeit, da bei LehrerInnen fallweise eine gewisse Technikscheu zu beobachten ist. Es hat sich aber meist schnell ein Umdenken eingestellt, wenn man konkret vorgezeigt hat, wie man einem Kind helfen kann.

Problematisch ist sicherlich die Lehrerfortbildung in diesem Bereich. Es genügt nicht, einfaches EDV - Wissen zu haben, sondern die einschlägigen Behindertenlösungen erfordern ein weit darüber hinausgehendes Wissen. Ein Programm (oder die Programmimplementierung) bei körperbehinderten Kindern verlangt andere Fertigkeiten als die Bedienung einer elektronischen Braillezeile. Dazu kommt, daß der Adressatenkreis meist

sehr klein ist. Eine gemeinsame Schulung der IntegrationslehrerInnen ist daher meistens nicht möglich, individuelles Vorgehen findet aber schnell die Grenzen in den Kosten und im hohen Zeitaufwand.
Anzustreben ist, daß die Kinder auch zuhause einen Zugang zu einem EDV - Gerät haben, weil daraus natürlich bessere Lernchancen resultieren. In vielen Fällen wird das von den Krankenkassen finanziert. Wir versuchen auch, dafür zusätzlich ein Sponsormodell zu organisieren.
Bei teuren Anschaffungen dauert das natürlich seine Zeit. Oft ist aber das Geld weit schneller beschafft, als die Barriere in manchen Köpfen überwunden werden kann. Man muß bedenken, daß meistens auch die Eltern noch zu schulen wären, da das Kind in den meisten Fällen (in unserem Bezirk) auch zu Hause eine Computeranlage hat.

Der Computer ist ein Werkzeug mit neuen Möglichkeiten

Der Schweregrad und die Art der Behinderung bestimmen den Einsatz der einschlägigen Softwarelösungen. Wir sehen den Computer als Werkzeug, der uns Lösungen näher bringt. Wir versuchen nicht, für alle Probleme eine EDV-Lösung aufzutreiben. EDV-Lösungen müssen, damit sie zum Einsatz kommen, anderen Methoden natürlich überlegen sein, ansonsten ist ihr Einsatz schwer zu rechtfertigen. Für viele pädagogische und schulische Probleme wird es keine EDV - orientierten Lösungen geben, wir suchen auch nicht krampfhaft danach. Neben vielen Methoden ist dies lediglich eine weitere Art, behinderten Kindern zu helfen, wenn auch eine sehr effiziente. Die übliche Form des „Informatikraumes" kommt in unserem Konzept nicht vor. *Der Computer erfüllt seine Funktion als Personalcomputer, d.h. er steht dem Kind sofort am Arbeitsplatz für die Problemlösung zur Verfügung. Nicht umsonst heißt er so!!!*
Ein vermehrter Einsatz wird auch die Forschungsaktivitäten vermehren, da in einem kleinen Markt – meist aufgrund karger Finanzmittel – Forschung nur sehr langsam angegangen wird. Die Sonderpädagogik kann aber von vielen inzwischen auf dem Markt befindlichen Produkten größten Nutzen ziehen, auch wenn diese Erzeugnisse primär nicht unbedingt für einen sonderpädagogischen Einsatz geschaffen wurden.
Erstmals spielt es auch kaum mehr eine Rolle, wo sich jemand geographisch befindet. Viele innovativ tätigen Lehrer entwickeln abseits der Zentren bahnbrechende Einsatzmöglichkeiten. Das wird sich durch die neuen Optionen der Datenhighways noch weiter verbessern. Mit einem Schlag hat auch die kleine Dorfschule wieder jede Chance in einer Welt, die zum „globalen Dorf" geworden ist.

Anwendungsbeispiele aus der Praxis

Ein schwerer Unfall reißt *Christoph B.* aus seiner unbeschwerten Kindheit, monatelanges Bangen und Hoffen in der Intensivstation, er verläßt das Krankenhaus mit schweren cerebralen Läsionen (Gehirnfunktionsstörungen??). Alle uns selbstverständlich erscheinenden Tätigkeiten müssen nun mühsam neu antrainiert werden. Schreiben ist aufgrund der Bewegungsbeeinträchtigung im herkömmlichen Sinn nicht möglich, er bekommt ein EDV System und hat im letzten halben Jahr mit Hilfe einer engagier-

ten Lehrerin riesige Fortschritte gemacht. Christoph beherrscht beinahe alle Buchstaben und kann schon viel lesen. Der Einsatz des Computers war ein bahnbrechender Schritt. Christoph arbeitet mit TEDI, Concept Keyboard und dem sprechenden Lesebuch, entwickelt von Leopold Helm, Niederösterreich.
Bernhard K. ist seit Geburt spastisch gelähmt und besucht eine Integrationsklasse. Bei Schuleintritt versucht man es mit einer elektrischen Schreibmaschine, aber die kleinen Buchstaben, die umständlichen Korrekturmöglichkeiten lassen dieses Gerät ungeeignet erscheinen. Erst als eine EDV - Anlage eingesetzt wird, beginnt sehr schnell ein erstaunlicher Lernprozeß. Bernhard – er hat inzwischen auch zuhause ein Gerät – erledigt sein schulisches Pensum mit Hilfe des Computers. Einzig eine spezielle Maus wurde eingesetzt. Die Tastaturverzögerung ist Ersatz für die früher verwendeten Lochplatten. Bernhard – und das ist bemerkenswert - ist ein „Star“ in der Klasse, er kann mehr als viele seiner JahrgangskollegInnen, was den Computer betrifft. Bernhard hat ein handelsübliches 386iger System und arbeitet mit - fallweise adaptierten - Windowsprogrammen. Die Adaptionen sind aber durchwegs im Rahmen von Windows zu programmieren.
Manuel S. besucht bereits eine Hauptschul-Integrationsklasse, er ist spastisch behindert. Zu einer relativ guten EDV - Anlage (gesponsert von einer Discothek) wurde ein Scanner erworben. Texte, die er nicht im Arbeitsbuch bearbeiten kann, werden eingescannt, notfalls adaptiert und während die Kinder die Aufgabe am Papier lösen, arbeitet Manuel am Bildschirm. Manuel arbeitet auf einer Win95 Oberfläche, er benützt Textbridge als Scannersoftware.
Neben diesen drei konkreten Beispielen, die ich aus unserer Praxis hier schildere, gibt es noch viele einschlägige Hilfen, die allesamt eine entscheidende Wende in der Behindertenpädagogik bringen könnten.

- Der Sprechspiegel von IBM - eine hervorragende Hilfe bei vielen Sprachbehinderungen.
- Sehr oft haben behinderte Kinder auch mit schlechten Handschriften zu kämpfen. Ist es nicht eine Wohltat, wenn das Kind ein EDV - Gerät verwenden kann (mit seinen tollen Möglichkeiten der Schriftgestaltung) und nicht ständig auf sein Gebrechen gestoßen wird?
- Dr. Fluency – ein Stotterertherapieprogramm, das zwar noch wenig bekannt ist, aber verblüffende Erfolge zeitigte.
- In den Anfängen, aber vielversprechend, sind die multimedialen Möglichkeiten der Sprachein- und ausgabe. Wer schon einmal mit blinden Kindern in Braille gearbeitet hat, kann ahnen oder weiß, welche Chancen sich hier auftun.
- Am bekanntesten sind die bereits vielfach genutzen Möglichkeiten bei lernbehinderten Kindern. Gezieltes Vorgehen bessert ein Lernproblem oft viel rascher als mit herkömmlichen Methoden. Die Faszination der Interaktivität eines guten Programms ist ein unbestrittener Vorteil.
- Viele Programme sind für Gehörbehinderte am Markt. Erst vor kurzem hat das Forschungszentrum Seibersdorf „Gebilex“ vorgestellt, das in dieser Richtung arbeitet.
- Eine Fülle von Lösungen für körperbehinderte Kinder (von Spezialtastaturen bis hin zu Kopfstäben und Saugnäpfen) hilft, den Alltag zu bewältigen.

- Programme für Wahrnehmungstraining, Aufmerksamkeitsschulung, Konzentrationsübungen, Sprachanbahnungssoftware etc. werden in S-Klassen eingesetzt und sind nicht mehr wegzudenken.

Was bietet Internet für Sonderpädagogik? Offene Fragen und Probleme

Seit einem halben Jahr sind wir im WorldWideWeb mit unserer eigenen Homepage **<http://www.asn-linz.ac.at/schule/spzfreistadt/>** vertreten und völlig überrascht, wie groß die Rückmeldungen sind. Wir konnten viele neue Kontakte schaffen, vieles konnten wir weitergeben, viel haben wir auch bekommen.

Dieses junge Medium – davon sind wir überzeugt – wird uns weitere Möglichkeiten erschließen. Schon jetzt nehmen wir die vielfältigen Informationen des World Wide Web häufig in Anspruch. Medizinische Server bieten Spezialinformationen zu vielen Behinderungsarten aus medizinischer Sicht. Ob es nun die Abfrage eines Gebärdensprachelexikons, ein Onlinebrailleübersetzungsdienst, Informationen über Downsyndrom oder der Kontakt zu Behindertenselbsthilfegruppen via Internet ist, der Datenhighway eröffnet uns neue Sichtweisen.

Derzeit arbeiten wir an neuen Fragen gemeinsam mit vielen Menschen aus dem Netz, denen dies ebenfalls ein Anliegen ist. Wir konnten dazu in kurzer Zeit Kontakte zu Schulen, Forschungseinrichtungen und Universitäten knüpfen und nehmen gerne alle auf, die sich dabei einbringen wollen.

- Gibt es Möglichkeiten des Online Learnings?
- Gibt es Möglichkeiten der Telearbeit, da Erwerbsarbeit gerade für (körper)behinderte Menschen immer schwerer aufzutreiben ist?
- Welche Kommunikationsformen helfen uns weiter, ist doch gerade Kommunikation oft ein Hauptproblem im Umgang mit behinderten Menschen?
- Gewinnen wir Zeit für die so wichtige menschliche Zuwendung, wenn uns „banale" Arbeit von den modernen Technologien abgenommen wird?
- Wie entwickeln wir uns persönlich weiter, wenn banale Dinge die Maschine erledigt und wir mehr Zeit für besseres haben?
- Wie schaut die Weiterentwicklung vom Internet zum Intranet aus? Welche Konsequenzen ergeben sich für die Behindertenpädagogik in vielerlei Hinsicht (Finanzierung, Zugangsbeschränkungen, neue Kommunikationsformen etc.)?

Es wäre aber unehrlich, nicht auch Probleme kurz anzuschneiden. Unsere Arbeit ist zwar immer vom Gedanken geleitet: „Wie bringen wir etwas in Schwung ?"– aber natürlich sehen wir auch Problemfelder.

- Offenkundig ist das bereits angesprochene Finanzproblem, da die öffentlichen Kassen immer weniger in der Lage sind, alles zu finanzieren. Man wird hier neue Wege etwa des Privatsponsorings beschreiten müssen.
- Die Ausbildung der LehrerInnen muß gleichfalls zentraler Bestandteil der neuen Medien sein. Vielfach haben wir es mit Kindern zu tun, die schon viel einbringen können. „Schnellsiedekurse“ bergen aber immer die Gefahr der Frustration „mit Wegwerfeffekt“ in sich.
- Immer wieder müssen wir uns auch der Legitimierungsfrage stellen. Der Konnex zwischen Behinderung und einem angeblich intelligenten Gerät wird nicht hergestellt. Wir müssen wohl noch intensive Informationsarbeit leisten, um die Hemmschwellen zu überwinden, um das Verständnis – an dem sehr viel hängt – bei Lehrern, Eltern und in der Öffentlichkeit zu bekommen.

Konkrete Projekte

Konkret ist die Schaffung eines (unter Umständen österreichweit vernetzten) Projektes geplant, das die Behindertenhilfsmittel sichtet, bewertet, Beratung übernimmt, informiert etc.
In Oberösterreich besteht der Plan, die Sonderpädagogischen Zentren unter Einbindung diverser interessierter Organisationen (z.B.: Ars Electronica Center) zu vernetzen. Jedes Zentrum soll sich in seiner Eigenständigkeit einbringen können, Spezialangebote publizieren, das Netz als kostengünstiges Kommunikationsinstrument nützen. Sehr wesentlich erscheint uns die Abklärung der Inhalte, es gibt (leider) schon genug Datenmüll im Netz. Diese Frage ist auch weit wesentlicher als die technischen Fragen. Nur wirklich gut aufbereitete und qualitativ hochwertige und hilfreiche Inhalte werden dieses Medium weiterbringen. Nichtssagende und millionenfach wiederholte „Nullinformationen“ werden sich hoffentlich durch eine eigendynamische Bereinigung überflüssig machen.
Weiterführende Informationen geben wir gerne, genauso wie wir auch für jede ambitionierte Zusammenarbeit dankbar sind. Wir freuen uns über jeden Erfolg, wenn wir mit Hilfe intelligenter EDV Lösungen einem behinderten Kind den Alltag, seinen Lernweg erleichtern können.

Kontakt

Mag. Erich Pammer
E-Mail: <spzfreistadt@telecom.at>
Sonderpädagogisches Zentrum – Bezirk Freistadt
A-4273 Unterweissenbach 91
Tel.+Fax: 07956 - 7956
Homepage: <http://www.asn-linz.ac.at/schule/spzfreistadt/>

Computerunterstützter Unterricht - Schulversuch Televolksschule in Graz-Gösting

von Heinrich Legat

Der Schulversuch „Computerunterstützter Unterricht - Televolksschule" begann 1985/86 an der Volksschule Oberhaag und seit dem Schuljahr 1989/90 an der Volksschule Graz - Gösting. Aus der im Jahre 1985 mit vielen theoretischen Überlegungen und viel Skepsis entwickelten, aber auch belächelten „Utopie" ist heute Realität geworden.
Seit Beginn des Schulversuches haben wir sowohl bei den Kindern, als auch bei den Eltern nur positive Erfahrungen beobachtet. Dasselbe gilt für anfangs kritisch eingestellte Lehrer und Lehrerinnen an unserer Schule, die die positiven Auswirkungen auf ihren Unterricht inzwischen nicht mehr missen möchten. Der Einsatz der neuen Informations- und Kommunikationstechnologien weist somit eine optimale Akzeptanz auf und der computerunterstützte Unterricht hat im Rahmen des Schulgeschehens den höchsten Stellenwert in der Rangordnung der Schüler und Schülerinnen.

Ziele des Schulversuchs

Der Schulversuch verfolgt seit Beginn an zwei Ziele:

1. Computerunterstützter Unterricht (einschließlich informationstechnischer Grundbildung): Es soll erkundet werden, ob Programme, die den Grobkriterien „lehrplangerecht" und „methodengerecht" entsprechen, tatsächlich den Unterricht unterstützen können.
2. Die Telematik sollte auf den Ebenen: Schüler - Schüler, Lehrer - Lehrer, Schule - Schulverwaltung von Anfang an einbezogen werden.

Die didaktischen Voraussetzungen in der Volksschule

Der Einführung des Schulversuches kamen vor allem zwei Umstände entgegen:
- In der Volksschule gibt es den fächerübergreifenden Gesamtunterricht. Dadurch mußte kein eigenes Unterrichtsfach geschaffen werden. Dieser Umstand erleichtert das Integrieren der computerunterstützten Arbeit in den Unterricht.
- Im Lehrplan der Volksschule ist zu den fächerübergreifenden Unterrichtsprinzipien angemerkt: „Die Umsetzung der Unterrichtsprinzipien erfordert den Einsatz geeigneter zusätzlicher Unterrichtsmittel. Die Unterrichtsprinzipien sollen zu einer intensiven Durchdringung des im Lehrplan beschriebenen Lehrstoffes beitragen". Diese Passage fordert den Einsatz von Informations- und Kommunikationstechnologien geradezu heraus.

Damit ist der Schulversuch mit den formellen und informellen Strukturen der Schulorganisation (Stundenplan, Lehrplan) voll kompatibel.

Das didaktische Praxis des Schulversuchs

An der Volksschule Graz - Gösting erhalten 125 von 160 Schülern regelmäßig computerunterstützten Unterricht, einige Datenfernübertragungs-Projekte (DFÜ) sind erfolgreich gelaufen, weitere sind in Planung. Es besteht ein reger internationaler Lehrerkontakt und die Schule ist in ein administratives Schulnetz eingebunden.
Darüber hinaus werden Lernprogramme auch erfolgreich in Kleingruppen (Förderunterricht, Sprachheilunterricht und Interkulturelles Lernen) eingesetzt.
Alle Schüler und Schülerinnen ab der zweiten Schulstufe (das sind derzeit sechs Klassen) haben eine Unterrichtsstunde pro Woche „EDV-Unterricht". Organisatorisch ist das so gelöst, daß der Projektleiter als Begleitlehrer des/der Klassenlehrers/in fungiert; damit wird auch die schulinterne Lehrerausbildung forciert. Da es für unsere Art, Programme in den Unterricht zu integrieren, noch keine Lehreraus- oder -fortbildung gibt, ist das der beste Weg zur schulinternen Multiplikation.
Die Materialien für die Programme (Texte, Übungen) werden von der Klassenlehrerin zur Verfügung gestellt. Dadurch ist gesichert, daß der Unterricht im Computerraum mit dem Unterricht in der Klasse konform geht.

Softwarebibliothek für den computerunterstützten Unterricht

Der Schulversuch verfügt über eine Softwarebibliothek, mit der vor allem die Lehrplangebiete Deutsch und Mathematik, aber auch Sachunterricht und mit Einschränkungen Bildnerische Erziehung und Musikerziehung abgedeckt werden können. Beim Einsatz der Programme ist nicht daran gedacht, daß Computer die Lehrer ersetzen sollen, vielmehr soll der Lehrer Moderator für ein neues Medium sein, das sich gleichberechtigt den „traditionellen" Medien zugesellt. Der Umstand, daß immer mehr neue Software auf der Basis CD-ROM angeboten wird, erfordert eine intensive Auseinandersetzung mit dem neuen Markt. In der Expertengruppe „PC in der Grundschule" des BMUK wird derzeit ein Kriterienkatalog erarbeitet, der auch für Neueinsteiger eine Hilfe und ein Wegweiser sein wird.Für verschiedene Sachgebiete und Unterrichtsstufen steht eine Vielzahl von Lernprogrammen zur Verfügung.

Name des Lernprogrammes	Gegenstand / Sachgebiet / Klasse
Mac Knolle	BE + ITG / Feinmotorik, Gestalten / 2.
KidPix	BE / Zeichenprogramm / 3.
Mac Paint	BE / Zeichenprogramm / 4.
Lückentext	Deutsch / Lesen+Rechtschr./ 2.-4-
Textbaumeister	Deutsch / Lesen+Rechtschr./ 2.-4.
Hyperschule Deutsch I	Deutsch / Rechtschreiben /2.-4., Förderunterr.
Hyperschule Deutsch II	Deutsch / Rechtschreiben /2.-4., Förderunterr.
Hyper Memory	Förderunterricht
Hyperschule Math. Addition	M / Kopfrechnen / 2.-4.

Hypersch. Math. Subtraktion	M / Kopfrechnen / 2.-4.
Hypersch. Math. Multiplikation	M / Kopfrechnen / 2.-4.
Hypersch. Math. Division	M / Kopfrechnen / 2.-4.
Add!	M / Kopfrechnen / 2.-4.
Math Mud	M / Malreihen 3.-4.
Math Mountain	M / Kopfrechnen 2.-4.
MacSon	Sonderschul-Programmpaket, IKL, Förderunter.

CD-ROMs: Cinderella, Peter Rabbitt, Menschl. Körper, Sammy´s Science Room

Telematik für Schüler, Lehrer und Administration

Schüler: Bereits in den Jahren 1989 bis 1993 war die Volksschule Graz - Gösting in das internationales Schulnetzwerk Apple Global Education (AGE) eingebunden. Seit damals wird versucht, die Datenfernübertragung in den Unterricht zu integrieren. In diese Zeit fallen Projekte wie etwa Klimavergleiche mit Finnland und Kalifornien, Austausch von Textaufgaben für Sachrechnen mit Norwegen, Austausch von Märchen, Sagen und Liedertexten. Nach der Beendigung der Arbeit in AGE wurden und werden verschiedene Netzwerke ausprobiert. Seit kurzem ist als Folge von verschiedenen Kontakten in verschiedenen Netzen eine „internationale Schreibwerkstatt" in Planung, die im Herbst 1997 anlaufen wird.

Lehrer: Durch die Teilnahme an verschiedenen Newsgroups erhalten die LehrerInnen neue Informationen, können aber auch Kontakte zu anderen Volksschulen knüpfen.

Schulverwaltung: Ein Administrationsprogramm erleichtert die Administration der Schule, und die Teilnahme am Steirischen Schulnetz schafft Kontakte und Informationen (SchUG, SchOG, Erlässe des Landesschulrates stehen mit Volltextsuche offline zur Verfügung). Derzeit wird dieses Schulnetz in Richtung Beschleunigung der Informationsstrukturen und der Dienstpost ausgebaut.

Computerraum versus Computer in Klassenraum

In Österreich ist etwas wie ein Richtungsstreit entbrannt, ob in der Grundschule Computer in den Klassen stehen sollen oder ein Computerraum eingerichtet werden soll. Wir haben uns für die Variante „Computerraum" entschieden, weil

- dort die notwendige Peripherie vernetzt vorhanden ist und genützt werden kann,
- damit ein kontrollierter Zugang zu den Computern gegeben ist,
- die doch teuren Computer vor unbefugtem „Herumspielen" geschützt sind,
- für Formen des Kleingruppenunterrichts auch Computer im entsprechenden Raum vorhanden sind und
- die Kinder nicht allein an den Computern arbeiten sollten, damit man ihnen jederzeit Hilfestellung leisten kann.

Die Hardware und deren Finanzierung

In der Volksschule Graz - Gösting wurde ein Computerraum eingerichtet, in dem zur Zeit 12 PC der Marke Apple Macintosh (vom Plus bis zum LCII) stehen. Die Computer sind über AppleTalk mit einem Drucker vernetzt. Modem und zwei CD-ROM-Laufwerke sind vorhanden. Ein weiterer Computer steht im Kleingruppenraum, einer steht den LehrerInnen im Konferenzzimmer zur Verfügung. In der Kanzlei steht als Administrationscomputer ein Apple Performa 630 DOS (mit Pentium-Karte) für Administration und Datenfernübertragung (Steirisches Schulnetz, Black•Board, magnet und NETWAY). Die notwendigen Anschaffungen in der Volksschule Graz - Gösting wurden durch ein vom Projektleiter koordiniertes Sponsoring ermöglicht: Eine Erstausstattung von fünf Computern, einem Modem und einem Drucker wurde von Apple Österreich und von einigen österreichischen Apple-Händlern zur Verfügung gestellt. Die Elektroinstallation wurde vom örtlichen EVU durchgeführt, Kabelleisten, Schalter, Sicherungskasten und Steckdosen stellte der mit dem Projektleiter befreundete Betriebsleiter einer Herstellerfirma zur Verfügung. Die erforderlichen Tische wurden von der Werkstatt des Stadtschulamtes Graz hergestellt, und die 25 Drehsessel stellte ein Geldinstitut zur Verfügung.
Auf diesen Grundstock wurde im Lauf der Jahre bis zur heutigen Ausstattung aufgebaut, wobei Dotationen der Stadt Graz als Schulerhalter ebenso beitrugen wie Geldmittel vom Elternverein oder von bereits genannten Institutionen.

Überblick: Computereinsatz in der Volksschule

Der Schulversuch an der Volksschule Graz - Gösting wendet Computer für verschiedene Einsatzreiche an. Das Hauptaugenmerk liegt auf dem Unterricht, weitere Bereiche erleichtern sowohl das Unterrichts-, als auch das Verwaltungsgeschehen und werden deshalb zunehmend intensiv genützt.

Computer erweisen sich auch in der Grundschule in vielen Anwendungsbereichen als sinnvoll:
- als Unterrichtsmedien,
- als Gegenstand des Unterrichts (ITG),
- zur Herstellung von Unterrichtsmitteln und
- als Hilfsmittel in der Schulverwaltung.

Datenfernübertragung, E-Mail, Internet unterstützen die Arbeit bei:
- nationalen und internationalen Projekten,
- Kommunikation und Diskussion unter Lehrern,
- Informationsbeschaffung und
- Beschleunigung und Vereinfachung der Schuladministration.

Während der computerunterstützte Unterricht bei uns schon institutionalisiert ist, wird versucht, dem Bereich E-Mail - Internet erhöhte Aufmerksamkeit zu widmen.

Heinrich Legat

Schulprojekt „Internationale Schreibwerkstatt"

Derzeit ist ein Projekt mit dem Arbeitstitel „Internationale Schreibwerkstatt" in Vorbereitung, das im Herbst 1997 starten wird. Die Volksschule Graz - Gösting, eine Volksschule in Wien und eine Volksschule in Berlin werden sich daran beteiligen. Die Projektleitung liegt bei mir, die pädagogische Supervision übernimmt Frau Prof. Barbara Kochan, Professorin für „Theorie und Praxis der Primarstufe" an der PH Berlin. Frau Prof. Kochan ist wissenschaftliche Leiterin der „Schreibwerkstatt für Kinder" an der TU Berlin. Ausgehend von den drei genannten Volksschulen soll das Projekt repräsentativ auf Volksschulen im gesamten deutschen Sprachraum ausgedehnt werden, also auch auf die Schweiz und auf Südtirol.
Ziel des Projektes ist es, den Kindern reale Schreibmotivationen zu bieten. Die Ergebnisse werden zwischen den Partnerschulen ausgetauscht. Für den Anfang sind folgende Subprojekte geplant:

- gemeinsames Verfassen von Phantasieaufsätzen (Gruppe A beginnt, Gruppe B setzt fort und Gruppe C beendet die Geschichte),
- Austausch von regionalen Märchen und Sagen in der Textfassung der Kinder,
- Austausch von Texten (und Notenmaterial) der Lieblingslieder der Kinder,
- Austausch von niedergeschriebenen Ergebnissen aus dem Sachunterricht,
- Berichte über besondere Ereignisse an der Schule und
- Austausch von Textaufgaben für das Sachrechnen.

Mit diesem Projekt hoffen wir, zusätzlich zum computerunterstützten Unterricht ein neues Anwendungsgebiet zu erkunden und zu nützen, das das Lernen unterstützen und intensivieren und dazu beitragen soll, den Unterricht noch anregender und interessanter zu gestalten.

Kontakt

VDir. Heinrich Legat
E-Mail#1: <h.legat@asn.netway.at>
E-Mail#2: <hlegat@stvg.com>
VS Graz - Gösting
Anton Kleinoschegstr. 44
8051 GRAZ
Tel.: 0316 - 675717
Fax: 0316 - 685717

Der Einsatz von Internet und Multimedia in der Pflichtschule

von Viktor Trautwein

Seit einiger Zeit beschäftige ich mich mit dem Einsatz von Internet und Multimedia in der Hauptschule. Sehr bald wurde mir klar, daß sowohl die Kenntnis des Internets als auch die Verwendung von Multimediaprogrammen in der Schule der Zukunft große Bedeutung haben werden. Ich mache mir daher laufend Gedanken, wie ich diese neuen Unterrichtsmittel in meinen Unterricht einbauen könnte. Folgende Fragen habe ich dazu gestellt:

- Welche Möglichkeiten habe ich, Internet und Multimediaprogramme in meinem Unterricht sinnvoll einzusetzen?
- Welche technischen Voraussetzungen sind notwendig, beziehungsweise realisierbar?
- Wie komme ich an unserer Schule zu einer Internetanbindung?

Voraussetzungen für den Unterricht mit neuen Medien

Ich unterrichte in der kath. privaten Hautptschule St. Anna in Steyr Mathematik, Physik- Chemie und Informatik. Unsere Schule hat 10 Hauptschulklassen, 8 Volksschulklassen, ein Internat und ein Halbinternat. Schulerhalter sind die Barmherzigen Schwestern von Vinzenz von Paul.

Im Zuge meiner Lehramtsprüfung für Informatik im Jahr 1995 lernte im Institut für Schule und Neue Technologie (IST) an der Pädagogischen Akademie der Diözese Linz Prof. Knierzinger und sein Team kennen. Ich lernte seine überaus engagierten Aktivitäten im Bereich der Telekommunikation (Projekt Education-Highway) und die „Multimediaaktivitäten" (z.B.: Interaktiv durch Österreich, ...) von Prof. Bachinger schätzen.

Nach längeren Verhandlungen konnten wir dann am Ende des Schuljahres 1994/1995 über das Projekt „Education-Highway" die Internetanbindung in unserer Schule realisieren. Damit hatten wir wenigstens keine Provider zu bezahlen. Bei den Telefonkosten wurden wir vom Elternverein unterstützt. Die Multimediavoraussetzungen konnten wir bis zum Beginn des Schuljahres 1995/1996 schaffen.

Unser technischer Stand sieht zur Zeit so aus: Wir haben 4 PCs (386er) und 4 PCs (486er) in Betrieb. Diese PCs sind untereinander vernetzt (WfW, Peer to Peer) und jeweils mit einer Soundkarte mit 2 Kopfhörern ausgerüstet. Ein Multimedia - PC hat ein 4-fach CD-ROM Laufwerk und ein Rechner ist per Modem ans Internet angeschlossen. Aus Kostengründen wurden gebrauchte Netzwerkkarten in Eigenregie eingebaut. Bei jeder Anschaffung stellt sich die Frage: *„Überhaupt nicht, oder als Kompromißlösung!"*

Didaktische Voraussetzungen. Was will ich in der Schule erreichen?

Die inhaltlichen Ziele des Einsatzes neuer Technologien im Unterricht der Pflichtschule möchte ich wie folgt auflisten:

- Kennenlernen und anwenden der Dienste im Internet,
- E-Mail - Kontakte mit Schulen (auch aus fernen Ländern) pflegen,
- Nutzen der Informationsvielfalt von Internet und Multimediaprogrammen und
- Erstellen von eigenen Webseiten (Präsentation).

Wir haben die Stundentafel an unserer Schule im Rahmen der Schulautonomie so umgestaltet, daß jeder unserer Schüler in der 4. Klasse eine Wochenstunde Informatik als verbindliche Übung besuchen muß. Wer Informatik vertiefend machen will, kann zusätzlich den Freigegenstand Informatik wählen. Dieser wird als Workshop abgehalten. Die Schüler haben daher alle vierzehn Tage einen ganzen Nachmittag (4 Einheiten) Informatik. Dort lernen sie auch Internetseiten zu erstellen, etwas Programmieren, usf. Besser wäre es, wenn die Pflichtstunde Informatik bereits in der 3. Klasse abgehalten würde, das ist aber bei uns zur Zeit aus stundenplantechnischen Gründen nicht möglich.
Nicht nur die Schüler, die den Freigegenstand Informatik gewählt haben, sollten aus der Nutzung von Internet und Multimediaprogrammen Gewinn ziehen können, sondern alle Schüler und Lehrer unserer Schule. Daher ist mir wichtig, daß die Unterrichtsarbeit mit Internet und Multimediaprogrammen fächerübergreifend im Normalunterricht Platz haben soll.

Auf der anderen Seite mußte ich aber zunächst in einem beschränkten Rahmen, vor allem natürlich meine eigenen Fächer betreffend, Erfahrungen sammeln. Es war außerdem dringend nötig, wenigstens einige Kolleginnen und Kollegen aus unserer Schule für die Arbeit mit neuen Medien zu gewinnen. Dazu bot sich zunächst der Englischunterricht an, da ja die Sprache im Internet vorwiegend englisch ist. Als „Zugpferd" erwies sich die Aussicht auf E-Mail Kontakte mit englischsprachigen Ländern. Zusätzlich konnte ich noch Kolleginnen und Kollegen aus dem Bereich Geschichte und Geographie dazugewinnen. Auch im Rahmen des Deutschunterrichtes ergaben sich Möglichkeiten der Nutzung. Natürlich nütze ich in meinen eigenen Unterrichtsfächern (Physik, Chemie und Informatik) die neuen Technologien sehr intensiv.

Die Einführung meiner Kolleginnen und Kollegen in die Nutzung von Internet und Multimediaprogrammen wurde durch ein halbtägiges Einführungsseminar, das Prof. Knierzinger (IST) an unserer Schule Ende Juni 1995 hielt, gewährleistet. Außerdem habe ich im Rahmen der „Kollegialen Lehrerfortbildung" Seminare über Internet und Multimedia für die Kolleginnen und Kollegen meiner Schule abgehalten. Ich habe die Erfahrung gemacht, daß es unbedingt nötig ist, selbst die Initiative zu solchen Veranstaltungen zu ergreifen. Meiner Erfahrung nach werden Fortbildungsmöglichkeiten - wenn solche vorhanden sind - von vielen Lehrerinnen und Lehrern aufgegriffen.

Solche Seminare wirken dann wie ein Motor, der das Lehrerengagement im Bereich Internet und Multimedia „ankurbelt". Es braucht aber bei aller Faszination der Beteiligten ständig jemanden, der treibende Kraft bleibt.

Die Unterrichtsarbeit mit Internet

Die Unterrichtsarbeit mit Internet läßt sich nach drei Funktionen aufgliedern: *Kommunikation, Information und Präsentation.*

Die Kommunikation: E-Mails in alle Welt
Zunächst haben wir versucht, Mailkontakte mit Schülern aus der 1. Klasse Hauptschule aufzubauen. Der Englischunterricht hat sich dazu direkt angeboten. Außerdem wollen wir dadurch erreichen, daß Beziehungen über mehrere Jahre hindurch bestehen können. Das „Mailen" wird dann von meiner Informatikgruppe, einer 4. Klasse, durchgeführt. Die Informatikgruppe übernimmt sozusagen eine „Auftragsarbeit" von der 1. Klasse. Wir haben E-Mail-Kontakte nach Alaska, Kanada. Inhalt dieser Kommunikation war zu Beginn oft, Vokabeln übersetzen zu lassen. Später waren es Tagesereignisse und aktuelle Anlässe aus dem Schulalltag, bzw. dem Jahresablauf. Außerdem gibt es immer wieder „Auftragsmails" verschiedenster Art, wenn es um bestimmte Fragen aus dem aktuellen Unterrichtsgeschehen heraus geht. Wir Lehrer haben natürlich als Ansprechpartner die Lehrer jener Schulen, zu denen wir „E-Mail-Kontakte" haben.

Am Anfang haben sich auch Schwierigkeiten ergeben: Zuerst habe ich mich von der Begeisterung unserer Schüler zum „Mailen" blenden lassen. Jeder wollte elektronische Post versenden und ich hatte alle Hände voll zu tun, die „Mails" zu verwalten. Dann flaute dieser Boom plötzlich ab und ich hatte Mühe, Antwortmails zu organisieren. Dasselbe Problem hatten allerdings auch die Lehrer und Schüler in den „Partnerschulen"! Es ist sicher besser, das „Mailen" einzuschränken und selbständige „Mailgruppen" zu gründen, denen jeweils ein Lehrer vorsteht. Dieser - und niemand sonst - ist dann für das „Mailen" zuständig. Allerdings kann er „Auftragsarbeiten" zur Informatikgruppe weiterleiten. Es ist sinnvoller, weniger „elektronische" Kontakte zu haben, diese aber regelmäßig zu pflegen.

Nicht schwierig ist es dagegen, mit Hilfe von E-Mails Fragen an Institutionen zu richten (z.B.: Zeitungen,...). Man bekommt meistens und vor allem schnell Antworten. Es kommen auch Mails ehemaliger Schüler unseres Hauses zu uns, die unsere Seiten im Internet vorfinden. Insgesamt hat sich die Kommunikation mit E-Mail zu einem wesentlichen Bestandteil unserer Internetarbeit hin entwickelt.

Information: Vom Surfen zur Recherche
Internet ist jener Ort, an dem man fast alles finden kann, „was das Herz begehrt". Allerdings ist das gezielte Suchen nicht einfach - es muß gelehrt und gelernt werden. Den meisten Menschen unserer Zeit ist nur das „Surfen" ein Begriff. Für mich ist „Surfen im Internet" nicht sinnvoll. Da die Telefonkosten unser Telefonbudget bei weitem übersteigen würden, gibt es im normalen Unterricht auch kein „Surfen".

Um das Browserprogramm kennenzulernen, nutzen wir zunächst eine CD-ROM, auf der viele Internetseiten gespeichert sind. Anschließend besuchte ich mit meiner Informatikgruppe das nahegelegene „Museum Arbeitswelt" in Steyr. Dort gibt es ein Computernetzwerk mit Internetanschluß. Da können die Schüler nach Herzenslust „Surfen", um die riesige „Dimension Internet" kennenzulernen.
Unser Motto lautet aber: *„Weg vom Surfen - hin zum Recherchieren!"* Es geht darum, gezielt Informationen zu finden, sie dann zu speichern, bzw. über die Zwischenablage in eine Textverarbeitung zu kopieren, eventuell auszudrucken und zur weiteren Bearbeitung mitzunehmen. Die Inhalte können dann in Form von Kurzreferaten allen Schülern übermittelt werden. Dabei lernen unsere Schüler die Arbeit mit Suchmaschinen. Außerdem übernehmen wir immer wieder „Suchaufträge" für andere Gegenstände. Die Ergebnisse werden dann wieder in die Textverarbeitung konvertiert und in gedruckter Form dem „Auftraggeber" übermittelt.

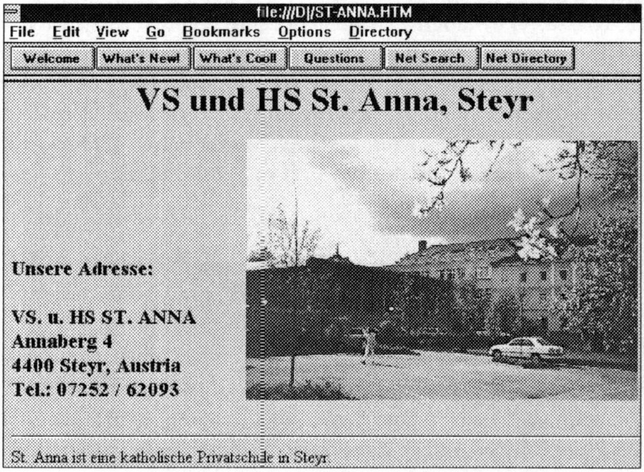

ABBILDUNG: HOMEPAGE DER VS UND HS ST. ANNA, STEYR

Dabei ist es sehr wichtig, rasch zu erkennen, welche Einträge tatsächlich Bedeutung haben, um sie zu speichern. Anschließend - wenn wir wieder vom Netz „abgehängt" sind - werden die Inhalte gesichtet und bearbeitet.

Da wir zur Zeit nur einen PC am Internet angeschlossen haben, können immer nur wenige Schüler gleichzeitig im Netz recherchieren. Einmal pro Woche kommen mehrere Schüler vor dem Unterricht zu mir und erhalten Arbeitsaufträge zu aktuellen Themen, die sie in eine Textverarbeitung konvertieren und anschließend ausdrucken. Diese Themen werden dann den anderen Schülern in kurzer Form präsentiert. Dabei bieten sich „Kleinprojekte" (z.B.: „Alternativenergie", „Neue Technologien" im Physikunterricht, „EU" im Geschichteunterricht,...) an. Ich werde anschließend einige ganz konkrete Unterrichtsbeispiele beschreiben.

Präsentation: Die Schule im Netz
Unsere Schüler sollen die Ergebnisse ihrer Recherchen im Internet, Arbeiten mit Multimediaprogrammen, aus Gruppenarbeiten bzw. auch Selbstdarstellungen in einer angemessenen Form präsentieren können. Dazu lernen wir in Informatik unter anderem auch das Erstellen von Webseiten im Internet. Unsere Webseiten sind unter folgender Adresse im Internet zu finden:< **http://www.asn-linz.ac.at/schule/hs_st.anna/**>
Die Voraussetzungen dafür, nämlich Kenntnisse in der Textverarbeitung, Grund-

kenntnisse in der Bildbearbeitung und das Scannen von Bildern, haben wir bis ca. Weihnachten erreicht. Wir erstellen diese Seiten mit einem einfachen HTML-Editor (HTML-Edit), speichern sie auf unserem lokalen Netzwerk ab und testen sie einige Zeit auf Funktionsfähigkeit. Dann werden sie mit File Transfer Protocol (FTP) auf unseren Server nach Linz geschickt. Wir präsentieren dabei unsere Schule, Klassenfotos der Schulabgänger und ein aktuelles Lehrerfoto, die Aktivitäten des laufenden Jahres und die Ergebnisse von Kleinprojekten.

Die Unterrichtsarbeit mit Multimediaprogrammen

Mir geht es dabei um das Kennenlernen und Nutzen von Multimediaprogrammen für den Unterricht. Nicht nur aus Büchern, sondern auch aus Multimedia - Produkten sollen unsere Schüler Informationen „organisieren" können. Die Informationen werden nach Möglichkeit in eine Textverarbeitung konvertiert und als Ausdruck in einen anderen Unterrichtsraum oder Unterrichtsgegenstand mitgenommen. Dort kann dann die gewonnene Information weiterverarbeitet werden, etwa zu Kurzreferaten. Dabei ist mir die Vermittlung folgender Kenntnisse wichtig:

- Wissen organisieren können,
- mit großen, schnell verfügbaren Informationsmengen umgehen lernen,
- komplizierte Sachverhalte mit Hilfe der Animation besser zu durchschauen (z.B.: LexiROM: Die Compact Disk, der Motor, der Blutkreislauf, das Auge, ...),
- individuelles Lerntempo ermöglichen.

Wie beim Internet sind auch beim Einsatz von Multimediaprogrammen offene Lernformen von großer Bedeutung. In unserem Fall können diese Programme von jedem PC im Computerraum benützt werden. Das ist eine große Erleichterung für den Unterricht.

Praktische Unterrichtsbeispiele

Physikunterricht: „Alternativenergien"

Ein Nachbarort von St. Anna, Laussa, trat dem Klimabündnis bei. Daher gibt es dort viele Aktivitäten in Richtung Alternativenergien, z. B. wurden Windräder zur Stromerzeugung errichtet. Im Rahmen des Physikunterrichtes beschäftigten wir uns mit diesem Thema. Dazu recherchierten

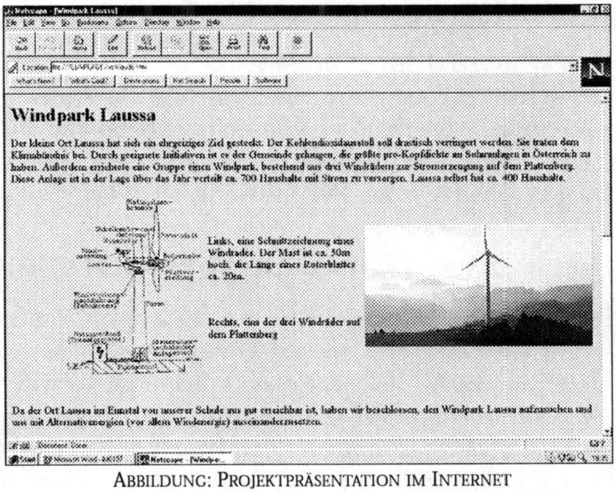

ABBILDUNG: PROJEKTPRÄSENTATION IM INTERNET

wir unter anderem im Internet und fanden verschiedenste Windenergieprojekte, die uns unsere Schüler in Form von Kurzreferaten präsentierten. Zum Abschluß machten wir einen Wandertag zu den Windrädern und hörten einen Vortrag des Gemeindesekretärs. Das Ergebnis dieses Unterrichtes wurde zusammengefaßt und von der Informatikgruppe in Form einer Webseite präsentiert. Dort kann man auch die Links zu unseren recherchierten Seiten nachvollziehen.

Physikunterricht: „Neue Technologien"
Meine Schüler wurden in 6 Gruppen eingeteilt. Jede Gruppe hatte je ein Thema (Binärsystem, Speicher, Geschichte der Informatik, Hardware, Software, Peripheriegeräte) der Informatik zu bearbeiten: Zuerst mußte jede Gruppe Informationen zu ihrem Thema sammeln.

Die Informationsquellen waren folgende:

- der „normale" Physikunterricht,
- ein Unterrichtsfilm,
- das LexiROM (Multimedialexikon),
- der PC-Atlas (Multimediaprogramm),
- verschiedene Physikbücher und
- das Internet.

Anschließend mußte jede Gruppe ihr Ergebnis ordnen. Ein Teilnehmer jeder Gruppe wurde zum Sprecher gewählt. Dieser hatte die Aufgabe, das Gruppenthema zu präsentieren. Die fertigen Ergebnisse wurden dann von der Informatikgruppe im Internet präsentiert.

Geschichteunterricht: „Europäische Union"
Meine Informatikgruppe bekam den Auftrag, zur Geschichte der Europäischen Union zu recherchieren. Wir wurden am Styrian Education Server des Austrian School Network fündig**<http://borg-6.borg-graz.ac.at/>**. Dort fanden wir eine sehr brauchbare Aufarbeitung des Themas EU für unsere Schüler.

Deutschunterricht: „Ein Bericht"
Ein aktuelles Thema aus den „APA-NEWS" wurde vorgegeben. Die Schüler mußten dann diverse Tageszeitungen (österreichische und ausländische) auf dieses Thema hin durchsuchen. Die Aufgabe war, zu vergleichen, was einzelne Tageszeitungen daraus machen bzw. selbst einen Bericht zu diesem Thema zu schreiben.

Erfahrungen und Zukunftsvorstellungen

Für mich ist das Internet und der Einsatz von Multimediaprogrammen zu einem wesentlichen Bestandteil meiner Unterrichtstätigkeit geworden. Ich möchte in meinen Unterricht nicht mehr auf diese Hilfsmittel verzichten. *Offenere Lernformen sind für die Arbeit mit Internet sehr wichtig. Uns Lehrern kommt dabei offensichtlich eine ganz wichtige Rolle als Koordinator und Wissensorganisator zu.* Die Motivation der Schüler ist beim Einsatz von Internet und Multimediaprogrammen sehr hoch. Ich stellte aber fest,

daß Buben dabei interessierter und experimentierfreudiger sind als Mädchen.
Für unsere Schule wäre ein Informationszentrum in einer großzügig ausgelegten Schulbibliothek mit Multimedia - PCs und Internetanschluß wünschenswert. Außerdem ein Schulnetz mit Router und ISDN- Standleitung für den Internetbetrieb, sodaß die Internetkosten kalkulierbar sind. Dadurch könnte Internet in der Schulbibliothek, im Konferenzzimmer und im EDV-Raum ständig zur Verfügung stehen.

Kontakt

Viktor Trautwein
E-Mail: <v.trautwein@mail.padl.ac.at >
HS St. Anna,
Annaberg 4,
4400 Steyr
Tel.: 07252 - 62093
Fax: 07252 - 76567
E-Mail: <s402092@asn-linz.ac.at>
Homepage: <http://www.asn-linz.ac.at/schule/hs_st.anna/>

Hauóli la Hanau - Te Tsi So Sli - Arbeit mit dem Internet in der Hauptschule Hard-Mittelweiherburg

von Willibald Fuchs

Im Frühjahr 1993 waren meine Frau und ich von der Miami-University in Oxford, Ohio in die USA eingeladen, um dort den Einführungsvortrag über das österreichische Schulwesen zu halten. Dabei wurden uns Schulen in der Umgebung gezeigt. Bei der Besichtigung eines EDV - Raumes kam ein Lehrer auf mich zu und fragte, ob unsere Schüler nicht durch E-Mail miteinander kommunizieren könnten. Für mich war das komplett neu. Doch er hatte mir einen „Floh" ins Ohr gesetzt, den ich nicht mehr loswurde.
Im darauffolgenden Frühjahr, während einer endlos scheinenden Zugfahrt von Wien nach Bregenz bekam ich den Spiegel (Nummer 9, 1994) in die Hand. Die Titelgeschichte lautete: „Revolution des Lernens" und beschrieb den Computereinsatz an internationalen Schulen. Damit hatte ich endgültig „Feuer" gefangen.

Erste Schritte zum Internet

Die Schule, an der ich unterrichte, ist die Hauptschule Hard-Mittelweiherburg im äußersten Westen Österreichs, direkt am Bodensee, von Bregenz durch die Bregenzerach getrennt. Die Schule wird momentan von 355 Kindern aus den Gemeinden Hard und Fussach besucht. Ich hatte bis zu diesem Zeitpunkt zwar Lernprogramme und die Schulverwaltung unserer Schule programmiert, doch nun bekam die „Computerei" einen neuen Schwerpunkt. Mit Peter Drechsler, einem Lehrer der zweiten Schule im Ort, der Hauptschule Hard-Markt, fand ich einen Partner für die Realisierung des Projekts.
Da mir unsere, im Gegensatz zu den USA extrem hohenTelefonkosten bekannt waren, machte ich mich auf die Suche nach einem Sponsor. Ich hatte zur Raika Hard enge Kontakte und erhielt einen ansehnlichen jährlichen Betrag für die Abdeckung unserer Telefonkosten. Da wir meistens offline arbeiteten und nur so kurz wie möglich online waren, konnten wir von dem Betrag auch noch einen Farbdrucker kaufen.
Wir starteten mit einem Modem und dem Einstieg ins Fido-Netz. Für unsere Hauptschüler war das Fido-Netz aber nicht sehr gut geeignet, die Aktivitäten bereiteten mehr Frust als Lust.
Dies änderte sich schlagartig, als im Herbst 1995 zwei Provider in Vorarlberg den zeitlich unbeschränkten Internetzugang für eine fixe Gebühr mit Einwählknoten im Ortsbereich anboten. Da wir weiter unsere Telefonrechnung im Auge hatten, war mir bewußt, daß die Zeit des unbegrenzten Surfens noch nicht gekommen war. Also mußte ich einen Weg suchen, das WWW mit den Schülern kostengünstig zu nützen. So stellte ich die Internetarbeit unter die vier Schlagworte *Motivation, Präsentation, Kommunikation und Information.* In der Unterrichtspraxis ist die Trennung allerdings nicht so stark wie es hier erscheint. Ich werde diese Bereiche im folgenden anhand von konkreten Beispielen beschreiben.

Motivation durch zielgerichtete Unterrichtsarbeit

Die Arbeit mit dem Internet bedeutet zielgerichtete Unterrichtsarbeit. Die Schüler arbeiten auf ein Ziel hin und sind dadurch motivierter. Unser Zugang besteht darin, die Arbeit mit Internet immer mit konkreten Projekten in einzelnen Unterrichtsfächern zu verbinden. So erarbeiteten wir in Geschichte die Ortsgeschichte, die Entwicklung der Einwohnerzahlen usw. In Deutsch und Mathematik erarbeiteten wir Umfragen zu verschiedenen Themen (Rauchen, Fernsehen, Fernsehgewohnheiten), führten sie durch und werteten sie aus. Zuletzt präsentierten wir die Ergebnisse im Internet. In Bildnerischer Erziehung wurde das Layout der Homepage gestaltet und Graphiken und Animationen dafür hergestellt.
Im Informatikunterricht schließlich lernen die Schüler Textverarbeitung, Tabellenkalkulation, Arbeit mit Datenbanken, die Programmierung von Webseiten (HTML) und Graphik / Animation, mit dem Ziel, diese Kenntnisse bei der Internetarbeit anzuwenden.

Präsentation der Schule im Internet

Der zweite wichtige Punkt ist die Präsentation unserer Schule auf unserer Homepage: **<http://www.vol.at/HS_Mittelweiherburg>** Hier zeigen wir die Schulchronik, die Lehrer und die Schülerzahlen, die Heimatorte. Präsentiert werden aber auch die Ergebnisse von Projekten, wie unsere Steinzeithöhle, ein Heimatgedicht (in Wort und Ton) und eine Dialektsammlung. Die Cyber-Galeria zeigt besonders gelungene Schülerarbeiten, die die Schüler auf deutsch, aber auch auf englisch erklären.

DER PHILOSOPH, (© ANNA HÄMMERLE)

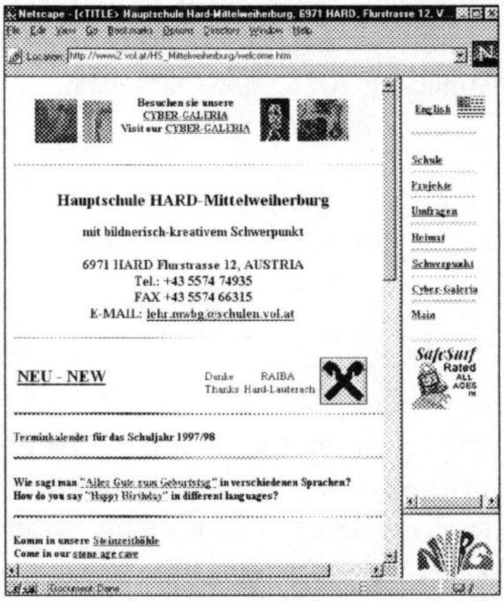

ABBILDUNG: DIE HOMEPAGE

Kommunikationsprojekte

Besonders wichtig sind mir die neuen Kommunikationmöglichkeiten, die das Internet bietet. Wir pflegen weltweite Kontakte. Der Nachteil dabei ist, daß die dominierende Kommunikationssprache Englisch ein große Hürde für unsere Schüler darstellt. Um diese Hürde zu umgehen, wähle ich einfache, nicht sprachzentrierte Projekte aus. Als Quelle für Kontakte und Projekte dient das IECC (Intercultural eMail Classroom Connection) **<http://www.stolaf.edu/network/iecc/>.**

Erfolgreiche Projekte

Im Zusammenhang mit dieser Institution verwirklichten wir mit unseren Schülerinnen und Schülern viele kleinere und größere Projekte.

Save the Beaches ist ein Umweltschutzprojekt, in das wir unsere „Seeputzete“ (Dorfbildreinigung) eingebracht haben. Daran nahmen Schulen aus den USA, Brasilien, den Philippinen und Australien teil.

ABBILDUNG: PROJEKT SAVE THE BEACHES

Geogame 97: Bei diesem Projekt übermitteln Schulen geographische Details ihres Ortes an eine Zentralstelle. Diese trennt die Namen von den Informationen. Die Teilnehmer versuchen dann, Ortsnamen und Informationen wieder richtig zuzuordnen.

How do you say I love you war ein von Amerika ausgehendes Übersetzungsprojekt, bei dem wir mit den ausländischen Schülern unserer Schule selbst viele Übersetzungen beisteuern konnten.

Birthday Translations ist ein Projekt unserer Schule. Mit 34 verschiedenen Sprachen verfehlten wir zwar unser „Traumziel“ von 50 Übersetzungen, bekamen aber aus aller Welt Angebote zur Zusammenarbeit.

Hyvää Syntymäpäivää
Hauóli La Hanau
Te Tsi So Sli
Otanjobi Omedetou
(ALLE DIESE SÄTZE HABEN EINE
BEDEUTUNG: HAPPY BIRTHDAY)

Das ist ein kleiner Teil des Ergebnisses unseres jüngsten Internetprojektes. Als Dank für die große Unterstützung unseres Direktor Hugo Rogginer bei der Verwirklichung des Internet-Anschlusses für unsere Schule organisierten wir an seinem 50. Geburtstag eine Geburtstagsüberraschung aus dem WorldWideWeb. Mit Hilfe des IECC (Intercultural E-Mail Classroom Connection) **<http://www.stolaf.edu/network/iecc/>** baten wir Schulen in aller Welt um Unterstützung.

Beinahe 100 Geburtstagsgrüsse erreichten ihn bis zu seinem Geburtstag. Diese kamen aus Australien, Brasilien, China, Kanada, Japan, Hawaii. Ausserdem erhielten wir die Übersetzung von Happy Birthday in mehr als 30 verschiedenen Sprachen.

Probleme

Nicht alle dieser Projekte waren erfolgreich. Auch dazu möchte ich einige Beispiele nennen:

*Middle School Orufstät*ige, ebenfalls mit den Richtungen Elektrotechnik und Nachrichtentechnik. Ich selbst bin fast ausschließlich an der Abendschuhe. (1996 nur Englisch, ab 1997 auch Deutsch). Dieses Projekt erforderte eine besonders enge, fächerübergreifende Zusammenarbeit.

Redwood Wendy hatte die Reise einer „realen" Puppe rund um die Welt zum Inhalt. Dabei erlebten wir die Unterschiede zwischen E-Mail und Snail-mail. Die Puppe war wochenlang von den Staaten nach Italien unterwegs. Zuletzt scheiterte sie am italienischen Zoll.
UGBO war ein Versuch unserer Schule, die Bedeutung von vier scheinbar sinnlosen Buchstaben zu ergründen. Es gelang uns jedoch nicht, andere Schulen für dieses Projekt zu interessieren.

Das Internet als Informationsquelle

Die Information, das vierte Standbein unserer Arbeit mit dem Internet, können wir seit kurzem intensiver nutzen. Seit Juli 1997 sind wir durch eine Standleitung mit dem Internet verbunden. Wir nutzten auch bisher das Internet als Informationsquelle, aber aus Kostengründen, wie ein „Gewürz". Einige Beispiele sollen einen Überblick darüber geben, was man mit der Informationsfunktion des Internets erreichen kann, wenn sie gezielt eingesetzt wird:

Vorbereitung unserer Englandwoche
Wir informierten uns über Sehenswürdigkeiten, Verkehrsmittel und Theaterstücke. Auch die Bestellung der Theaterkarten geschah über das Internet. Konkret suchten und fanden wir auch eine Lebensbeschreibung von Andrew Lloyd Webber, die unseren Theaterbesuch vorbereiten sollte.

Vorbereitung des Filmes Evita
Schon vor dem Kinobesuch konnten wir Fotos aus dem Film, Informationen über die Hauptdarstellerin Madonna, die Liedertexte und die Inhalte des Films erhalten.

Vorbereitung der Wienwoche
Wir bestellten Derby-Karten beim FC Austria Wien mit kurzem E-Mail-Schriftverkehr. Interessant für uns waren auch der U-Bahn Plan und Informationen zum Schloss Schönbrunn. Schließlich gestalteten wir mit den Informationen und Bildern aus dem Internet Wandtafeln.

Terminkalender für Eltern
Auch wir wollen informieren: Vor allem die Eltern unserer Schüler. So haben wir bereits einen Terminkalender mit allen Fixterminen des kommenden Schuljahres (Beginn, Enden, Ferien). Dieser Terminkalender wird laufend aktualisiert. (z.B. schulautonome Tage)

Resümee

- Das Internet ist kein Nürnberger Trichter, der alle wichtigen Informationen bereithält und nur aufgesetzt werden muß, aber es ist eine interessante Bereicherung zu traditionellen Unterrichtsmaterialien. Internet besteht auch nicht nur aus „sauteurem" Surfen.
- Durch die Sparpolitik des Bundes mangelt es an verfügbarer Zeit für die Beschäftigung mit dem Internet. Wir haben zwar ausgezeichnete, von der Gemeinde fi-

nanzierte, Hardware, es fehlt aber an „Manware“, sprich Lehrerstunden.

- Viele Kollegen haben Zugangsschwierigkeiten, aber sie werden das Netz bestimmt mehr nutzen, wenn Sie in Freistunden surfen können, um das Medium kennenzulernen.
- Wichtig für uns Lehrer ist der nun leichter mögliche Kontakt mit den vielen begeisterten Kollegen der Welt.
- Die Schüler haben das Internet begeistert angenommen, wenn auch das dominierende Englisch für viele eine riesige Hürde darstellt.
- Für Schulprojekte in Österreich, im deutschsprachigen Raum, in Europa wäre die Einrichtung von Robotern (analog zum IECC) wünschenswert, um interessante Projekte ohne Wertung (gerade dieses kleine Wort erscheint mir besonders wichtig, da Wertung und Bevormundung keine fixe Grenze haben) durch den Verteiler veröffentlichen zu können. Damit könnte die Zusammenarbeit und die Vernetzung von Schulen verstärkt werden. Für Initiatoren von Projekten wäre es leichter, mehr Teilnehmer zu gewinnen. Und es wäre auch ein Ansporn die Gesetze des Marktes in die Schule zu tragen; durch das freie Angebot wird bei den Projekten schnell der Spreu vom Weizen getrennt.

Kontakt

Willibald Fuchs
E-Mail: <wfuch.mwbg@schulen.vol.at>
HS Hard-Mittelweiherburg
Binsenfeld 17
6971 Hard
Tel.: 05574 - 74935
Fax: 05574 - 66315
Homepage: <http://www.vol.at/HS_Mittelweiherburg>

Neue Medien im Unterricht

Computerunterstützter Mathematik-unterricht - ein Unterrichtsversuch

von Hans Wilding

An der BHAK Grazbachgasse in Graz wird seit vier Jahren der Unterrichtsversuch „computer-unterstützter Mathematikunterricht" geführt. Von Anfang an war den beiden Initiatoren Dr. Reinhard Simonovits und Dr. Hans Wilding klar, dass der Einsatz eines derart mächtigen Werkzeuges wie Mathematica, nicht damit motiviert sein konnte, lediglich den herkömmlichen Taschenrechner zu überbieten. Hier musste und konnte vor allem didaktisch angesetzt werden, zumal es möglich war, Text, Grafik, Ton und Video auf einer Benutzeroberfläche unterzubringen.

Durch die Arbeiten und Studien an amerikanischen Colleges aufmerksam geworden, entschlossen sich die beiden Lehrer, ebenfalls sogenannte interaktive Lerneinheiten bzw. Lernumgebungen mit Mathematica zu verfassen, um mit den Schülern damit zu arbeiten. Die Entwicklung dieser Lerneinheiten kann auf eine vierjährige Erfahrungs- und Testphase aufbauen. Mittlerweile gibt es ein Team von fünf Entwicklern, die aus AHS und BHS, sowie aus dem universitären Bereich kommen.

Die Vorgaben - Wunschdenken?

- Im Mittelpunkt des Mathematikunterrichts sollte das Experiment stehen.
- Mathematik sollte erlebbar gemacht werden. Probleme und Aufgabenstellungen sollten in Teamarbeit (je 2 Schüler pro PC) gelöst werden.
- Der Modellbildung sollte breiterer Raum eingeräumt werden.
- Der Lehrer sollte als Coach in einem differenzierten Unterricht fungieren, als Helfer und als Partner.
- Die „Richterrolle" sollte der PC übernehmen.

Nun, vermutlich werden gegen diese schönen Worte kaum Einwände bestehen. Aber funktioniert so etwas überhaupt, oder ist das reines Wunschdenken?

Von „unterstützt" zu „ integriert"

Gleich vorweg, es funktioniert. Und die Begeisterung der Schüler ist groß. Mittlerweile trifft die Bezeichnung „computerintegrierter" Mathematikunterricht den Unterrichtsversuch viel besser. Denn ca. 2/3 der Unterrichtsstunden finden im Computerraum statt, das restliche Drittel in der Klasse. Die Schularbeiten werden am PC als Teamarbeit geschrieben.

Das didaktische Hauptaugenmerk liegt einerseits am Einsatz von anwendungs- bzw. praxisorientieren Aufgaben aus dem „real life", andererseits an der Schaffung von Möglichkeiten für das Experiment, bzw. das Finden neuer didaktischer Zugänge, die durch den Computereinsatz ermöglicht werden.

Erfahrungen mit dem Computereinsatz

Ing. Mag. Andreas Holzinger beschrieb im Februar 1997 den Unterrichtsversuch im Rahmen seiner Diplomarbeit „Lernen im computerunterstützten Mathematikunterricht" am Institut für Erziehungswissenschaften in Graz. Die wichtigsten Ergebnisse seiner Untersuchung sind hier aufgelistet. Nach der Erfahrung mit dem computerunterstützten Mathematikunterricht befragt, antworteten die SchülerInnen:

- Das Interesse der SchülerInnen am Lösen mathematischer Probleme ist größer als vorher.
- Die Problemlösefähigkeit der SchülerInnen verbessert sich.
- Der Spaß am Bearbeiten von reinen Rechenaufgaben nimmt nicht zu.
- Die SchülerInnen empfinden das Lösen reiner Rechenaufgaben als nicht leichter.
- Die SchülerInnen glauben, dass sich ihre Rechenkenntnisse nicht verbessert haben.
- Die SchülerInnen finden den Schulversuch nachher besser als vorher.
- Die SchülerInnen meinen, dass der Computer den Mathematikunterricht nicht spannender macht.
- Die SchülerInnen finden, dass der Computer die Teamarbeit fördert.
- Die SchülerInnen halten den computerunterstützten Mathematikunterricht für praxisbezogener.

Projekte neben dem Unterricht

Angespornt durch die ermutigenden Feedbacks wagten sich die Initiatoren mit den Schülern neben dem computerintegrierten Unterricht noch in die verschiedensten Projekte. Es entstand eine eigene Homepage **<http://www.mathsnfun.ac.at>**, auf der die folgenden Projekte beschrieben und gezeigt werden.

- Im Jahr 1995/96 das Projekt *„The Magic Tower"*, bei welchem die harmonische Reihe verwendet wird, um einen Turm, der eigentlich längst umfallen müßte, doch noch stehen zu lassen. Dieser Turm wurde nach Computerberechnungen in der Realität nachgebaut. Es war ein fächerübergreifendes Projekt einer dritten Klasse.
- Die Parallelklasse arbeitete im selben Jahr am Projekt *„Empty MT"*. In diesem Soundprojekt wurde mit Mathematica und mit einem modernen Komponisten der Musikhochschule Graz ein Opus für 6 Computer, Klavier, Bass und Alufolien geschaffen und auch öffentlich im Rahmen der „Klangnetze" mit viel Erfolg aufgeführt. Die verschiedensten Sounds entstanden über Winkel- und Exponentialfunktionen am Computer.
- Im abgelaufenen Schuljahr wagte sich die Magic Tower - Klasse an ein physikalisches Projekt mit dem Titel: *„Mission StarTrek – Auf der Suche nach den Doppelsternen"*. Die fulminante öffentliche Präsentation war als Multimedia-Show konzipiert.
- Ebenfalls im abgelaufenen Schuljahr wurde von der Sound-Klasse das Projekt *„Maths-Help – Der elektronische Nachhilfelehrer"* im Rahmen des Projektwettbewerbs „Jugend Innovativ" sehr erfolgreich durchgeführt. Im folgenden lesen sie einen Bericht, der von den SchülerInnen über dieses Projekt verfasst wurde.

MathsHelp - ein Projekt für die Zukunft

ABBILDUNG: DAS PROJEKT MATHSHELP

Tja, wie hatte eigentlich alles angefangen? Eines Tages kam unser Mathematikprofessor Dr. Hans Wilding in unsere Klasse und erzählte uns von der Möglichkeit, an einem Projekt im Rahmen von „Jugend-Innovativ" teilzunehmen. Die Idee gefiel uns, und da wir seit nunmehr fast 3 Jahren eine Versuchsklasse für Mathematik am Computer sind, entschieden wir uns, die Mathematik und den Computer als Basis für unser Projekt zu wählen. Prof. Dr. H. Wilding zeigte uns die Betaversion von „Mathematica 3.0" und die ungeheuren Möglichkeiten dieses Programmes.

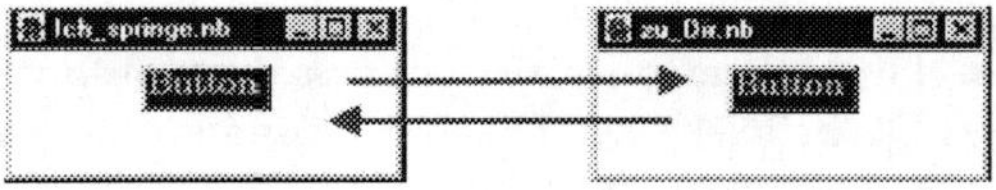

ABBILDUNG: HYPERLINKS IM PROGRAMM

So gelingt es u.a., beliebige Files über sogenannte Hyperlinks miteinander zu vernetzen. Das heisst, auf Knopfdruck werden zusätzliche Informationsmöglichkeiten erschlossen bzw. Exkurse in andere Gebiete unternommen.

Was wir daraus machen wollten, das war unsere Sache. Es entstand die Idee eines elektronischen Nachhilfelehrers, eben MathsHelp. Es sollte ein perfekter Nachhilfelehrer entstehen, der auf die einzelnen Bedürfnisse der Schüler, auf die verschiedenen Lernmethoden und auf die Lernpsychologie eingehen sollte, gefragt war also ein „multimediales Werkzeug".

Wir entschieden uns, unsere Aufgaben auf den Stoffbereich „Funktionen" zu beschränken. Um effizient arbeiten zu können, war es wichtig, daß alle Projektteilnehmer das Gesamtkonzept kannten. Also erstellten wir einen Projektplan, der jede einzelne Ablaufphase beinhaltete.

Stufe 1: Entwicklung von Basislernsequenzen
Stufe 2: Entwicklung der Mathshelp – Oberfläche
Stufe 3: Aufbau mehrerer Beispielsammlungen
Stufe 4: Feinarbeit in den Beispielsammlungen
Stufe 5: Einbau von Ton
Stufe 6: Testen
Stufe 7: Speichern auf eine CD

Basissequenzen

Die Grundlage unseres Projektes bildeten sogenannte interaktive Basissequenzen.

Da wir schon länger mit dem Programm Mathematica 2.2 arbeiteten, hatten wir schon etwas Erfahrung im Umgang mit diesem Programm. Als Basislernsequenzen, auf die wir „MATHSHELP" aufsetzen konnten, verwendeten wir die bereits bestehende Notebook-Serie „Maths & Fun", die von den Autoren Simonovits und Wilding stammt.

Einführung in die Lernpsychologie

So kam unsere 1. Gruppe zum Einsatz! Michaela H., Karin S., Ulrike S. und Christina

H. machten es sich zum Ziel, dem Schüler die Möglichkeit zu geben, seinen eigenen Lerntyp zu erkennen und die richtige Art des Lernens für sich selbst zu finden. Sie bauten einen Streßtest und Tips und Tricks für das Lernen ein. Durch den Streßtest kann festgestellt werden, ob und inwieweit man unter Streß steht, und daraus folgend kann man Arbeitsanleitungen im Notebook „Tips und Tricks zum Lernen" anwenden, um effizienter zu lernen, Konzentrationsschwächen zu beseitigen und somit den eigenen Streßpegel erheblich zu senken.

ABBILDUNG: DAS PRODUKT

Grundlagen für multimediales Lernen

In unserem Programm hat jeder die Möglichkeit, sich zu den einzelnen Aufgaben Beschreibungen bzw. Hilfen anzuhören oder sich diese bildlich näher erklären zu lassen. Es war nicht gerade leicht, die passenden Texte zu schreiben und sie so aufzunehmen, daß sie angenehm und leicht verständlich klingen. Doch auch dieses bewältigte die 2. Gruppe, Marija K., Alexandra H., Markus D. und Klaus K., meisterhaft. Sie verfaßten zu jeder graphischen Lösung einen Text, der die Grafik und damit auch die Lösung erklärt und sie verdeutlicht. Die Grundidee liegt in der Umsetzung des konstruktivistischen Ansatzes, d.h. Arbeiten in einer vorbereiteten Lernumgebung, die in hohem Maße dem Gedanken des ganzheitlichen Denkens entspricht. Die Aufnahme der Texte erfolgte direkt mit dem Computer, in sogenannten „Wave-Files". Durch einen Doppelklick auf die Sound-Symbole sind die Texte leicht abhörbar. Um der Interaktivität gerecht zu werden, können alle Soundfiles ergänzt bzw. verändert werden.

Layout

Unsere 3. Gruppe, Sandra W., Sandra H. und Karin H., gestaltete die Styles vieler Notebooks des Programmes. Bei der Gestaltung dieser Notebooks mußte vor allem darauf geachtet werden, daß sie einheitlich gleich aussehen, sodaß sich jeder Schüler an das Notebook gewöhnt und weiß, wo man was finden kann. So ermöglicht man den Schülern ein schnelleres und leichteres Arbeiten im Notebook. Unsere 4. Gruppe, Sabine M. und Helena O., bekam die erarbeiteten Informationen über die Farbenlehre von der 1. Gruppe und gestaltete im Hinblick auf die Wirkung der einzelne Farben auf den Menschen die Anfangsbilder des Programmes. So ist z.B. die „Abfrage nach Gebieten" orange hinterlegt, da diese Farbe eine anregende Wirkung auf das Gehirn hat.

Mathematische Inhalte

Die 5. Gruppe, Gudrun K. und Brigitte M., schrieb die mathematischen Beispiele in eigene „Notebooks". Doch ihre Aufgaben bestanden nicht nur darin, die Beispiele in den Computer zu tippen, sondern zuerst einmal entsprechende Beispiele auszuwählen. Dabei suchten sie Beispiele für jeden Schwierigkeitsgrad zusammen. Als Bezugsquellen verwendeten sie unsere Mathematikbücher sowie Übungsaufgaben unseres Mathematikprofessors.

Programmhandling

ABBILDUNG: VERSCHIEDENE ZUGÄNGE

Da ein Programm nur so gut ist wie seine praktische Handhabung, nahmen die Überlegungen bezüglich eines einfachen Einstieges bzw. einer übersichtlichen Weiterleitung des Users einen breiten Raum ein. Wir entschieden uns daher, in der Mitte des Projektes verschiedene Zugänge für den jeweiligen Wissensstand des Benutzers zu schaffen. Aus diesem Grunde konzipierten wir einen Zugang für „Erstmalige Benutzer" und ebenso einen schnelleren Weg für geübte Benutzer.

Einbau von Hyperlinks

Eine weitere sehr wichtige Aufgabe übernahm die 6. Gruppe, Martina K. und Jasmin F. Sie bauten, wo immer sie es für notwendig empfunden haben, Buttons ein, um Hinweise und Hilfestellungen anbieten zu können. Diese Buttons wurden dann mit anderen Files, in denen sich jene Hinweise und Hilfestellungen befinden, verlinkt. So kann man durch einfaches Anklicken der Buttons vom Text bzw. der Aufgabe zur Hilfestellung bzw. zur Lösung kommen. Und das Ganze funktioniert auch wieder umgekehrt, denn auch die Hilfestellungen und Lösungen sind mit Buttons verbunden, um in das vorher benützte File zurückzukommen.

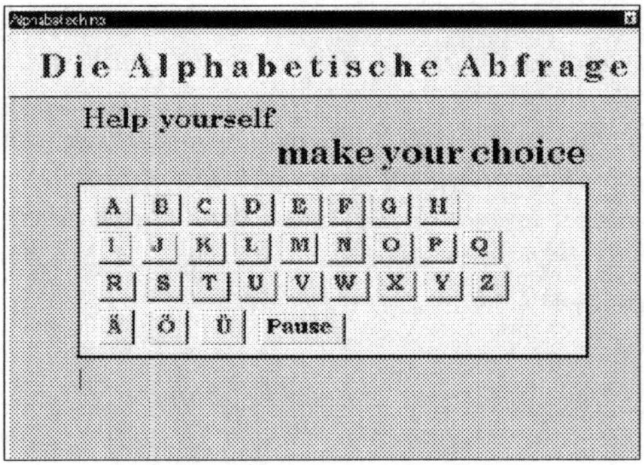

ABBILDUNG: DIE ALPHABETISCHE ABFRAGE

Obwohl wir uns bemüht haben, die Texte und Beispiele möglichst einfach und unkompliziert zu schreiben, trifft man immer wieder auf mathematische Begriffe, die für manche Benutzer Probleme aufwerfen könnten. Um den Benutzern diese mathematischen Begriffe erklären zu können, hat Olga R. diese aus der Alphabetischen Abfrage und den Files herausgesucht und durch bereits bestimmte bestehende Stellen in den Notebooks erklärt. Diese Notebooks wurden dann mit den Begriffen verknüpft. Sollte nun ein schwer verständlicher Begriff erklärt werden, muß man nur den Button drücken, und die Erklärung erscheint sofort am Bildschirm.

Um jedoch feststellen zu können, bei welchen Begriffen Schwierigkeiten auftreten könnten, muß man sich in die Lage des Benutzers versetzen. Man muß sich überlegen, welche Fragen er sich stellen könnte, und welche Begriffe erklärungsbedürftig sein werden.

Herstellen eines Datenträgers

Richard K. und Hannes B. kümmerten sich gemeinsam um die CD-Produktion, wobei Richard die technischen Belange des CD-Brennens sehr gut beherrschte. Er konzentrierte sich außerdem auf die Grafiken der Notebooks, sammelte Ideen für die CD-Cover-Gestaltung und gab diese dann an Hannes B. weiter.

Hannes entwickelte und gestaltete schließlich das Cover. Wir entschieden uns für das Bild mit der Sonde, da diese immer wieder neue Gebiete entdeckt und erforscht. Genauso soll der Benützer unseres Programmes die Möglichkeit haben, die Mathematik auf eine ganz andere Art und Weise kennenzulernen.

ABBILDUNG: DAS TEAM

Unterstützende Arbeiten

Die Aufgabe von Michael St. bestand darin, das File für die ABC-Abfrage zu erstellen, Buttons herzustellen, Styles zu kreieren usw. Danach war es seine Aufgabe, Files zu verfeinern. Bei dieser Arbeit ging ihm Markus D. zur Hand. Weiters war die Verlinkung des Tons die Arbeit von Michael und Markus. Ein großes Danke gilt unserem Hr. Prof. Dr. H. Wilding, der uns jederzeit mit Rat und Tat behilflich war und uns bei der Arbeit an unserem Projekt, oft bis in die Nacht hinein, begleitete. Wenn er nicht seine Zeit mit uns in der Schule verbrachte, so saß er oft nächtelang daheim an seinem Computer und beschäftigte sich mit unseren Fragen und Problemen. Und er fand immer eine Lösung!!! Ohne Ihn hätten wir es nie geschafft!!!!!! DANKE.

Ebenfalls geht ein großes Danke an alle unsere Professoren, die uns, wenn auch manchmal nicht wirklich erfreut darüber, viele Ihrer Schulstunden opferten und uns moralische Unterstützung lieferten.

Soziale Lernprozesse

Als Hauptproblem stellte sich vor allem anfangs heraus, daß die einzelnen Aufgabenbereiche für die verschiedenen Teams sehr schwer zu beschreiben waren, da doch vieles neu versucht werden mußte und daher die Experimentierphase einen breiten Raum einnahm. Dies kostete viel Zeit und war oft auch eher etwas demotivierend, vor allem, wenn keine konkreten Ergebnisse mitgenommen werden konnten.
Dies wirkte sich bei einigen Schülern so stark aus, daß sie sich zeitweise mit dem Gedanken trugen, auszusteigen, ohne dies jedoch auch zu verwirklichen.

Zeitliche Belastung

Ein weiteres Problem war die relative Nähe des Semesterzeugnisses, so daß alle Schüler auch zeitlich sehr stark belastet waren. In Einzelgesprächen zwischen uns Schülern gelang es immer wieder aufs neue, die Motivation zu finden. Die einzelnen Teams setzten sich einerseits nach freundschaftlichen Gesichtspunkten, andererseits nach Interessensgebieten zusammen. In den Teams konnten zur Überraschung der Mitglieder sehr große unerwartete Lernerfolge auf den verschiedensten Gebieten erzielt werden. So wurden z.B. die Kenntnisse in der Computer-Bedienung trotz Vorwissen aus dem EDV-Unterricht stark verbessert. Das Audio-Team hingegen hatte überraschende Lernerfolge im Verstehen mathematischer Zusammenhänge.
Mit Fortdauer des Projektes, vor allem mit Beginn des 2. Semesters, gab es einen Motivationsschub, nachdem einige Oberflächen fertig waren und viele sich nun mehr unter dem ganzen Projekt vorstellen konnten. Der Arbeitsaufwand war enorm.

Begonnen wurde das Projekt am 18. November 1996, da vorher keine Version von „Mathematica 3.0“ zur Verfügung stand. Mindestens 2 mal, später 3 mal und öfter pro Woche verbrachten wir unsere Zeit mit dem Projekt, wobei es keine Sitzung unter 2 Stunden am Nachmittag gab.
Mit dem Näherrücken der Abgabefrist wurden unsere Aktivitäten immer zeitaufwendiger. Höhepunkt war eine „Saturday-Night-Session“ am Computer. Die letzten von uns verließen den Computerraum in der Schule um Mitternacht....

Epilog
Wir glauben, mit diesem Projekt einen zukunftsweisenden Beitrag für einen anschau- und „hörlichen“ Zugang zur Mathematik geleistet zu haben. Unser TGT – Konzept (Ton, Grafik, Text) könnte nicht nur eine Hilfe für den privaten Lerneinsatz sein, sondern wäre sicherlich im Rahmen des schulischen Kontextes ebenso umsetzbar.
Besonders freut es uns natürlich, dass wir bei diesem Wettbewerb von 194 Projekten zum Finale nach Wien unter die besten sechs ausgewählt wurden. Hier gelang es unseren drei Vertreterinnen Helena Ovcar, Sandra Winkler und Martina Kirschbaum, mit einer fulminanten Präsentation den 2.Platz erringen, der mit S 20.000.- dotiert war. MathsHelp wird mittlerweile im Unterricht der BHAK Grazbachgasse eingesetzt.

Kontakt

Dr. Hans Wilding
E-Mail: <h.wilding@online.edvg.co.at>
Handelsakademie Grazbachgasse
Grazbachgasse 71
A-8010 Graz
Tel.: +43 - 316 - 829456 - 0
Fax: +43 - 316 - 829456 - 21
Homepage: <http://www.bhak01-graz.ac.at/>

Der Einsatz des Computers im Mathematik-Unterricht

von Herbert Arzt

Das BG/BRG WELS, Dr. Schauerstraße begann vor einigen Jahren mit dem Einsatz des Computers im Mathematik-Unterricht. In den Klassen des Schulversuchs „Gymnasium unter besonderer Berücksichtigung der Informatik" versucht man, den Schülern ab der 7. Schulstufe die Funktionen und die Software des Computers im Unterrichtsgegenstand Mathematik sobald als möglich näherzubringen.

Vorerst beschränkt sich der Einsatz des Computers auf das Lösen einfacher mathematischer Probleme (z.B.: Erstellen von Diagrammen, Vereinfachen von Termen, Lösen von linearen Gleichungen und Gleichungssystemen). Für solche und ähnliche Aufgaben bieten sich die Programme EXCEL und DERIVE bereits in der Unterstufe durchaus an. Eine benutzerfreundliche Oberfläche bzw. der geringe Speicherbedarf lassen auch bei Schülern mit weniger PC-Erfahrung Freude am Rechnen mit dem Computer aufkommen.

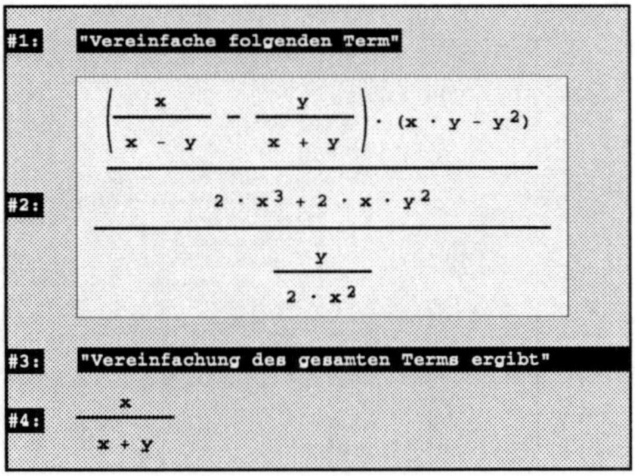

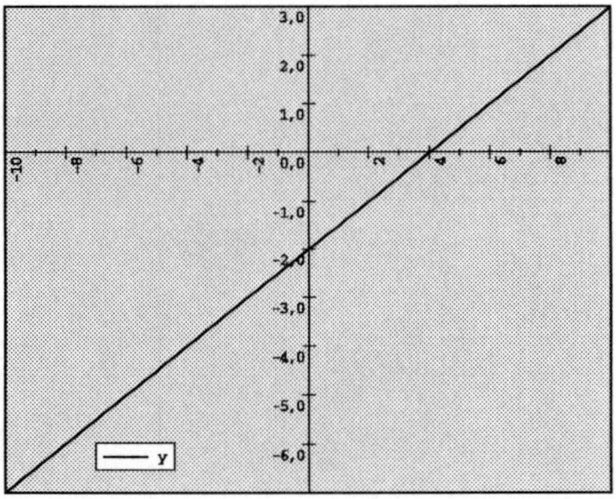

Darüber hinaus nützen die lehrenden Professoren natürlich die Möglichkeit, den Schülern im Bereich der Geometrie Beispiele mittels CABRI, einem dynamischen Grafikprogramm, oder einem CAD-Programm wie AutoSketch, zu illustrieren.
Mit CABRI etwa ist es möglich, mathematische Sätze nachzuweisen wie z.B. den Pythagoräischen Lehrsatz, oder wie in dem angeführten Beispiel die sich verändernde Lage des Umkreismittelpunktes in einem Dreieck bei sich verändernder Form des Dreiecks zu demonstrieren.

Im Zuge des „Notebook-Projekts", einem vom BMUK unterstützten Projekt, in dem die Schüler einer Klasse und jeder an diesem Projekt teilnehmende Lehrer mit einem Notebook samt Tintenstrahldrucker ausgerüstet wurde, sah ich mich mit einer neuen Herausforderung konfrontiert.

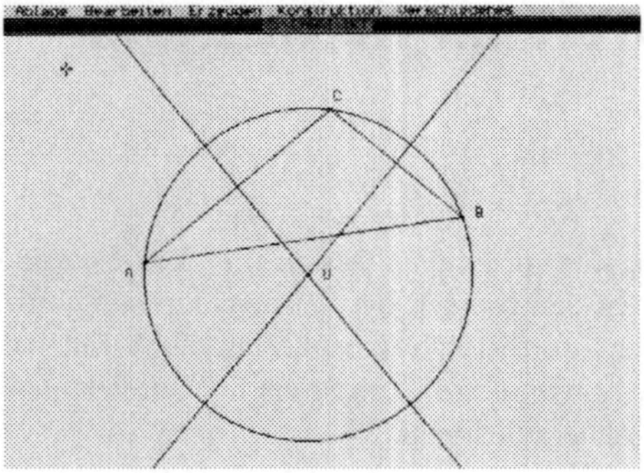

ABBILDUNG: UMKREISMITTELPUNKT IN EINEM DREIECK BEI SICH VERÄNDERNDER FORM DES DREIECKS

Das vernetzte Klassenzimmer

Nun schlugen meine Schüler und ich auch bezüglich unserer Software eine neue Richtung ein. Der Computer sollte nicht nur Taschenrechner sein, sondern auch zugleich eine Art digitales Heft. Um dieses Ziel verwirklichen zu können, installierten meine Schüler und ich MATHCAD auf unsere Notebooks.

Dann begann für mich der Alltag eines „Mathematik-Lehrers der nächsten Generation“. In stundenlanger Kleinarbeit stellte ich Unterlagen zusammen, die ich im Netzwerk freistellte und die sich jeder Schüler via Netzwerkkabel auf seinen Bildschirm zaubern konnte. Gemeinsam war es uns möglich, den Stoff zu besprechen beziehungsweise etwaige Probleme genauer zu erläutern. Ist ein Schüler in dieser Zeit abwesend, kann er ohne Probleme, falls er eine Mail-Box besitzt, die Informationen via Modem zu sich nach Hause transferieren.

Umgekehrt wurde es für mich bequemer, Hausübungen zu kontrollieren. Ein von mir ausgewählter Schüler gibt seine Hausübung per Knopfdruck in seinem Verzeichnis frei, sodaß seine Mitschüler mit mir gemeinsam diese Übung korrigieren können. Da wir schließlich auch einen klasseneigenen Drucker besitzen, wird jedes Skriptum auf Wunsch ausgedruckt.

Die Ellipse

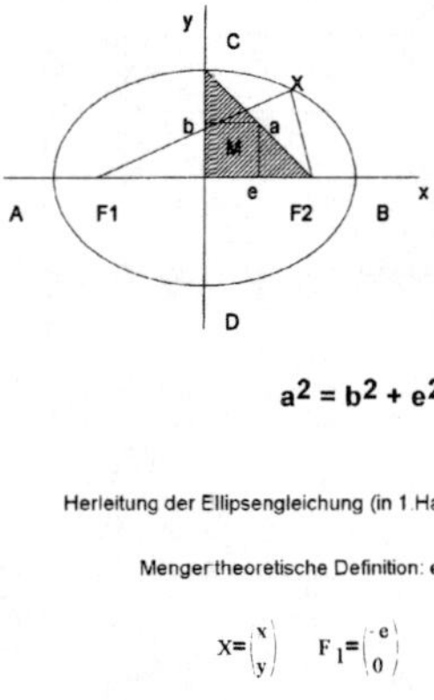

A(-a/0), B(a/0)...Hauptscheitelpunkt
C(0/b), D(0/-b)..Nebenscheitelpunkt
AB=2a....Hauptachse
a ... große Halbachse
b ... kleine Halbachse
CD=2b....Nebenachse
M(0/0)...Mittelpunkt
F_1, F_2 ...Brennpunkt
XF1, XF2 ... Leitstrecken (-strahlen)
e = XF_1 bzw. e = XF_2 ... lineare Exzentrizität

$$a^2 = b^2 + e^2$$

Herleitung der Ellipsengleichung (in 1.Hauptlage):

Mengertheoretische Definition: **ell = {X | XF_1 + XF_2 = 2a}**

$$X=\begin{pmatrix} x \\ y \end{pmatrix} \qquad F_1=\begin{pmatrix} -e \\ 0 \end{pmatrix} \qquad F_2=\begin{pmatrix} e \\ 0 \end{pmatrix}$$

$$\sqrt{(x+e)^2+y^2}+\sqrt{(x-e)^2+y^2}=2\cdot a$$

$$\sqrt{(x-e)^2+y^2}=2\cdot a-\sqrt{(x+e)^2+y^2}$$

$$(x-e)^2+y^2=4\cdot a^2-4\cdot a\cdot\sqrt{(x+e)^2+y^2}+((x+e)^2+y^2)$$

$$4\cdot a\cdot\sqrt{(x+e)^2+y^2}=4\cdot a^2+4\cdot x\cdot e$$

$$a\cdot\sqrt{(x+e)^2+y^2}=a^2+x\cdot e$$

$$a^2\cdot(x^2+2\cdot e\cdot x+e^2+y^2)=a^4+2\cdot a^2\cdot e\cdot x+e^2\cdot x^2$$

$$(a^2-e^2)\cdot x^2+a^2\cdot y^2=a^4-a^2\cdot e^2$$

ell: $b^2x^2 + a^2y^2 = a^2b^2$ bzw. $\frac{x^2}{a^2}+\frac{y^2}{b^2}=1$

P(3,6/4), Q(-4,8/3)

$$a^2 \cdot x^2 + b^2 \cdot y^2 = a^2 \cdot b^2$$

P und Q in der Ellipsengleichung einsetzen:

$$3.6^2 \cdot a^2 + 4^2 \cdot b^2 = a^2 \cdot b^2 \qquad (-4.8)^2 \cdot a^2 + 3^2 \cdot b^2 = a^2 \cdot b^2$$

$$12.96 \cdot a^2 + 16. \cdot b^2 = a^2 \cdot b^2 \qquad 23.04 \cdot a^2 + 9. \cdot b^2 = a^2 \cdot b^2$$

$$b = \begin{bmatrix} \frac{3.6}{(16. - 1. \cdot a^2)} \cdot a \cdot \sqrt{-16. + a^2} \\ \frac{-3.6}{(16. - 1. \cdot a^2)} \cdot a \cdot \sqrt{-16. + a^2} \end{bmatrix}$$

$$23.04 \cdot a^2 + 9. \cdot b^2 = a^2 \cdot b^2$$

$$23.04 \cdot a^2 + \frac{116.64}{(16. - 1. \cdot a^2)^2} \cdot a^2 \cdot (-16. + a^2) = 12.96 \cdot \frac{a^4}{(16. - 1. \cdot a^2)^2} \cdot (-16. + a^2)$$

$$1.44 \cdot a^2 \cdot \frac{(-175. + 16. \cdot a^2)}{(-16. + a^2)} = 12.96 \cdot \frac{a^4}{(-16. + a^2)}$$

$$a = \begin{bmatrix} 0 \\ 0 \\ 5. \\ -5. \end{bmatrix} \qquad \Longrightarrow a = 5$$

$$a = 5$$

$$b = \frac{3.6}{(16. - 1. \cdot a^2)} \cdot a \cdot \sqrt{-16. + a^2}$$

$$b = 6.0 \qquad \Longrightarrow b = 6 \qquad 36 \cdot 25 = 900$$

$$\Longrightarrow 36x^2 + 25y^2 = 36*25$$

$$36x^2 + 25y^2 = 900$$

---

ell: $x^2 + 4 \cdot y^2 = 4$ $\quad$ $k = 2 : 1$

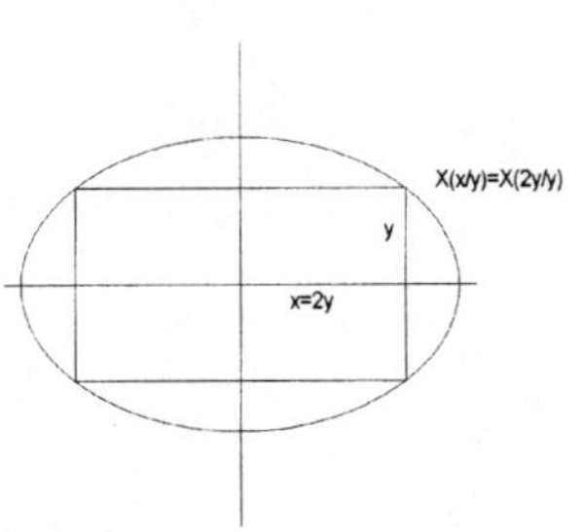

$$x = 2 \cdot y$$

$$x^2 + 4 \cdot y^2 = 4$$

$$8 \cdot y^2 = 4$$

$$Y = \begin{bmatrix} \frac{1}{2} \cdot \sqrt{2} \\ \frac{-1}{2} \cdot \sqrt{2} \end{bmatrix} \qquad \Longrightarrow A\left(\sqrt{2} \;/\; \frac{1}{2} \cdot \sqrt{2}\right)$$

B, C, D ergeben sich durch Vorsetzen der Vorzeichen +, -

ABBILDUNG: DAS BEISPIEL EINER UNTERRICHTSVORBEREITUNG, ERSTELLT MIT DEM PROGRAMM „MATHCAD“

Ein weiterer Vorteil des digitalen Unterrichts besteht darin, daß die Schul- und Hausübungen praktisch schon druckreif sind, nachdem sie auf dem Notebook fertiggestellt worden sind.

Der letzte Schritt bisher war die Einführung der digitalen Schularbeiten. Die Beispiele werden vollständig, abgesehen von handschriftlichen Skizzen oder Überlegungen, mit MATHCAD gelöst. Ich als Lehrer teile plötzlich statt Schularbeitenhefte Disketten aus und erhalte am Ende der Stunde die ausgedruckten Lösungen samt den dazugehörigen Disketten.

Aufgrund des Einsatzes von neuen Technologien im Mathematik-Unterricht heißt es für den Lehrer, doppelt so aufmerksam zu sein als zuvor. Einerseits muß ich auf die Schwächen mancher Schüler eingehen und andererseits versuchen, die Aufmerksamkeit der Schüler aufrechtzuerhalten. Es lassen sich durch Multitasking ja Spiele und Mathematik-Software parallel betreiben.

Ein weiteres Problem ergibt sich zwangsläufig im Benützen eines Netzwerkes. Die sogenannten „besseren“ Schüler speichern ihre Lösungen an einem unter den Schülern vereinbarten Platz ab, und die „schwächeren“ können somit jederzeit darauf zugreifen. So oder so ähnlich wird nun das „Schummeln im 21. Jahrhundert“ aussehen. *Statt Schummelzettel gibt es jetzt eben gemeinsame Verzeichnisse.*

Ich sehe im Einsatz des Computers im Mathematik-Unterricht aber eine relativ gute Vorbereitung auf die

Vorlesungen an der Universität. Dort wird ja auch nicht mehr viel aufgeschrieben oder erklärt. Man bekommt höchstens sein Skriptum, um es noch einmal durchzugehen. Den Rest muß man sich eben selbst erarbeiten.

Statements der Schüler

Zum Abschluß möchte ich noch ein paar Statements meiner Schüler zu diesem Thema präsentieren:

Positiv	***Negativ***
Das lästige Rechnen fällt weg.	*Die technischen Gebrechen der Notebooks.*
Der Lehrstoff wird praktisch druckreif präsentiert.	*Durch das aufwendige Gestalten der Vorlagen für die Schüler fehlt zwangsweise die Zeit, um den Schülern (vor allem den „schwächeren") den Stoff wirklich zu lehren.*
Der Vorgang des Abschreibens und gleichzeitigen Mitdenkens fällt weg.	*Die Arbeitszeit bei Schularbeiten ist zu kurz, da es länger dauert, die Schularbeiten, am Computer zu schreiben*

Kontakt

Mag. Herbert Arzt
E-Mail: <arzt@bg-wels.ac.at>
BG/BRG Wels
Dr. Schauer Straße 9
4602 Wels
Tel.: 07272 - 450610
Fax: 07242 - 72553
Homepage: <http://wfs.vub.ac.be/schools/home/at/bbgwels/index.htm>

Der Einsatz neuer Informations- und Kommunikationstechnologien (IKT) am Beispiel einer Übungsfirma

von Georg Gruber

Für den Einstieg ins Berufsleben sind heute neben einer fundierten fachlichen Berufsausbildung jede Zusatzqualifikation, also z.B. auch Kenntnisse im Bereich der modernen Kommunikationstechnik, von eminenter Wichtigkeit. Ein Ziel unserer Schule, der Tourismusschule Wien 21, ist es daher, unseren Schülern bestmögliche berufliche Qualifikation und unter anderem auch eine aktuelle, berufsorientierte EDV-Qualifikation zu vermitteln.
Dazu müssen mindestens zwei Voraussetzungen erfüllt sein:

- Die technische Ausstattung muß dem aktuellen Stand der Entwicklung entsprechen, und
- entsprechend ausgebildete und engagierte Lehrer aus allen Fachgruppen müssen diese Techniken auch in ihrem Unterricht einsetzen.

Anhand eines sehr erfolgreichen Projektes, der Übungsfirma „X-Ray Culture Tours", beschreibe ich in diesem Beitrag den konkreten Einsatz der neuen Technologien an unserer Schule, die damit verbundenen Möglichkeiten, aber auch die Schwierigkeiten, die überwunden werden mußten. Einführend möchte ich eine Beschreibung des Schulnetzes der Tourismusschule Wien 21, ihrer Telekommunikationsmöglichkeiten sowie ihrer Internethomepage geben.

Die technische Ausstattung der Schule

Derzeit sind in unserer Schule insgesamt etwa 80 Computersysteme in der Schulverwaltung (Direktion und Administration), den Lehrerzimmern, den Computersälen sowie dem Betriebswirtschaftlichen Zentrum, der Bibliothek, der Rezeption und den Küchen im Einsatz. Die PCs sind zum größten Teil miteinander vernetzt, womit wir das latente Virenproblem in den Griff bekommen und auch die Möglichkeit geschaffen haben, über einen Datenserver den Zugriff auf den immer gleichen aktuellen Datenstand zu gewährleisten. Jeder User bzw. jede Benutzergruppe (Klasse, Gruppe, ÜFA etc.) muß sich im Netz mit einem Paßwort anmelden, um an die eigenen Daten bzw. Dienste zu kommen. Das Zentrum der Vernetzung sind drei Server: ein Datenserver, ein Server für den Praxisbereich und ein Kommunikationsserver für Intranet und Internet. Der Kommunikationsserver verfügt für das Internet über einen ISDN-Wählaccount zu einem kommerziellen Provider. Derzeit verfügt die Schule über ca. ein Dutzend E-Mail - Adressen mit eigenem POP-Account. Ab Herbst wird es für jeden Lehrer und auf Wunsch auch für Schüler eine eigene E-Mail - Adresse geben. Von allen Rechnern in den Lehrerzimmern, der Rezeption, sowie vom Medienraum und vom betriebswirtschaftlichen Zentrum aus ist es möglich, im WWW zu arbeiten und E-–Mails zu verschicken.

Die Homepage

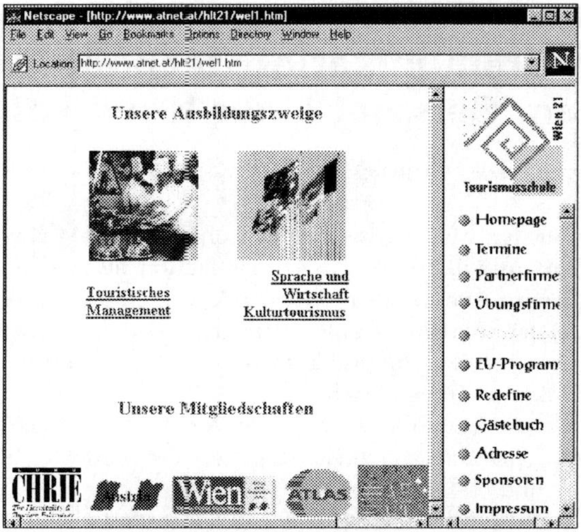

ABBILDUNG: DIE HOMEPAGE DER SCHULE

Seit dem Frühjahr 1995 verfügt unsere Schule über einen Internetaccount.

Die ursprüngliche Idee war, die Schule und deren Aktivitäten einer breiten Öffentlichkeit zugänglich zu machen. Zuerst wurden Daten gesammelt, ein Design für die Homepage entwickelt und in weiterer Folge die ersten Seiten erstellt. Inhaltliche Schwerpunkte sind neben der Vorstellung unserer Schule mit ihren Ausbildungszweigen, Veranstaltungsvor- und -rückschauen auch unsere Beteiligungen an EU-Projekten. Die Webseiten unserer Schule sind seit Dezember 1995 unter der Adresse im WWW zu erreichen **<http://www.hlt-wien21.ac.at/hlt21/>.**

So wird z.B. ein Teil des Informationsaustausches mit den Partnerschulen dieser Projekte via E-Mail und über entsprechende Web-Seiten abgewickelt. Um für „Surfer" den Zugriff auf unsere Seiten noch interessanter zu machen, haben wir auf unseren Web-Seiten Linkverbindungen auf andere Seiten, vor allem die Bereiche Tourismus, Kultur, Bildung, und Medien betreffend, gesammelt.

So finden sich auf unseren „Yellow-Pages" Links zu fast allen großen Museen der Welt, die man von uns aus virtuell besuchen kann. Eine nahezu vollständige Sammlung von österreichischen Hotelbetrieben, die sich im Internet präsentieren, findet man ebenso wie eine Auflistung von Schulhomepages oder ein Unterverzeichnis mit Tages- und Wochenzeitungen. Um möglichst aktuelle Links anbieten zu können, haben wir mit einem speziellen Formular die Möglichkeit geschaffen, unseren Yellow-Pages die Adressen von Internethomepages hinzuzufügen.

Neue Kommunikationstechnologien im Unterricht

Um die vorhandenen technischen Möglichkeiten für den Unterricht nutzbar zu machen, gab es für Lehrer begleitende Einschulungsmaßnahmen. Die Aus- bzw. Fortbildung der Lehrkräfte in bezug auf Kommunikationstechnik erfolgte im Schuljahr 1996/97 durch mehrere SCHILF(Schulinterne Lehrerfortbildung)-Seminare zu den Themen Windows ´95, Netzwerk und Internet. Zusätzlich erfolgte Weiterbildung durch PI-Seminare.

Der Einsatz moderner Kommunikationstechnik im Unterricht darf natürlich nicht zum Selbstzweck werden und muß entsprechende Vorteile für den Unterricht und den Lernprozeß mit sich bringen.

ABBILDUNG: DIE „YELLOW PAGES“

Diesem Einsatz von (Kommunikations–) Medien liegt das Konzept des handlungs/projektorientierten Unterrichts zugrunde. In dieser Form von Unterricht soll der schulische Lernprozeß so organisiert werden, daß die Schüler durch Agieren im Unterricht eigene Erfahrungen sammeln können. Lernen wird dabei zu einem Handlungsprozeß, in dem sich der einzelne Schüler aktiv mit seiner Umwelt auseinandersetzt und sich diese aneignet, indem er neue Informationen in sinnvoller Weise aufnimmt, verarbeitet und anwendet.

Das konkrete Handeln von Lehrern und Schülern vollzieht sich dabei in vielfältigen Arbeitsweisen (z.B. Gruppenarbeit, Unterrichtsgespräch, Diskussion usw.) und soll selbsttätigkeitsorientiert, handlungsorientiert, erfahrungsorientiert, erlebnisorientiert, problemlösend, exemplarisch (an einem konkreten, beispielhaften Fall/Konflikt/Problem werden allgemeine Erkenntnisse und Fähigkeiten erworben), kooperativ (Verbindung von Einzel-, Partner-, Gruppen-, Klassenarbeit) sowie ganzheitlich (auf Denken, Fühlen und Handeln bezogen) sein. Diese didaktischen Ziele können mit der Verwendung von Informations- und Kommunikationstechnik im Unterricht erreicht werden.

Derzeit werden die neuen Technologien an unserer Schule in folgenden Fächern eingesetzt:

- Deutsch (Zeitungsartikel, Kulturberichte der Tageszeitungen),
- Englisch/Französisch (für Berichte z.B. über Sprachwochen und für Zeitungsartikel),
- Touristisches Management (E-Mail - Reiseberichte, Tagungsorganisation),
- Kulturtouristik (WWW Recherche) und
- und Geographie (z.B. Stadtpläne).

Selbstverständlich kommen sie auch in den Übungsfirmen, einer Juniorfirma, im EDV-Unterricht und im aktuellen Fachgebiet (AF) - Internet zur Anwendung. Das Stundenausmaß für den Einsatz von IKT ist von Klasse zu Klasse verschieden und natürlich auch von Lehrer zu Lehrer unterschiedlich.

Georg Gruber

Der Einsatz von IKT in den Übungsfirmen

Mit dem Einsatz von Informations- und Kommunikationstechnologien (IKT) in den Übungsfirmen konnten wir viele positive praktische Erfahrungen sammeln. Übungsfirmen geben unseren Schülerinnen und Schülern die Möglichkeit, wirtschaftliche Problemstellungen an Hand von Simulationen praxisrelevant zu lösen. Sie erlernen und erleben in einem geschlossenen Übungsfirmenmarkt sämtliche Teilbereiche des innerbetrieblichen unternehmerischen Geschehens, können aber auch durch die wirtschaftlichen Kontakte zu anderen Übungsfirmen ein großes Spektrum der zwischenbetrieblichen Aktivitäten erproben. An der Tourismusschule Wien 21 gab es im vergangenen Schuljahr insgesamt sieben Übungsfirmen, die unterschiedliche Schwerpunkte verfolgten. Die vierten Sprach- und Wirtschaftsklassen führten Firmen, die das klassische Ausbildungsziel einer Übungsfirma, nämlich die Vertiefung und Anwendung des kaufmännischen Bereichs, zum Inhalt hatten. Neben dieser Zielsetzung konnten die Schüler Teamfähigkeit, Gruppenarbeit und soziale Aspekte innerhalb eines Unternehmens selbst erfahren. Für die dritten Klassen Kulturtouristik und die dritte Klasse Touristisches Management war zusätzlich die Vermittlung der Lehrinhalte des jeweiligen Ausbildungsschwerpunktes als Firmeninhalt vorgegeben.

So sieht etwa der Lehrplan der 3.Jahrgänge für Kulturtouristik folgendes zum Thema Projektentwicklung mit EDV-Unterstützung vor:
Projektentwicklung: Österr. Kulturangebot, betriebliche, örtliche und regionale kulturelle Angebote als touristische Profilierungsinstrumente, Jour-Fixe-Programme, Veranstaltungskalender, Schlechtwetterprogramme, Pauschalangebote, Themenstraßen, Einbindung in die kulturelle Informationsdatenbank, musische, kunstgewerbliche, museumspädagogische und gastronomische Bereiche (Musikprogramme, Werkstatt-Atelierbesuche, Ausstellungen, Workshops, kreative-kulinarische Kursprogramme), kulturpädagogische Umsetzung von geschichtlichen Entwicklungsepochen (Zeitreisen, regionale Küche, historische und religiöse Feste im Jahreskreis, Stadt-, Kloster- und Burgführungen), Kulturpflege und Kulturpolitik (Denkmalschutz, Musik, Folklore, Brauchtum, Kulturinitiativen, Theater, Galerie- und Ausstellungswesen).

Der Unternehmensgegenstand der Übungsfirma sollte auf Ausbildungsschwerpunkte ausgerichtet sein und Lehrplanthemen des Schwerpunktes Kulturtouristik (KT) beinhalten.

X-Ray Culture Tours - eine Übungsfirma

Eine praktische Umsetzung der oben genannten Inhalte ist unsere Übungsfirma „X–Ray Culture Tours", die ich im folgenden näher vorstellen möchte.
Die Situation für Schüler wie Lehrer der Übungsfirma war am Beginn des Schuljahres davon getragen, daß keine vergleichbaren Erfahrungswerte für Übungsfirmen von Kulturtouristik-Klassen im Haus vorlagen, und daher „alles" möglich war. Den Schülern wurde der Geschäftszweck des Unternehmens - Organisation und Durchführung von Wien-Aufenthalten - vorgegeben und in weiterer Folge die Betriebsgründungsarbei-

ten durchgeführt. Die technische Ausstattung des „Betriebswirtschaftlichen Zentrums" (BWZ) war natürlich ebenfalls vorgegeben (PCs, ein Graphik-PC mit Farbscanner, Kopierer, Faxgerät und mehrere Telefone). Im Rahmen der Aufteilung der Gruppe in die verschiedenen Abteilungen wurde darauf geachtet, die Ressourcen bestmöglich zu verteilen. Etwa zeitgleich mit dem Beginn des Übungsfirmenbetriebes im Herbst 1996 ist es uns durch einen technischen Trick gelungen, auf allen PCs im Schulnetz, also auch auf den Rechnern des BWZs, auf denen das Betriebssystem Windows 95 bzw. Windows NT läuft, das Internet mit nur einer einzigen IP-Adresse zu installieren, ein Innovationsschritt, der natürlich zu einer Reihe von Veränderungen geführt hat.
Eine der Konsequenzen für den Übungsfirmenbetrieb war, daß die Schüler der Firma „X-Ray Culture Tours" diese Kommunikations- und Informationsmöglichkeit natürlich einsetzen wollten, zum Beispiel auch für Recherchearbeiten im Rahmen des Geschäftszweckes, aus dem sich folgendes Angebot entwickelt hat:
Dutzende auf Wien bezogene Seiten wurden durchforstet und auf relevante Aspekte (z.B. Öffnungszeiten von Museen, Spielpläne von Theatern, Sportveranstaltungen etc.) geprüft, und in die Firmendatenbank bzw. den Angebotskatalog aufgenommen.

Die Übungsfirma „X-Ray-Culture-Tours" freut sich, Ihr Firmen-Angebot zu präsentieren: Wir bieten Ihnen die Organisation und Durchführung Ihres Wien-Aufenthaltes oder jenes Ihrer Kunden:
Wenn Sie ein Reisebüro oder ein Reiseveranstalter sind, können Sie über unsere Firma speziell abgestimmte „Wien-Packages" anfordern!
Dazu zählen

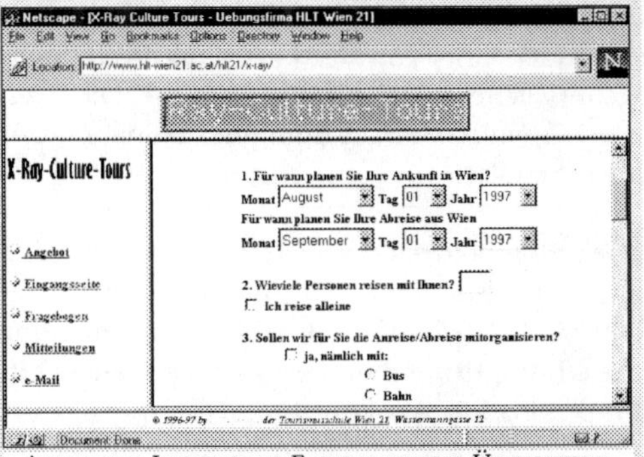

ABBILDUNG: INTERAKTVER FRAGEBOGEN DER ÜBUNGSFIRMA „X-RAY-CULTURE TOURS"

- **klassische Sightseeing-Touren,**
- **Besichtigungsprogramme in den Wiener Museen und Galerien,**
- **sowie über 60 Themen-Stadtführungen.**

Für Ihr Reisebüro und ihren Prospekt organisieren wir außerdem jedes Prospektmaterial! Für Privatpersonen oder andere Reisegruppen (z.B. Schulklassen) übernehmen wir Ihre Wunschliste und organisieren einen unvergeßlichen Wien-Aufenthalt!
Für Firmen und andere Business-Bereiche übermitteln wir ihnen alle wichtigen Informationen und Adressen über den Wirtschafts-Tourismusstandort Wien!
Benötigen Sie Seminarunterlagen über ein Wien-Thema - kein Problem! Von uns erhalten Sie fertige Referatsunterlagen zu den Inhalten ihrer Wahl!
Wenn Sie mehr Informationen über „X-Ray-Culture-Tours" benötigen, fordern Sie unseren Winter-Prospekt 1997 an – oder buchen Sie direkt bei UNS!

Die Kommunikation mit anderen ÜFAs wurde meist via E-Mail abgewickelt. Der E–Mail - Dienst des Internets wurde zunächst nur von einer Workstation mit Wählaccount abgewickelt und war im großen und ganzen unzufriedenstellend. Viele Übungsfirmen sind aus Kostengründen dazu übergegangen, Kataloge und Angebote als „attached file" an E-Mails anzuhängen. Der Effekt war, daß es aufgrund der Dateigröße, der Kombination von langsamem Modem und unserer Telefonnebenstellenanlage sehr oft zu Leitungsunterbrechnungen kam. Erst die Installation eines für unsere Netzwerkkonfiguration tauglichen Programmes, die Verfügbarkeit im Netz und somit die Möglichkeit der ISDN-Übertragung haben die E-Mail - Kommunikation der Übungsfirmen problemlos gemacht.

Bestellungen via Internethomepage
Aufgrund dieser Erfahrung wollte „X-Ray Culture Tours" anderen ÜFAs diese Unannehmlichkeiten ersparen und ist daran gegangen, ein Konzept für eigene WEB-Seiten zu erarbeiten, für eine eigene Web-Seitenpräsentation mit einer Vorstellung der Übungsfirma und dem jeweils aktuellen Angebot (Sonderkataloge wie etwa den „Winterkatalog", dem „Osterangebot" etc.). Detto sollte gleich eine Anfrage bzw. Buchungs-/Bestellmöglichkeit geboten werden, die über ein Fragebogenformular auf einer der Web-Seiten abgewickelt wird. Der Fragebogen wurde dann so programmiert, daß beim Absenden einer Anfrage bzw. einer Bestellung die Informationen als E-Mail an X-Ray weitergeleitet wird. Erfahrungen mit der Gestaltung von HTML-Seiten gab es bei einigen Schülern bereits durch die Teilnahme am AF-(Aktuelles Fachgebiet)-Internet, das allen Schülern im Haus angeboten wird.

Die Feinarbeit bei der Gestaltung der WEB-Seiten und die Netzlegung wurden dann auch in Zusammenarbeit mit AF-Internet durchgeführt. Andere Übungsfirmen wurden via E-Mail auf die Homepage aufmerksam gemacht. Das positive Feedback über die Übungsfirmenhomepage **<http://www.hlt-wien21.ac.at/hlt21/x-ray/>** und deren Funktionalität war enorm.

Erfahrungen mit dem Einsatz des WWW im Unterricht

- Leider hat sich erst relativ spät im Verlauf des Schuljahres herausgestellt, daß nur wenige Übungsfirmen neben einem E-Mail Account auch über einen WWW - Account verfügten. Der E-Mail - Dienst hat sich aber ganz allgemein zu einem wichtigen Kommunikationsmittel mit steigendem Einsatz entwickelt.
- Ausgesprochen positive Erfahrungen - neben der hohen Motivation der Schüler - gab es durch die Aktualität und die Menge der im WWW zur Verfügung stehenden Daten. Gleichzeitig hat sich natürlich auch eine gewisser Datenfrust breitgemacht, weil die ungefilterte Datenmenge auch „erdrückend" wirkt.
- Beim Einsatz des WWW im Unterricht muß daher darauf geachtet werden, daß Schüler ganz konkrete Fragestellungen und entsprechende Internet-Adressen in die Hand bekommen, sonst surfen sie „irgendwo". Die Erfahrung für Recherchearbeit im Rahmen der Übungsfirma, aber z.B. auch unserer Maturanten für Maturaausarbeitungen, war, daß ein entsprechender Selektionsprozeß vom Lehrer vor den

WWW-Arbeiten der Schüler stattfinden muß - etwa durch Abspeichern von Bookmarks. Für den Bedarf unserer Schüler und Lehrer haben wir auf der Internethomepage eine Reihe von interessanten, branchenaktuellen Links in unsere Yellow-Pages **<http://www.hlt-wien21.ac.at/hlt21/gelbe-s.htm>** eingearbeitet.

- Die breite Akzeptanz des Einsatzes von moderner Kommunikationstechnik war nicht von Anfang an gegeben, hat aber heute durch große Praxisorientiertheit und auch dank der vor kurzem abgehaltenen Matura mit problemloser Multimediapräsentation (PowerPoint), Internet (Netscape), Video etc. einen weitgehend unumstrittenen Status erreicht.
- Unser gesamtes Engagement in Bezug auf den Einsatz von Informations- und Kommunikationstechnologie im Unterricht wäre aber ohne die entsprechenden Partner und einer aufgeschlossenen Direktion nicht möglich. Die Vernetzung im Haus und die Projekte, die ich in meinem Beitrag beschrieben habe, verdanken wir unter anderem auch der Zusammenarbeit mit einem kommerziellen Provider für die Bereitstellung der Accounts und des WEB-Space, Sponsoren aus verschiedenen Bereichen der (Tourismus)Wirtschaft, dem Elternverein und zweier meiner Kollegen (Schrack und Konrad), denen an dieser Stelle für ihr Engagement besonders gedankt werden muß.

Kontakt

Mag. Georg Gruber
E-Mail: <georg.gruber@gruber.co.at>
Höhere Bundeslehranstalt für Tourismus
Wassermanngasse 12,
A - 1210 Wien
E-Mail: <hlt21@hlt-wien21.ac.at>
Homepage: <http://www.hlt-wien21.ac.at/hlt21/>

Internet in der Unterrichtspraxis

von Michael Dobes

Als noch kaum jemand in der österreichischen Schullandschaft von den Möglichkeiten internationaler Datennetze wußte und in den höheren Schulen sich erste zaghafte Versuche mit BTX, dem Online-Dienst der Post, etabliert hatten und vielerorts wegen der Telefonkosten und der umständlichen und langsamen Benutzeroberfläche auch schon wieder beendet waren, startete am Bundesgymnasium 8 in Wien 1989 ein Pilotversuch. Mit dem Apple Global Education - Projekt (AGE) fand unsere Schule erstmals Zugang zu internationaler E-Mail - Kommunikation mit 200 Partnerschulen, die über den ganzen Erdball verstreut waren.

Die faszinierende Welt der grenzenlosen Kommunikation und der Zusammenarbeit der Schüler und Lehrer mit anderen Gruppen irgendwo auf dieser Erde brachte an unserer Schule sehr rasch jene Unterrichtsformen zutage, die heute noch immer diskutiert werden und die teilweise auch in der Maturareform vor einigen Jahren verankert wurden: fächerübergreifender Unterricht und Projektunterricht. Es gibt eine ganze Reihe von Projekten, aus denen wir schließlich auch jene Erfahrungen zogen, die uns bei der Einführung des Internets an unsere Schule im Jahr 1996 halfen, vor allem die pädagogische Arbeit mit diesem neuen Medium in den Mittelpunkt zu stellen.
Von der ersten Idee zur Einführung des Internets bis zu den ersten Unterrichtseinheiten mit Hilfe des Netzes verging ein dreiviertel Jahr - eine gute Zeit, wenn man bedenkt, welche Probleme dabei zu lösen waren. Inzwischen haben wir fast ein ganzes Schuljahr Erfahrungen gesammelt und auch zu dokumentieren versucht. Das Projekt ist auch für ein weiteres Jahr gesichert und somit können wir aus diesen Erfahrungen auch die Schwerpunkte für das kommende Jahr planen und organisatorische Veränderungen vornehmen.

In diesem Bericht über unser Projekt möchte ich die technische Seite nicht völlig hintanstellen, mich aber vor allem den Auswirkungen beim Lehren und Lernen mit dem und durch das Internet widmen. Dieser Bericht ist nicht nur die Schilderung meiner persönlichen Erfahrungen. Viele Rückmeldungen von Eltern, Lehrern und Schülern sind hier eingeflossen. Als Resümee nach diesem ersten Jahr wäre vielleicht zu bemerken, daß wir immer noch am Anfang stehen:
„Wir sind derzeit erst beim Straßenbauen. Erst die nächste Generation von Schülern wird die Möglichkeiten und auch die selbstverständlichen Fähigkeiten mitbringen, um die Kommunikation über die Netze auch zu nützen.“ (Der Kommunikationswissenschaftler Weizenbaum anläßlich des IFIP-Kongresses 1993 in Gmunden)

Idee, Planung, technische Umsetzung

Das Piaristengymnasium ist ein traditionsreicher Ort. Immerhin sind wir die am längsten (fast 300 Jahre) am gleichen Standort befindliche höhere Schule Wiens. Die Generalsanierung des Schulgebäudes in den letzten Jahren war der Grund dafür, daß unser Engagement in der Telekommunikation unterbrochen werden mußte. Nachdem die neuen Informatikräume wieder bezogen waren und die Telefonleitung wieder funktionierte, entstand um Weihnachten 1995 die Idee, in einer Art Aktionstag ein Internet-Café einzurichten und durch den Verkauf von Broschüren und durch Spenden das Geld aufzutreiben, um uns für das restliche Halbjahr 1996 zumindest einen Wählleitungszugang zum Internet über einen kommerziellen Provider leisten zu können. CSO sponserte diese Initiative.

Anläßlich der Telematikausstellung Global Village 1996 im Wiener Rathaus im Februar 1996 wurden die Schüler des Wahlpflichtfaches eingeladen, das Internet bei dieser Ausstellung in Workshops zu präsentieren. Damit war der Startschuß gegeben, sich mit diesem neuen Medium zumindest einmal im Informatikunterricht auseinanderzusetzen und die technischen Varianten eines Netzzuganges für eine Schule auszuloten.

Die Kontakte zu Firmen und zum Ministerium sowie die Erfahrungen aus dem Engagement im AGE-Projekt halfen dann, als es darum ging, einen LAN-Anschluß für den Oberstufeninformatikraum (7 PCs) zu bewerkstelligen. Wir fanden schließlich drei Partnerfirmen, die die Infrastruktur für den Internetzugang als Sponsoren zur Verfügung stellten: Die CA als Bank und Partner des BG8 bei vielen anderen Aktivitäten der Schule übernahm die Errichtung der Leitung und die Kosten der Standleitung zum Österreichischen Schulrechenzentrum (Dank gilt hier vor allem Fr. Psihoda, die unzählige technische Tips gab), die Firma 3COM sorgte für den notwendigen Router und dessen Einrichtung sowie die Netzanbindung an das LAN, und schließlich stellte SILICON GRAPHICS einen WWW-Server zur Verfügung.

Ende des Schuljahres 1996 waren alle Voraussetzungen geschaffen, um den Zugang zum Internet für die Schule realisieren zu können. Ein Zeitplan war ausgearbeitet. In einer pädagogischen Konferenz und einer Sitzung des SGA wurde das Projekt als ein Schulprojekt für das Jahr 1996/97 von der gesamten Schulgemeinschaft abgesegnet, sodaß „nur“ mehr die Einrichtung der ganzen Hardware im Herbst 1996 übrig blieb. Die Installation der Leitung durch die Post verzögerte sich fast einen Monat, die Probleme mit dem Router wurden in selbstloser Weise von der Firma 3COM beseitigt, der WWW-Server ging Anfang Oktober ans Netz, und schließlich gelang es einem ehemaligen Schüler, in zahllosen Stunden auch die Konfiguration der Arbeitsplätze (remote boot von DOS und Windows for Workgroups 3.11 von einem Novell-Server) zu schaffen, sodaß Ende Oktober endlich wirklich alle gleichzeitig auf das Internet zugreifen konnten.

- Durch hohen persönlichen Einsatz aller Beteiligten war es gelungen, den LAN-Anschluß zustandezubringen. Dabei nutzen wir erstmals die Möglichkeiten der neu geschaffenen Sponsormöglichkeiten von Firmen für Schulen in der Praxis, ohne das Schulbudget auch nur mit einem einzigen Schilling zu belasten. Ohne die Begeisterung für die Idee und ohne die vielzählige Hilfe von außen wäre die technische Installation des LAN-Anschlusses sicher nicht gelungen, denn welcher Schulinformatiker ist schon auf Netzanbindungen spezialisiert?

- Für die zu erwartende Ausweitung der Netzanschlüsse in anderen Schulen ist es daher äußerst wichtig, die Schulen kompetent zu beraten und zu betreuen, nicht überall werden sich „Narren“ finden, die aus Begeisterung für die Sache all die Hürden noch einmal nehmen wollen, die andere vor ihnen schon gemeistert haben.
- Wichtig erscheint mir auch, daß die Initiative zur Nutzung des Internet von der Schule selbst ausging und daß die gesamte Schulgemeinschaft in die Planungsarbeiten und die Realisierung miteingebunden war. Der Rückhalt, den ich durch Direktion, Eltern, Schüler und Kollegenschaft erfahren habe, war in den schwierigen Phasen von entscheidender Bedeutung. Nicht das Gefühl zu haben, daß man als technologieverliebter Freak den anderen etwas schmackhaft machen muß, sondern ein offenes Klima für Innovationen vorzufinden, hat sicher Energien bei mir und anderen freigemacht. Innovation entsteht offensichtlich wirklich nur dort, wo neben den äußeren Möglichkeiten auch die Stimmung dafür gegeben ist.

Erste Erfahrungen

Noch bevor die technische Installation vollständig abgeschlossen war - in manchen Bereichen arbeiten wir noch immer an Verbesserungen - wurde als Ersatz für eine pädagogische Konferenz (Bildungspaß für jeden Lehrer) die Möglichkeit einer schulinternen Lehrerfortbildung geschaffen. An mehreren Nachmittagen ließen sich auf freiwilliger Basis 80% der Lehrerinnen und Lehrer im Umgang mit dem Internet schulen. So einfache Dinge wie Einschalten, Verwendung der Maus und der Umgang mit dem lokalen Netzwerk (wo speichere ich Dinge, die ich gefunden habe?) wurden in den vier Stunden ebenso behandelt wie eine Einführung in die Struktur des Internets, die Benutzeroberfläche des Browsers und schließlich fachspezifische Informationsangebote für die einzelnen Fächer. Diese Schulungen waren aber auch Anlaß, über die Sinnhaftigkeit des neuen Informationsmediums im Unterricht und in der Schule zu diskutieren und zu überlegen, wie die konkreten Umsetzungen auch dokumentiert werden könnten.

- Manche Kolleginnen und Kollegen ließen nach diesen ersten Erfahrungen die Arbeit mit dem Internet wieder sein, andere stiegen sofort begeistert ein, sei es als Informationsquelle für den eigenen Unterricht, sei es als Medium im Fachunterricht, andere wieder kehrten im Laufe des Schuljahres wieder zurück, erhielten eine persönliche Nachschulung und lebten sich in den Gebrauch des Netzes langsamer ein als andere.
- Bei der Schulung der Schüler im Umgang mit dem globalen Netz setzen wir auf eine Art Multiplikatoreneffekt. Wir sind in der glücklichen Lage, aus allen Oberstufenklassen Schüler im Informatik- bzw. Informatik-Wahlpflichtfach-Unterricht zu haben, sodaß diese Schüler für ihre Kollegen die Rolle des Tutors und Beraters übernehmen konnten.
- Darüber hinaus versuchten wir in fast jeder Klasse sogenannte Schnupperstunden im Internet zu halten. Anläßlich einer Supplierstunde bzw. im regulären Fachunterricht verbrachten wir die Zeit im Internet und die Schüler lernten mit konkreten Aufgabenstellungen den Umgang mit den Suchmaschinen und mit der Oberfläche des Netzes. Als Beispiel sei hier ein von mir selbst erlebter „Wettbewerb“ ei-

ner sechsten Klasse genannt (ähnliche „Aktionen" wurden in anderen Fächern mit anderen Lehrern, oft unter Beisein eines Informatiklehrers durchgeführt):
Zur lehrplanmäßigen Themenstellung „Übersicht über die derzeitige physikalische Forschung und die moderne Physik" gab ich den Schülerinnen und Schülern den Auftrag, die Nobelpreisträger in Physik der letzten fünf Jahre herauszufinden und das Thema zu nennen, für das diese Wissenschaftler den Nobelpreis erhielten. Obwohl zuvor völlig unerfahren, hatte die erste Gruppe nach 15 Minuten die Originalpublikation der Nobelpreisträger aus dem Jahr 1995 auf dem Schirm und fanden rasch auch eine für Schüler adaptierte Fassung auf einem amerikanischen Server.

ABBILDUNG: HOMEPAGE DES BG8 IN WIEN

- Im Informatikunterricht wurden von den Schülern sowohl die „Suchwettbewerbe" sehr geschätzt, wenn es darum ging, vorgegebene Informationen mit Hilfe von Werkzeugen und Stichworten zu finden, als auch für bestimmte Fachgruppen Recherchen durchzuführen. Diese Sammlungen von Anknüpfungspunkten für die einzelnen Fächer sollten vor allem den Lehrerinnen und Lehrern eine Hilfe bieten, selbst als Fachleute die gefundenen Inhalte zu bewerten und als Basis für weitere Recherchen zu nehmen.
- Der alltägliche Gebrauch des Internets durch die Schülerinnen und Schüler spielte sich überraschend schnell ein. Wie von selbst verbreitete sich das Wissen um die Nutzung der neuen Möglichkeiten. Dabei ist festzustellen, daß natürlich die Schüler wesentlich mehr Maschinenzeit besetzen als etwa die Schülerinnen, doch das gab sich mit der Zeit. Inzwischen, so glaube ich, ist die Nutzung der neuen Technologie zwar noch nicht völlig gleich auf beide Geschlechter verteilt, aber es gibt zeitweise schon Situationen, wo die Schülerinnen im Informatikraum sogar die Mehrheit stellen. Natürlich standen am Anfang nicht nur schulische Belange bei der Nutzung des Internets im Vordergrund - aber warum soll denn die Schule nicht auch etwas bieten, wodurch die Schüler auch Freizeitspaß haben? Sehr großer Beliebtheit erfreute sich die Möglichkeit des „chatten", einer Art Life-Diskussion via Tastatur zwischen mehreren Gesprächspartner, die irgendwo auf dieser Erde eben gerade diesen virtuellen Raum der Kommunikation betreten hatten.

- Als schließlich auch die letzten technischen Hürden genommen waren und wir auch schon ein WWW-Seiten-Angebot parat hatten - zu danken ist dabei dem selbstlosen Engagements von Georg Geczek, einem ehemaligen Schüler - planten wir eine Pressekonferenz mit Anwesenheit der Firmenvertreter. Obwohl gut vorbereitet, so schien mir, erschienen nur drei Journalisten, da der Internetanschluß einer Schule offensichtlich nicht mehr interessant genug war. Gerade diese PR-Arbeit ist aber das, was die Schule den beteiligten Firmen und Sponsoren doch schuldig ist. Ich verstehe sehr gut, daß die Firmen ihr Geld schließlich nicht irgendwie eingesetzt wissen wollen, sondern durch Möglichkeiten, sich auch in der Öffentlichkeit, anscheinend durch eine gewisse Imagepflege bei der Unterstützung solcher Projekte, auch wieder ihren Teil an Werbung und Medienpräsenz zu holen. Schließlich hat man, wenn das ganze gut geht, auch etwas herzuzeigen und sammelt Erfahrungen auf einem bis dahin vielleicht wenig beachteten Markt. Schließlich stand gerade Ende 1996 die Novellierung der Schulgesetze an, in der die Teilrechtsfähigkeit der Schulen, die Möglichkeiten eines Sponsoring und der Fall des Werbeverbotes an den Schulen enthalten war.
- Es sollten sich aber noch viele Chancen eröffnen, unser Projekt auch gebührend zu präsentieren. Gerade die Einladung zu diesem Aufsatz ist ein Zeichen dafür, daß wir gute Arbeit geleistet haben. Beim Symposion zum Thema: „Schulen am Netz“ vom 20. Juni 1997 hat mich vor allem gefreut, viele Leute aus ganz Österreich zu treffen, die offensichtlich Ähnliches und Besseres zuwege gebracht haben wie wir. Allein schon das Gefühl, mit seinen Ideen und Anliegen nicht allein zu sein, war für mich ein großer Auftrieb.

Konkrete Projekte

Wir hatten keine irgendwie geartete externe Betreuung oder Evaluation. Ich kann daher nur von dem berichten, was ich entweder selbst erlebt habe oder mir irgendwie zu Ohren gekommen ist. Die Themen reichten dabei vom Satanismus (im katholischen Relgionsunterricht) über die Nationalparks Österreichs in einer dritten(!) Klasse bis zur die Verwendung von den online-Ressourcen von CNN für den Englischunterricht oder zur Erarbeitung von Referaten, Fachbereichsarbeiten, Spezialthemen für die Matura oder einfach nur zum Überprüfen der Lehrbuchinhalte.

Die Schülerinnen und Schüler der Informatikgruppen sind wesentlich daran beteiligt, daß unser WWW-Angebot trotz der knappen personellen Ressourcen heute schon einiges zu bieten hat, wenn es auch viele Ideen und Materialien gibt, die noch auf die internationale Veröffentlichung im Internet warten.

Vielleicht findet sich in den nächsten Monaten eine Möglichkeit diese „Success Stories“ österreichweit zu sammeln und abrufbar zu machen, damit nicht jeder alleine arbeitet, sondern vielleicht die Vernetzung von Computern auch die „Vernetzung von Menschen“ ermöglicht, wie ich sie schon 1992 bei einer Konferenz der Projektschulen von AGE erfahren durfte. Nun also exemplarisch die drei Berichte über kurze Projekte mit dem Internet. So faszinierend das neue Medium auch ist, ersetzen kann es die Lehrer nicht. Die geschilderten Projekte sind dafür ein sprechendes Beispiel.

Deutschunterricht mit/am/im Internet, 5.B (Dir. Dr. Peter Paul Wildner)

Begründung des Themas

Im Sinne einer neuen Lernkultur, in der die LehrerInnen immer stärker zu LernbetreuerInnen werden sollen, anstatt bloß WissensvermittlerInnen zu sein, ist es wichtig, den SchülerInnen vermehrt beim Erwerben von Grundqualifikationen zu helfen.
Eine dieser Grundqualifikationen ist es, selbständig Informationen zu suchen, zu sichten, verantwortlich auszuwählen und - eventuell - auch entsprechend weiterzugeben. Die Gefahr, „overnewsed", aber „underinformed" zu sein, ist gerade angesichts des riesigen Potentials von Informationsangeboten sehr groß. Verantwortungsvollen Umgang mit Information zu ermöglichen, ist daher eine wichtige Aufgabe der Schule von heute. Daher müssen die SchülerInnen die neuen medialen Technologien kennen und beherrschen lernen.

Ziele und Lehraufgaben des Deutschunterrichts

Die im vorigen Absatz genannten Ziele sind natürlich auch fächerübergreifende Ziele des Deutschunterrichts. Darüber hinaus jedoch gibt es auch spezifische Ziele des Faches, die gleichzeitig auch Inhalte des Unterrichts sind. So lautet z.B. einer dieser Inhalte in der 5. Klasse der AHS: „Formen geistigen Arbeitens (Informationsaufnahme, -verarbeitung, -speicherung- und -wiedergabe)". Und genau auf diesen Bereich zielt die Arbeit im und mit dem Internet ab. Die SchülerInnen sollen im Rahmen des Deutschunterrichts lernen, Informationen gezielt zu sammeln und dann in weiteren Schritten mit diesen Informationen gezielt umzugehen.

Einstieg ins Thema - Stundenverlauf

Vorbereitung: Schon im Informatikunterricht der Klasse waren die SchülerInnen mit dem Einstieg ins Internet bekannt gemacht worden. Darüber hinaus waren sie auch bereits einige Zeit vor der konkreten Stunde am Internet mit dem Lehrplan für Deutsch konfrontiert worden und kannten daher schon die einzelnen Teillehraufgaben. In der Stunde vorher (6.11.1996) erarbeiteten die Schüler zunächst in Einzelarbeit Gesichtspunkte des Deutschunterrichts, für die sie eventuell Material im Internet suchen wollten. In gemeinsamer Besprechung wurden dann etwa 11 bis 12 Themenbereiche herausgefiltert, unter denen die Suche nach Informationen laufen sollte. Außerdem wurde in einem Vorgespräch zwischen mir als Lehrer und einigen Schülern, die sich bereits am PC gut auskennen, vereinbart, daß diese Schüler ihren KameradInnen beim Bedienen der Geräte helfen würden, sollten diese Schwierigkeiten haben. Ebenso war vereinbart, daß Mag. Dobes zur Hilfe bereit stehen würde.
Stundenverlauf: Je drei SchülerInnen besetzten ein Gerät und suchten nach Informationen zu dem Thema, das ich als Lehrer schon vorbereitet auf einen Zettel vor den PC gelegt hatte. Die Aufgabe bestand darin, besonders effizient Informationen zu erhalten und dazu auch den Weg zu dokumentieren, wie er sich zeigte. Am Ende sollten dann die entsprechenden Internet-Adressen gesammelt werden. Die Suche gestaltete sich je nach Gruppe und Thema unterschiedlich im Hinblick auf Zeitaufwand und Ergebnis. Die SchülerInnen, die etwa nach „Grammatik" suchten, fanden erst nach langem Suchen und nach langen Umwegen einige Standardwerke; diejenigen, die nach Informationen über H.C. Artmann suchten, fanden recht schnell ein paar Basisinformationen, die allerdings nur die Werke des Autors anführten, die dieser in den letzten fünf Jahren geschrieben hatte.

Eine andere Gruppe wieder hatte bald die Spielpläne der Bundestheater für den laufenden Monat bzw. auch für die nächsten Monate gefunden, bei der Suche nach den Kinospielplänen jedoch erkannte man, daß man in den aktuellen Seiten der im Internet vertretenen Tageszeitungen suchen mußte.
Am Ende der Stunde bekamen die einzelnen Gruppen den Auftrag, ihre Informationen in der Form zu Papier zu bringen, daß sie den Weg des Suchens darstellten, die Ergebnisse nannten und die entsprechenden Adressen aufschrieben, unter denen sie fündig geworden waren. Zwei Schüler erhielten im folgenden den Auftrag, die Informationen zu sammeln, zu ordnen sowie die Ergebnisse in übersichtlicher Form ausgedruckt für alle Schüler aufzubereiten.
Resümee: Natürlich ist es nicht möglich, nach dieser einzigen Einheit schon endgültige Aussagen über die vielen Möglichkeiten abzugeben, die der Einsatz des Internets bietet. Eines ist aber jetzt schon gewiß: Wir werden vor der Behandlung eines neuen Kapitels im Deutschunterricht je nach Bedarf SchülerInnen ansetzen, die im Internet unter den dazugehörenden Schlagworten nach möglichen Informationsquellen über das Thema suchen. Diese Arbeit muß sich nicht auf ganz wenige Schülerinnen beschränken, sondern soll, insgesamt gesehen, von vielen jungen Leuten je nach Bedarf wahrgenommen werden, damit das „Nachschlagen" nach möglichen Informationen vielleicht irgendwann zu einer Selbstverständlichkeit wird.

Ostar(r)ichi im Internet (Dr. Michael Sörös)

Vorbemerkungen

- *„Internet ist ´in´.", sagen die Medien.*
- *„Neue Technologien revolutionieren den Unterricht.", sagen die Fachleute.*
- *„Eine neue Lernkultur muß her!", sagen die Pädagogen.*
- *„Warum arbeiten wir nicht häufiger mit dem Computer?", fragen die Schüler.*
- *„Was heute ´in´ ist, ist schon morgen wieder ´out´.", sagen andere Medien.*
- *„Neue Technologien ruinieren den guten alten Unterricht.", sagen andere Fachleute.*
- *„Wir müssen uns auf alte Lernkulturen besinnen.", sagen andere Pädagogen.*
- *„Warum sollten wir im Geschichteunterricht den Computer verwenden?", fragen Schüler.*
- *Was soll ich als Lehrer davon halten?*

Probieren, wird wohl das beste sein! Ich habe es probiert und ich glaube, es ist gut, es probiert zu haben.
Mit einer 6. Klasse wollte ich aus dem Internet Informationen zum Thema „Ostarichi" suchen. Das ist nicht einfach. Einfach ist nur der technische Bereich. Je 2-3 Schüler arbeiteten an einem Gerät, betreut von mir, dem Geschichtslehrer, und einem Schüler einer 7. Klasse, der als wahrer Fachmann in technischen Fragen bezeichnet werden kann. Mit Hilfe von Yahoo, AltaVista und WebCrawler versuchten sich die Schüler an Informationen zum Stichwort Ostarichi heranzutasten. Interessanterweise wurde durch „trial and error" - Lernen herausgefunden, daß wir unter „Ostarichi" und unter „Ostarrichi" fündig werden können. Da findet man Hinweise auf Münzausgaben, Briefmarken, Milleniumsfeiern, skurrile Texte, Bilder und Handschriftenauszüge.

Das Sichten des Materials
Die Schüler schafften es zwar relativ rasch, an verschiedene Informationen heranzukommen, waren aber mit der Bewertung des Materials überfordert. Angesichts der Tatsache, daß sich das alles innerhalb einer einzigen Schulstunde abspielte, war ich es auch. Das ist jedenfalls eine Herausforderung für uns alle.
In Anbetracht des bevorstehenden Pausenläutens gab ich den Arbeitsauftrag, jeder Schüler solle sich eine Seite an Information ausdrucken. Dabei war der Assistent aus der 7. Klasse sehr hilfreich.

Was nun ?
Wenn es dabei bliebe, wäre der Lernertrag dieses ersten Versuches ein dürftiger. Aber dabei blieb es nicht. In der darauffolgenden Stunde gingen wir das ausgedruckte Material durch. Da gab es viel Unbrauchbares („1000 Jahre Uhudla"....), aber auch interessante Informationen bezüglich der Ostarichi-Urkunde und nette Bilder.

Cui bono?
Das hätte ich den Schülern natürlich auch auf anderem Wege beschaffen können, aber dann hätte es eben ***ich beschafft****; so haben es die Schüler* ***selbst beschafft****. Das ist viel wert. Der Lehrer hatte bei der Materialbeschaffung keine andere Aufgabe, als die Rahmenbedingungen, das Medium, zur Verfügung zu stellen. Man stelle sich eine Alternative vor: ich hätte die Schüler in die Nationalbibliothek oder in die Universitätsbibliothek führen und ihnen dieselbe Aufgabe stellen können. Als Ergebnis wären sie mit hunderten Kilo an Büchern zurückgekommen und wären ebenso ratlos gewesen wie sie es zunächst nach dem „Netz - Surfen" waren.*

Wozu brauche ich langfristig den Lehrer ?
Selbstverständlich wird das Internet nie den Lehrer ersetzen; genauso wenig, wie Videofilme den Lehrer ersetzt haben. Der Lehrer ist unglaublich wichtig für die Reflexion und die Evaluation der Arbeit. Ließen wir die Schüler mit den ausgedruckten Informationen alleine, könnten die Schüler das Lernziel nicht erreichen. Es liegt an uns Lehrern, bei der Vernetzung der Daten zu helfen, die gewonnene Information in einen Gesamtzusammenhang einzuordnen. Erst dadurch wird Faktenwissen zu Bildung.

Chancen und Gefahren
Das prinzipielle Verdammen neuer Technologien ist genauso unsinnig wie das kritiklose Hochjubeln. Eine echte Chance liegt in einer weitgehenden Selbsttätigkeit der Schüler in ihrer Arbeit. Auch die Gewöhnung an ungeheure Informationsmengen ist auf der Habenseite zu verbuchen. „Lösungsorientiertes Lernen", liest man, wird zukünftig gefragt sein.
„Genauso muß das Lernen künftig interdisziplinär angelegt werden (...) Die komplexe Problemwelt der Unternehmen sei längst nicht mehr durch eine wissenschaftliche Disziplin alleine abbildbar." (Kurier- Karriere, 9.11.1996)
Was soll da ein Lernen ausschließlich an Urkunden, ein isoliertes Betrachten von Ostarichi 996? Auch die Tatsache, daß den Schülern die totale Vernetzung von Informationen vor Augen geführt wird, ist ein Positivum. Von Otto (dem König) zum Uhudla ist es wirklich nur ein Sprung. Problematisch erscheint hingegen, daß das Lernen in eine gewisse Belanglosigkeit abzugleiten droht. Auch die Frage der Lernökonomie würde ich nach dem

ersten Versuch kritisch beantworten. Ich hätte dieselbe Information in kürzerer Zeit bieten können. Wenig erfreulich erscheint auf den ersten Blick auch die Tatsache, daß einige Schüler scheinbar Selbsttätigkeit mit Untätigkeit verwechseln.

Perspektiven

Die vernetzte Welt ist ein Faktum. Wir sollten uns daher bemühen, die Probleme als Herausforderungen zu betrachten:

- *Kann Belanglosigkeit - positiv formuliert - nicht auch Offenheit sein?*
- *Ist Lernökonomie wirklich nur eine Frage von „Metern und Sekunden"?*
- *Bringt die Selbsttätigkeit nicht langfristig auch Eigenverantwortlichkeit mit sich?*

Ich weiß es nicht. Wir sind es als Lehrer seit jeher gewohnt, Antworten zu geben. Deshalb ist es zunächst unbefriedigend, Fragen zu stellen, die wir selbst nicht beantworten können. Allerdings: Der Schule wurde oft der Vorwurf gemacht, sie gebe Antworten auf Fragen, die kein Mensch gestellt hat. Ist es da nicht ein Fortschritt, Fragen zu stellen und auf die Antworten zunächst einmal zu verzichten?

Es scheint sicher: Wir müssen weiter auf dieser Linie arbeiten. Der Prozeß der Integration der Technologie in den Unterrichtsalltag ist noch lange nicht abgeschlossen.

Astronomie in der 6. Klasse

Vielfach war in den letzten Jahren immer wieder die Forderung der Öffentlichkeit, von Experten und verschiedenen Institutionen zu hören, in der Schule die Unterrichtsmethoden zu modernisieren. Schlagworte wie „Offenes Lernen", „Projektunterricht", „selbständiges, zielorientiertes und erfahrendes Lernen" und „Weg vom Frontalunterricht!" geistern durch zahllose Fachartikel.

Heuer übernahm ich eine 6. Klasse (18 Schüler) des Gymansiums neu in Physik und irgendwie gelang es von Anfang an, ein gutes Arbeitsklima aufzubauen. Mitarbeit, selbständiges Fragen, Lernbereitschaft und Freude am Unterricht sind nicht immer alltäglich im Schulalltag. Diese Voraussetzungen beflügelt auch das Engagement des Lehrers. Schon im Herbst wurde diese 6. Klasse in den Gebrauch des Internets anhand einer kurzen Sequenz (zwei Unterrichtsstunden) eingeschult. Zum Thema „moderne Physik - ein Überblick" sollte die Klassen in Kleingruppen aus dem Internet die Namen der Nobelpreisträger der letzten fünf Jahre suchen und auch Materialien zu jenen Themen finden, für die diese Forscher diese internationale Auszeichnung erhalten haben.

Da man nur von jenen Innovationen im Unterricht als Innovation sprechen soll, wenn man sie auch wirklich selbst ausprobiert hat, beschloß ich das im folgenden zu schildernde Projekt mit der Klasse einzugehen. Auch nach Jahren der Unterrichtserfahrung ist so ein Projekt mit der fast völligen Auflösung des „normalen" Unterrichts ein Wagnis, wenn mir auch die Erfahrungen in der Informatik dabei sehr zustatten kamen. Mir war bewußt, daß wir auch Gefahr liefen, mit dem einen oder anderen Versuch zu scheitern, doch die Begeisterung der Schüler, als ich ihnen meinen Plan vortrug, ließ auch mich mehr Mut fassen, einmal das Wagnis einzugehen und es zu probieren.

Methodischer Ansatz

Bis jetzt habe ich das Kapitel Gravitation und Astronomie sehr konventionell in großen Teilen als Frontalunterricht den Schülern näher gebracht. Unterstützende Medien waren bis jetzt kurze Videofilme und Folien, und in den letzten beiden Jahren auch Präsentationen von CD-ROMs (Redshift, A Tour of the Universe, ECLIPSE).

Nun sollte nicht mein über die Jahre gesammeltes Material und mein Erzählen von Geschichten und das Darstellen von Zusammenhängen dominieren, sondern die Schüler selbst mit meiner Hilfe ein Teilgebiet des Kapitels mit allen zur Verfügung stehenden Mitteln erarbeiten. Damit sollten einerseits auch andere Sichtweisen als meine jahrelange Erfahrung möglich gemacht werden und andererseits neues Material zu diesem Thema aufbereitet werden. Dies bedeutete, daß nicht nur die Schüler einen völlig neuen Zugang zum Physikunterricht erfahren sollten, sondern auch mein Wissen über das Thema bedeutend erweitert wurde.

Außerdem galt es, mit dem Gebrauch der neuen Medien und der neuen Organisation des Unterrichts einmal konkrete Erfahrungen zu sammeln. Spannend wird es auch, wenn Schüler der nächsten Jahrgänge und anderer Klassen an diesen Erfahrungen und Materialien anknüpfen, was dadurch leichter gemacht wird, daß das Ergebnis der Projektarbeit auf dem Server der Schule als Hypertextmedium vorliegt.

- *ZEITRAUM: 9 Physikstunden (3 zusammenhängende Wochen) bis Ostern, also von 3.–21. März 1997.*
- *ORGANISATION: 9 Gruppen zu jeweils zwei Schülern mit Themen, die vom Lehrer zur Auswahl vborgegeben wurden.*
- *MEDIEN: Bibliothek (Bücher und Zeitschriften), CD-ROMs und das Internet - Bibliographie ist ein wichtiger Bestandteil - Vorbereitung auf eine Fachbereichsarbeit!*
- *ARBEITSMETHODE: Zu Beginn jeder Stunde trifft sich die ganze Klasse im Physiksaal (Feststellen der Anwesenheit, Klassenbuch) und hat damit die Chance, Probleme bei der Arbeit zu besprechen, die alle betreffen. Auflösung des Fachunterrichts, aber nur drei Orte, an denen die Schüler arbeiten sollen (Physiksaal, Informatikraum, Bibliothek); der Lehrer steht ambulant jeder Gruppe als Helfer zur Verfügung und wird jede Stunde einen kurzen Bericht über den Fortgang der Arbeit einholen (Dokumentation, Beurteilung, rechtzeitige Hilfe).*
- *ERGEBNIS: Das Produkt der Gruppenarbeit sollen 2-4 A4-Seiten sein, die elektronisch als Word-File auf Diskette oder im Netz in einem Ordner abzugeben sind (Graphiken extra - Hilfe durch Lehrer). Aus den Beiträgen der Gruppen wird ein Skriptum erstellt (Schüler und Lehrer), das in kopierter Form und elektronisch an alle verteilt wird. Eine Vorbereitung der Übernahme der Projektdokumentation ins Internet ist Pflicht, das heißt, Begriffe sind mit entsprechenden Internet-Adressen zu ergänzen.*
- *NACHBEREITUNG und DOKUMENTATION: Das Ergebnis der Gruppenarbeit wird von jeder Gruppe in einem kurzen Referat präsentiert.*

Probleme und Erfolge

Von den Schülern wurde diese Art des Arbeitens als durchaus positiv aufgenommen, obwohl nicht alle Gruppen der Aufgabenstellung ganz gewachsen waren. Die Konfrontation mit neuen Medien und der Arbeit am Computer - denn die Projektarbeiten wurden vom Lehrer selbstverständlich benotet - müßte noch in viel mehr Gegenständen immer wieder vorkommen, damit unsere Schüler dann nicht bei einer Fachbereichsarbeit oder später einmal auf der Universität völlig unerfahren im Umgang mit diesen Informationstechnologien sind.

Eines der wesentlichen Probleme sehe ich in der Verfügbarkeit von genug Arbeitsgeräten. Da manchmal auch Schüler anderer Klassen arbeiten wollten oder mußten, setzte zeitweise ein richtiges Gerangel um die Maschinen ein. Die Neuausstattung des Unterstufennetzes wird hoffentlich in diesem Problem eine Entspannung bringen; eine Anmeldung für die Benutzung der Computer wird aber in Zukunft notwendig sein. Die Grundschulung in der Benutzung des Netzwerkes (lokal wie Internet) machte in dieser sechsten Klasse keine Probleme. Dennoch ist der Zugang zu Computern noch sehr unterschiedlich. Eine einzige Schülerin lehnte die Arbeit mit dem Computer völlig ab, andere Schüler verfügten über eigene CD-ROMs, Scanner und hatten sogar von zu Hause Zugriff auf das Internet. Insgesamt muß aber festgestellt werden, daß für alle Schüler die gleichen technologischen Voraussetzungen vorhanden waren - zumindest in der Schule, wo ja die Einrichtungen der Informatik auch am Nachmittag benutzt werden konnten.

Interessant war für mich als Lehrer auch der Zugang, den manche Schüler bei der Erarbeitung des Themas hatten. Eine Gruppe z.B. bemühte sich, von CD-ROMs, die ich zur Verfügung stellte, Informationen zu bekommen, waren dann aber enttäuscht, daß man die gesprochenen Texte nicht ausdrucken konnte. Sie verwendeten daher ausschließlich das Internet als Informationsquelle und haben dennoch eine erstaunlich gute Arbeit abgeliefert. Eine andere Gruppe wieder benutzte für die Recherchen fast ausschließlich Bücher. Sie hat dabei sehr viel Information zusammengetragen, dann aber nicht gut selektieren können, was wichtig wäre, und das auch entsprechend dargestellt. Eine dritte Gruppe wieder benutzte wirklich gleichberechtigt elektronische wie konventionelle Medien und war sehr begabt in der vernetzten Darstellung des Wissens.

Inhaltlich haben die Schüler einerseits Unglaubliches geleistet, andererseits sind sie aber natürlich auch an manchen wesentlichen Begriffen (aus der Sicht des Lehrers und des Lehrplanes) vorbeigegangen. Viele Informationen oder auch Informationsquellen haben die Schüler für den Lehrer neu erschlossen, sodaß mein Unterrichten in Zukunft sicher anders ablaufen wird. Ich hätte nicht die Zeit gehabt, all diese Internetadressen zu suchen und zu bewerten, oder mir auf einigen CDs die Stichworte anzuschauen. Auch habe ich viele Anknüpfungspunkte serviert bekommen, die ich nun weiter erforschen kann. Ich empfinde diese Arbeit der Schüler als eine ausgesprochene Bereicherung und eine Fortbildung besonderer Art. Dabei habe ich nicht weniger, sondern viel mehr Zeit in dieses Thema investiert als sonst, aber ungewohnt; zum Beispiel, indem ich diese Zeilen hier schreibe.

Auch die Schüler haben sich intensiver als sonst mit einem Thema auseinandergesetzt. Durch die vorliegende Projektdokumentation und die Vorträge der Schüler war der Unterrichtsertrag im gesamten gesehen besser als ohne diese Arbeitsweise, denn mit größerer oder geringerer Lust hätten die Schüler mitgeschrieben, was ich ihnen erzähle und dann hätte ich in einer Großwiederholung oder mit einem Test abgefragt, was davon geblieben ist. Diese Überprüfung entfällt nun, da ich während der Vorträge auf die unbedingt zu könnenden Inhalte hingewiesen habe und sich die Schüler noch den einen oder anderen Kommentar notiert haben. Darüberhinaus haben die Schüler erstmals eine Mitschrift in der Hand, die bei weitem über das hinausgeht, was sie selbst notiert hätten. Nicht 18 Leute schreiben alle dasselbe mit, sondern alle nutzen den Wissenspool der Gruppe.

Die mögliche Zukunft

Aus den Erfahrungen der letzten Jahre heraus habe ich mir abgewöhnt, länger als ein halbes Jahr vorauszuplanen. Es gibt noch jedes Jahr irgendwann den Moment, wo irgendeine technische Innovation meine tiefes Erstaunen, meine Innovation und meine Visionen übertrifft, obwohl ich bemüht bin, ein bißchen die Entwicklung vorauszuahnen, soweit mir das halt möglkich ist. Dennoch muß auch für das nächste Schuljahr eine Planung gemacht werden. Denn ich sehe unser Projekt immer noch als ein vorwiegend an der Schule stattfindendes Lernen und Entdecken an und weiniger als ein Nachrennen irgendwelcher nationaler Meinungen, Initiativen oder Moden. Wenn wir unser Tun vor Ort nicht auch in unserem ganz spezifischen Umfeld wirklich verantworten können und nicht das Gefühl haben wollen, fremdbestimmt zu sein und von oben ergehende Vorgaben verwirklichen zu müssen sondern - natürlich mit der Hilfe von außen - unseren eigenen Weg gehen wollen, dann muß der Umbau in der Methodik, von dem so viele im Schulwesen sprechen, vor allem in den Köpfen jener passieren, die daran auch beteiligt sind. Mir ist bewußt, daß ich vielleicht manche Lehrinnen und Lehrer nie mit meinen Ideen erreichen werde und manche sehr spät auf den fahrenden Zug aufspringen werden, manche aber enorme Hilfe benötigen, um in dieser neuen Medienlandschaft gehen zu lernen. Manche wieder geraten voller Begeisterung auch in Sackgassen - vielleicht auch ich? - und wieder andere bauen jene neuen Wege und Zugänge, mit denen unsere Schule auch wirklich verändert wird. Wir gehen und wissen großteils eigentlich noch nicht wohin - oder haben wir irgendwo eine Vision, deren Erfüllung wir irgendwann überprüfen können?
Das Hier und Jetzt unseres Tuns ist entscheidend. Die Hinterfragung, ob das auch den Aufwand, den Einsatz der Ressourcen, materiell wie ideell und den Umbau des Lehrens und Lehrens auch wert sind, wird sich vielleicht erst in Jahren beantworten lassen. Welche Euphorie gab es bei der Einführung der Sprachlabors, des Overheadprojektors oder anderer Medien. Wird nicht vielleicht die Präsenz des Netzes zu jener Selbstverständlichkeit werden, wie es Telephonieren, Faxen und Fernsehen heute sind? Und wenn das so ist - hat sich dann an der Schule wirkich etwas geändert?

Doch konkret: Wir haben im nächsten Schuljahr vor, Patenschaften von Schülern für Lehrer ins Leben zu rufen, sodaß eine Lehrerin / ein Lehrer zumindest in der Zeit, bis sie / er sich an das Internet gewöhnt hat, immer einen Ansprechpartner hat, mit dem er Probleme beseitigen und in der Freizeit üben kann. Hat eigentlich jemand Erfahrungen, welche Summen eine solche Umstellung in der Arbeitswelt eines Beschäftigten in den Unternehmen der Wirtschaft kostet?
Weiters planen wir die Schaffung einer Internet-Gruppe, sei es als unverbindliche Übung oder auch als Verein, die einfach dafür sorgen soll, daß unser WWW-Angebot immer auf dem aktuellsten Stand ist und auch weiter wächst. Es ist mir und auch den anderen beteiligten Lehrern einfach nicht möglich, neben unserer normalen Tätigkeit auch noch hunderte WEB-Pages zu generieren, so gern ich mich auch dieser Aufgabe widmen würde.
Das sind natürlich nur Versprechungen, von denen ich heute noch nicht weiß, wie realistisch sie umzusetzen sind. Ich hoffe jedoch, daß durch die Kooperation, die ja ein-

mal im Ansatz des Netzes der Netze enthalten ist, auch wirklich Synergieeffekte stattfinden. Ich würde in meinen Fächern gerne auf Erfahrungen der Kolleginnen und Kollegen zurückgreifen, um meinen Unterricht noch besser, interessanter und schülergerechter zu gestalten.

Und zuletzt: Manche Initiativen lassen aufhorchen. Denn mit dem Netz kommt natürlich auch die europäische und internationale Dimension in die Schule - inwieweit auch die personellen und zeitlichen Ressourcen für diese Projekte letzendlich reichen werden ... Allerdings würde ich gerne wieder so eine frische, spannende und lustige Kommunikation aufnehmen wollen, wie wir es bereits 1989 mit Schulen aus Hawai und Norwegen usw. hatten. Unserem Arbeiten war damals einfach ein eigener Sinn gegeben: Verantwortung, Beziehung, Grenzen verkleinern (zwischen Ländern ebenso wie zwischen Kulturen), einfach über die eigene kleine Kaffeetasse eine Blick zu wagen.

Das „Global Village" wird durch die Maschinen ermöglicht, aber gebaut wird es nur durch die Menschen, die darin auch wohnen wollen.

Kontakt

Mag. Michael Dobes
E-Mail: <m.dobes@magnet.at>
BG Wien 8,
Piaristengymnasium
Jodok Fink - Platz 2
1082 WIEN
Tel.: 01 - 405 65 99
Fax: 01 - 408 74 75
Homepage: <http://www.bg8.asn-wien.ac.at>

Physikunterricht mit Notebook und Internet

von Johann Kuno Mangold

Die Schülerinnen und Schüler einer Klasse des Gymnasiums / Realgymnasiums Blumenstraße Bregenz nahmen vom Frühjahr 1996 (7R-Klasse) bis zur Matura im Juni 1997 (8R-Klasse) am österreichweiten „Notebookprojekt" des Bundesministeriums für Unterricht und kulturelle Angelegenheiten teil. Einer der Gründe für die Auswahl waren die Klassenschwerpunkte Informatik und lebende Fremdsprachen. Im Rahmen dieses Projektes wurden alle Schüler mit Notebooks ausgestattet, ebenso ein Großteil der Lehrer. Es standen insgesamt 30 Notebooks zur Verfügung. Ich unterrichtete diese Klasse als Physiklehrer und war auch Klassenvorstand.

Im folgenden werde ich anhand konkreter Projekte den Einsatz des Laptops im Physikunterricht beschreiben. Die Erfahrungen, die dabei gemacht wurden, betreffen nicht alleine ein Fachgebiet, sondern den Einsatz des Computers und des Internets im Schulunterricht an einer höheren Schule überhaupt.

Kommunikation per E-Mail

Für das Projekt wurde ein Klassenraum in der Nähe der Informatiksäle adaptiert. Die Notebooks wurden an das bestehende Novell-Schulnetz angebunden.

Fast parallel zum Anlaufen des Notebookprojekts bekam die Schule im Mai 1996 einen Internet-Anschluß über eine ISDN-Leitung. Seit September 1996 hatte die Notebookklasse auch Zugang zum Internet. Dazu war der Einbau eines Repeaters (Verstärkers) notwendig. Innerhalb der Klasse konnte zusätzlich mit dem lokalen Netz „Windows for Workgroups" gearbeitet werden.

Da die SchülerInnen und LehrerInnen zu Hause wegen der hohen Kosten (noch) über keinen Internet-Anschluß verfügten, wurde in der Schule ein eigener Mailserver mit Lotus Notes als Mail-Software installiert, über den ein Austausch von Daten möglich ist. Seit September 1996 sind die SchülerInnen über Modems an diesen Schulserver angeschlossen, sodass sie in der Lage sind, von zu Hause aus Mails zu senden und abzurufen. Ein Teil der LehrerInnen dieser Klasse hatte ebenfalls ein Modem zu Hause. Über dieses Mailsystem wurden Unterrichtsmaterialien und Hausübungen zwischen SchülerInnen und LehrerInnen ausgetauscht. Der Schwerpunkt des Einsatzes lag in den Fächern Informatik, Physik, Mathematik, Englisch und Geographie.

Drei Einsatzbereiche im Physikunterricht

Das Notebook diente im Physikunterricht als Werkzeug für verschiedene Bereiche. Dabei haben sich drei Einsatzgebiete herauskristallisiert:

- als Protokollierungsgerät für die Schülerexperimente und als Schreibgerät zum Anfertigen einer Mitschrift,

- als Gerät zur selbständigen Durchführung von Versuchen in Form von Simulationen und zur Erarbeitung neuer Lerninhalte und
- bei der Verwendung des Internets zu konkreten Recherchen. (z. B. Treibhauseffekt, Energieproblematik, Alternativenergien, Astronomie, Beschleuniger, Elementarteilchenphysik,...)

Protokolle, Mitschriften erstellen

Ein Computer kann ein Experiment im Physikunterricht nicht vollständig ersetzen. Für mich als Physiklehrer sind Experimente, die von SchülerInnen selbst durchgeführten werden, ein unverzichtbarer Teil eines anschaulichen Physikunterrichts. Wir verfügen an unserer Schule dafür über gute Schülerübungsgeräte. Aber es läßt sich trotzdem einiges ändern: Bisher verwendete ich bei Experimenten meist vorgefertigte Kopien oder Versuchshandbücher mit der Versuchsbeschreibung. Die SchülerInnen nahmen dann Ergänzungen vor und protokollierten damit den Versuch. Jetzt bekommen die SchülerInnen von mir bereits zwei bis drei Tage vorher über Modem ein File mit der Versuchsbeschreibung und der Aufforderung, das Notebook zur nächsten Stunde mitzunehmen. Sie fertigen dann während der Versuchsdurchführung bzw. unmittelbar danach ein Protokoll mit dem Notebook an. Sie haben damit eine gut leserliche Unterlage für das Studium daheim. Die meisten SchülerInnen drucken dieses Protokoll dann aus, da das Lernen vom kleinen Notebookbildschirm eher mühsam ist.

Versuche, zu denen Protokolle angefertigt wurden, betrafen Wechselstromwiderstände (induktiver, kapazitiver Widerstand), den Trafo und die Halbleiter (Diodenkennlinie, Transistorschaltungen), um ein paar Beispiele zu nennen.

Ein Teil der SchülerInnen hat den ganzen „Stoff" mit dem Notebook mitgeschrieben und damit eine im Vergleich zu manchen handgeschriebenen Mitschriften schöne Lernunterlage angefertigt. Ich habe den SchülerInnen freigestellt, ob sie ihre Mitschrift mit Notebook oder handschriftlich machen. Die vielen Formeln sind beim Mitschreiben mit dem PC sehr mühsam.

Simulationen und Erarbeitung von Lerninhalten

Für viele Versuche gibt es keine Versuchseinrichtungen. Hier eignet sich oft eine Simulationssoftware. Die Energieversorgungsunternehmen (EVUs) haben uns dankenswerterweise einige Programme zur Verfügung gestellt. In Vorarlberg gibt es den „Arbeitskreis Schule - Energie" (ASE), der jährlich einmal zu einer Fortbildungsveranstaltung für Physiklehrer einlädt. Dabei werden Softwareprogramme vorgestellt und ausgetauscht. Dieser Arbeitskreis stellt den Schulen auch Versuchsgeräte zur Verfügung (Stirlingmotor, Fotovoltaik, Wattmeter,..). Träger sind der Landesschulrat für Vorarlberg, die Vorarlberger Kraftwerke (VKW) und die Vorarlberger Illwerke (VIW).[1)]
Diese Software stelle ich den SchülerInnen über den „Mail-Weg" rechtzeitig zur Verfügung. Sie erarbeiten sich dann anhand dieser Software den Stoff oder vertiefen ihn durch nochmaliges Variieren von Parametern.

- Ein sehr gelungenes Beispiel war der Einsatz eines Programms zur Simulation einer Fotovoltaikanlage[2]. Das Programm ermöglicht eine Auswahl zwischen Inselanlagen und netzgekoppelten Fotovoltaik-Anlagen. Die SchülerInnen haben bereits den Aufbau und die Funktion einer Solarzelle kennengelernt und bekommen nun den Auftrag, mit Hilfe des Programms eine Solaranlage zu „betreiben“.

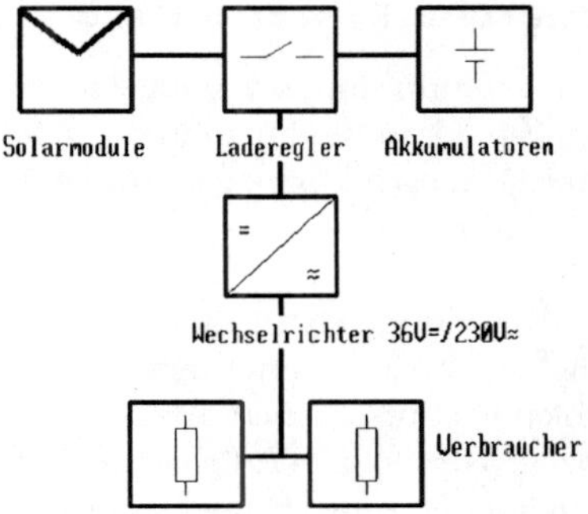

ABBILDUNG: SCHEMA EINER INSELANLAGE

  Durch die eigenständige „Bedienung“ einer Fotovoltaikanlage erfahren die SchülerInnen wesentlich eindrucksvoller die Problematik des „Ganzen“ als nur durch Lehrervortrag. Wenn beispielsweise in einer Berghütte (Inselanlage) die Warnung kommt, dass der Akku gleich entladen ist, gilt es, die richtigen Schritte zu setzen und die Geräte mit großer Leistungsaufnahme auszuschalten. Ein Zusatzaspekt ist, dass die SchülerInnen erkennen, welche Geräte große Energieverbraucher sind.
- Zur Vertiefung des Themas Wechselstrom-Generator, Wechselstromleistung, magnetisches Drehfeld habe ich den SchülerInnen verschiedene Programme zum Selbststudium gegeben.
- Ein anderes Beispiel ist die Berechnung des Wärmebedarfs eines Hauses. Mit der Vorgabe einer Folie mit einer Wohnung (Annahme: Kleinbungalow mit Flachdach, ohne Keller) mußten verschiedene Daten errechnet werden. Die Berechnungen führten wir mit einem Tabellenkalkulationsprogramm aus. Wenn ich die Tabelle mit den Spaltenbeschreibungen vorgebe, läßt sich innerhalb einer Unterrichtsstunde die ganze Berechnung inklusive Heizkosten, CO_2-Ausstoß etc. ausführen. Hier konnten sich die. SchülerInnen z. B recht rasch ausrechnen lassen, wieviel an Heizenergie einzusparen ist, wenn man die Raumtemperatur nur um 1 °C absenkt oder den k-Wert um 1 Zehntel verbessert.
- Im Zusammenhang mit der Wellenlehre wird die Fourieranalyse besprochen. Hier eine manuelle Berechnung durchzuführen, ist sehr zeitraubend und mühsam. Mit Excel 5.0 und dem AddIn Solver lässt sich dies, wenn Grundkenntnisse in der Handhabung des Tabellenkalkulationsprogramms vorhanden sind, recht anschaulich durchführen.

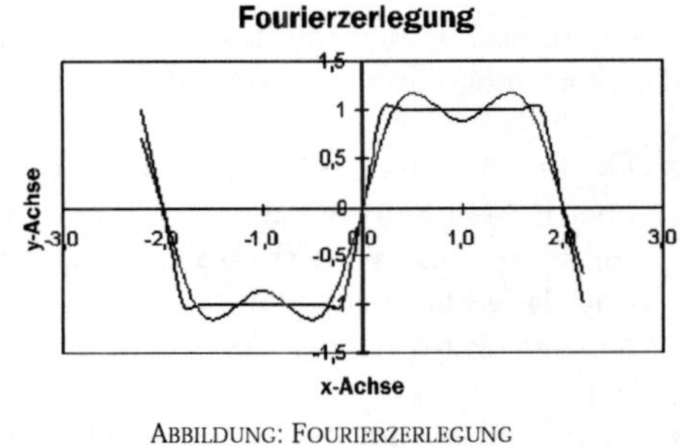

ABBILDUNG: FOURIERZERLEGUNG

Recherchen im Internet

Eine in Zukunft immer wichtigere Anwendungsmöglichkeit ist das Suchen im World Wide Web. Dazu muß man in der glücklichen Situation sein, einen Internetanschluß zu haben. Im Fach Physik gibt es viele Möglichkeiten, Informationen vom WWW herunterzuholen.

Diese Anwendung eignet sich besonders für Projektarbeiten.

- Im Zusammenhang mit dem Thema Lorentzkraft haben wir im Unterricht die Beschleuniger besprochen. Als Anwendung schob ich dazu das Kapitel Elementarteilchenphysik ein. Die Aufgabenstellung war: sucht im Internet bis in einer Woche Informationen zum Thema Beschleuniger. Dazu gab ich den SchülerInnen die Adressen **<http://www1.cern.ch>** sowie **<http://www.desy.de>** bekannt. Die Themenstellung war sehr offen. Es kamen daher die unterschiedlichsten Beiträge, von der historischen Aufzählung der Entwicklung bei DESY, bis zu Forschungsarbeiten an der TU München mit Beschleuniger-Massenspektroskopie. In der nächsten Stunde wurden die Ergebnisse der Recherchen besprochen.
- Ein weiteres Projekt zu einem Umweltproblem hatte folgende Vorgabe: es ist ein Plakat zum Thema CO2-Ausstoß, Treibhauseffekt und Alternativenergien zu gestalten. Der vorgegebene Zeitrahmen umfaßte zwei Unterrichtsstunden „Suchen im Internet" und eine Stunde „Zusammenfassung und Kurzreferate" zum Thema. Die Zusammenfassungen wurden als Grundlage für die Plakatgestaltung herangezogen. Eine eigene SchülerInnengruppe übernahm dann die Plakatgestaltung.

Das waren ein paar konkrete Anwendungsbeispiele für unterschiedliche Einsatzformen des Notebooks im Physikunterricht. Bei der nächsten Klasse, die das Notebook bekommt, werden sich aufgrund der gemachten Erfahrungen sicher noch mehr Möglichkeiten eröffnen. Besonders im Bereich Lernsoftware gibt es das Problem, dass es zwar einiges auf dem Markt gibt, in Zeiten des Sparpakets die anfallenden Kosten aber oft das zur Verfügung stehende Budget sprengen.

Didaktische Überlegungen

Die Umstellung vom traditionellen Unterricht zum Unterricht mit Notebook ist für die LehrerInnen und die SchülerInnen beachtlich. Ich möchte dabei nur ein paar Aspekte erwähnen.

- Die Planung des Lehrers muss sehr präzise und noch vorausschauender sein. Wenn über E-Mail Software zur Verfügung gestellt wird, muss dies so frühzeitig (mindestens zwei Tage vorher) erfolgen, dass sich die SchülerInnen diese rechtzeitig herunterladen können. Man braucht sehr viel Zeit, wenn das erst im Unterricht geschieht. Andererseits ist das natürlich für die SchülerInnen Zusatzarbeit in ihrer Freizeit.
- Beim Arbeiten im Internet ist es sehr wichtig, den SchülerInnen zu helfen, mit der Flut an Informationen zurechtzukommen. Hier müssen auch die Lehrer noch viel lernen, um mit diesem neuen Medium umgehen zu können.

- Die meisten am Notebook beteiligten LehrerInnen machten die Beobachtung, dass die Qualität der Kommunikation im Unterricht eine andere (ohne Wertung) ist. Wenn die SchülerInnen einen Bildschirm vor sich haben, stellt das eine Art „elektronischen Vorhang“ zwischen ihnen und dem (der) Lehrer(in) dar. Dadurch ist die Spontaneität etwas beeinträchtigt. In mancher Unterrichtseinheit haben wir deshalb nach wie vor ohne Notebook gearbeitet.
- Eine nicht zu unterschätzende Gefahrenquelle für die SchülerInnen ist die Ablenkung durch Spiele, die sie sich auf dem Notebook installiert haben. Es erfordert von den SchülerInnen ein großes Maß an Selbstdisziplin, in unbeobachteten Augenblicken nicht auf ein Spiel oder auf einen „Chat“ im Internet umzuschalten.
- Das Arbeiten mit dem Internet ist sehr zeitaufwendig und mit diesen Maschinen (486-er Prozessor mit 50 MHz) manchmal eine Geduldsprobe. Etwas Abhilfe soll die Anschaffung eines neuen Netzservers bringen, die für Herbst 1997 geplant ist.
- Da in der 8. Kasse erfahrungsgemäß die „Zeit davonläuft“ und das Hauptziel die Matura ist, war es nicht mehr möglich, allzu viele Projekte durchzuführen.

Ausblick

Detailliertere Angaben zum Notebookprojekt, besonders auch aus Sicht der SchülerInnen, die gezielt nach ihren Erfahrungen befragt worden sind, finden sich in den Berichten zur Evaluierung des Notebook-Projekts, die von der Techno-Z *FH* F&E in Salzburg **<http://www.dir.fh-sbg.ac.at/netedu/>** angefertigt werden.
Das Notebookprojekt war auf jeden Fall sehr interessant und stellte für SchülerInnen und LehrerInnen eine Herausforderung dar. In unserer Schule wird das Projekt Notebook mit einer neusprachlichen Klasse (6b-Klasse) fortgesetzt. Dabei war die Auswahl recht schwierig, weil sich auch andere Klassen sehr dafür interessiert haben. In dieser Klasse werden die Schwerpunkte sicher anders gesetzt werden. Geplant sind Projekte mit Hilfe des Internets vor allem im Bereich der Sprachen und in Geschichte. Im Mathematikunterricht soll verstärkt mit Derive gearbeitet werden. In Physik werde ich auf die bisherigen Erfahrungen aufbauen können und werde vor allem mehr Projekte durchführen.

------

1) Arbeitskreis „Schule - Energie“ , Weidachstraße 6, 6900 Bregenz,
   Tel.: 05574 - 31581/2563.
2) Programm Fotovoltaik ENERGIE-Verlag Heidelberg, Februar 1992
   Brendjes, Franz & Kaufmann, Andreas Franz, Lüneburger Str. 11, 2121 Tespe
   Tel.: 04176 - 1967, Fax: 04176 - 1867.

Kontakt

Mag. Johann Kuno Mangold
E-Mail: <c.mangold@computerhaus.at>
BG Blumenstraße 4,
A-6901 Bregenz
Homepage: <http://www.vol.at/BG-Blumenstrasse/>

Wasser-Boden-Luft. Physikalisch-chemische Projekte – Fallbeispiele aus der Hauptschule

von Karl Heinz Holzmüller

Das Ziel, die neuen Technologien auch im Physik und Chemieunterricht umzusetzen, begann mit der Implementierung der Informatik im Unterricht der Hauptschule. Wir entwickelten seit dem Schuljahr 1989/90 dazu mehrere konkrete Projekte. Die Chronologie der Arbeiten zeigt sehr gut, wie sehr sich die Informations- und Kommunikationstechnologie in den letzten zehn Jahren verändert hat und wie wir darauf reagiert haben. Unsere Perspektive erweiterte sich von der Verwendung einfacher Basisprogramme (Textverarbeitung, Kalkulation und Präsentation) bis zur Diskussion von Meßergebnissen im Internet und zur Darstellung unserer Arbeiten auf verschiedenen Servern. Der frühe Einsatz der Informationstechnologie und das persönliche Engagement, das notwendig war, um neuen Formen gerecht zu werden, haben zu Erfahrungen geführt, die auch für andere Hauptschulen interessant sind. Es zeigt sich auch, daß man weit über die Schule hinausdenken muß, um in Kontakt mit verschiedenen Organisationen neue Projekte entwickeln zu können und zu Sponsoren zu kommen.

Chronologie des Informatikeinsatzes in Physik und Chemie

Als Einstieg für die Hauptschulen Heidenreichstein und Schrems (Waldviertel/Niederösterreich) bot sich im Schuljahr 1989/90 ein Projekt des Verbandes der Chemielehrer Österreichs zum Thema: *„Wasser“* an. Wir nutzten die damals neue Möglichkeit, physikalisch-chemische Übungen an der Hauptschule abzuhalten. Im Rahmen dieser Stunden untersuchten wir verschiedene chemische und physikalische Parameter des Romaubaches, der durch Heidenreichstein fließt. Indem wir diese händisch in eine Tabellenkalkulation (damals noch Supercalc) eintrugen und Grafiken erstellten, verarbeiteten wir die so gewonnenen Daten zu einer Dokumentation. Die begleitenden Texte haben wir in Word Perfect erarbeitet. Daß wir mit dieser Arbeit österreichweit den 4. und in Niederösterreich den 1. Platz bei diesem Wettbewerb „Lebensraum Wasser“ errangen, ermutigte uns zur Fortsetzung unserer Arbeiten.

ABBILDUNG: PROJEKT WASSER

Von 1993 bis 1995 nahmen wir zum Thema Wasser auch an einem Projekt der Raiffeisenkassen teil, bei denen es darum ging, ein Gütebild der Fließgewässer in Niederösterreich zu erstellen. Der „Romaubach“ ist dabei nach unseren Meßwerten dargestellt. 1996 untersuchten wir den „Braunaubach“ in Schrems und reichten diese Arbeit zum Programmierwettbewerb der österreichischen Computergesellschaft ein. Wir konnten damit den 6. Platz erzielen.

Als nächste Aufgabe stellten wir uns, den *„Boden"* zu untersuchen. Um unsere Arbeiten auch präsentieren zu können, entschlossen wir uns, das Projekt „Bodenuntersuchungen" zur Auswahl der Teilnahme am IFIP-Kongreß „Informatics and changes in learning" 1993 in Gmunden einzusenden, und nahmen schließlich als als Vertreter Niederösterreichs daran teil.

ABBILDUNG: PROJEKT BODENANALYSE

Dabei arbeiteten wir ähnlich wie bei den Wasseruntersuchungen. Als Programme wählten wir die Word-Perfect-Produkte „WP" und „Presentations". Die fertige Präsentation stellten wir in Gmunden einem höchst interessierten Publikum vor.

Die Teilnahme an diesem Kongreß eröffnete uns nun sehr viele weitere Perspektiven. Wir konnten durch die dort gemachten Erfahrungen und geknüpften Kontakte unser Ziel, die Informationstechnologien im Unterricht effektiv einzusetzen, vervollkommnen. MinR. Dr. Reinhold Hawle vom Ministerium für Unterricht und kulturelle Angelegenheiten war uns beim Ankauf einer computerunterstützen Wetterstation behilflich, Univ. Doz. Dr. Erich Neuwirth ermöglichte es uns, seinen Server am Institut für Statistik, Operationsresearch und Computerverfahren an der Universität Wien, als Einstieg ins Internet zu nutzen. Mit diesen maßgeblichen Hilfestellungen konnten wir den Schritt zu den der neuen Medien im österreichischen Schulwesen auch an unserer Hauptschule tun.

Weiters machte uns Dr. Neuwirth auf das „Projekt Global Lab" von des „Technology Education Research Center (TERC)" in den USA aufmerksam, bei dem unter anderem naturwissenschaftliche Daten weltweit diskutiert werden.

So hatten wir das nötige Rüstzeug, um Daten automationsunterstützt zu erfassen und diese auch weltweit zu diskutieren. Seit 1994 erfassen wir also die Wetterdaten bei unserer Hauptschule über unseren PC, die wir monatlich in Form eines Folders allen Interessierten bereitstellen.

Im Schuljahr 1994/95 starteten wir dann unser Projekt *„Luftqualität in Schulräumen"*. Freundliche Unterstützung erhielten wir dabei durch die EVN, die uns Dräger-Röhrchen samt Meßbalg, sowie zusätzliche finanzielle Mittel zur Verfügung stellten. Der Energieberater der Dienststelle Gmünd/NÖ, Ing. Dietfried Kaspar, stand uns für fachliche Probleme bei der Erhebung der Daten ebenfalls mit Rat und Tat zur Seite.

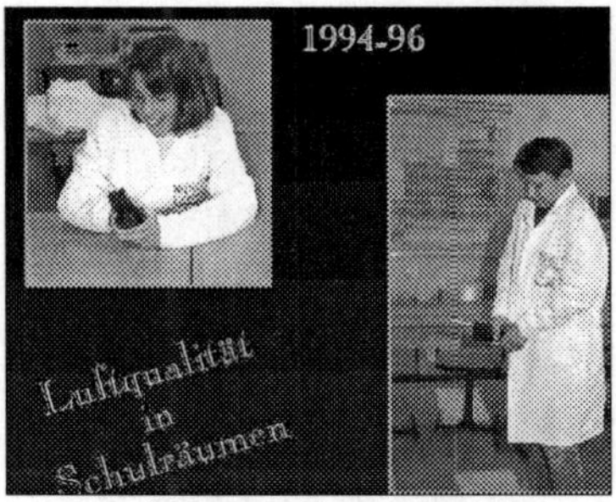

ABBILDUNG: PROJEKT LUFT

Bei unseren Arbeiten haben wir immer versucht, Methoden zu verwenden, die einerseits für Schüler der Unterstufe (HS) leicht zugänglich sind, aber dennoch, wenn auch nur qualitativ, gute Resultate liefern. Das Ziel war die Einbindung elektronischer Medien aller Art in Form der Meßwerterfassung, Auswertung und Diskussion der Werte.

Unser Zugang und die Kontakte im Internet

Unser Account zum Internet bestand aus einer Einwahlmöglichkeit zu einem Server an der Universität Wien. Mit einem Modem und einem Terminal-Programm konnten wir die Dienste im Internet nutzen. Hauptsächlich nutzten wir E-Mail, das WWW war für uns noch nicht interessant, da wir nur die Möglichkeit von Textdarstellungen hatten.
Bei TERC **<http://www.terc.edu/>** konnten wir uns bei einer E-Mail-Liste anmelden und so an den laufenden Diskussionen teilnehmen, sowie selbst unsere Meßwerte zur Diskussion stellen.
ERC, das Technology Education Research Center - ist eine Einrichtung in Cambridge, Massachusettes, die neben der Diskussion naturwissenschaftlicher Daten ihren Teilnehmern auch weltweit Geräte zur Verfügung stellt, um möglichst unter gleichen Bedingungen Daten zu erfassen.
Die relativ hohen CO2-Werte in unseren Räumen gaben den meisten Anlaß zur Diskussion. Hier zwei Beispiele:

Date: Fri, 10 Feb 95 16:10:45 EET
From: Viktor Muuli <viktor@htg.tartu.ee>
Subject: [gl-ideabank] High CO2 Levels

Dear folks,
I would like to write about our experience in this area.
Some weeks ago we did the measurment of CO2 level in classroom. There were 29 persons in a room with cubature about 200 m3. Our experiment took 5 lessons and our results were:
CO2 concentracion in the morning before lessons - 0,12%
CO2 concentracion after 5-th lesson - 0,38%
CO2 concentration outside - 0,03%
Without ventilation the concentration of CO2 increased more that 3 times compared before lessons time and reached level more that 10 times compared with data from outside!
Viktor Muuli, Hugo Treffner Grammar School

Date: Sun, 12 Feb 95 13:13 EST
Subject: Kohlenstoffdioxid
Grusse
... hoch sind sie... Solche Kohlenstoffdioxidstufen haben wir noch nie gesehen, aber das Klima ist hier viel anders als in Österreich. Wir haben zentrale Heizung aber im Winter ist sie

- **Einen Bericht über die Messungen der Lufqualität haben wir auch am Server von Herrn Univ. Prof. Dr. Helmut Kühnelt, beim Verein zur Förderung des physikalisch–chemischen Unterrichts unter: <http://doppler.thp.univie.ac.at/~vf-pc/schulen/luft.html> veröffentlicht.**
- **Veröffentlichungen finden sich auch in den „Praxiszeitungen" des HPT-Verlages: no. 1 und no. 5,**
- **sowie den „Success Stories" - Teilnahme des Unterrichtsministeriums unter: <http://tecfa.unige.ch/edu-comp/success-stories/fiches/ f209.html>**

oft nicht an. Es ist moglich dass die Fenster im Januar offen gelassen sind. Es waere interessant diese Resultate mit einer Schule im Norden zu vergleichen vielleicht in der Nahe von Boston oder New York.
Rich Borst, Aiken SC - USA

Projekt museum@online

Im Schuljahr 1996/97 haben wir den physikalisch-chemischen Bereich etwas verlassen, da wir von Herrn Mag. Stemmer, Bundesministerium für Unterricht und kulturelle Angelegenheiten, Abt. V/21, das Angebot erhielten, an einem Projekt aus Bildnerischer Erziehung teilzunehmen. Im Rahmen von museum@online erstellten wir eine Homepage für unsere Schule mit dem Schwerpunkt „Schiele im Internet".
<http://www.asn-linz.ac.at/museum2/heidenr/Hs_hstei.htm>
Dazu ist vielleicht zu sagen, daß wir mit diesen Arbeiten erste Erfahrungen der aktiven Gestaltung von Seiten im Internet gesammelt haben, die wir nun aber weiterhin hauptsächlich wieder zur Dokumentation und Diskussion unserer pysikalisch chemischen Analysen nutzen wollen. Für 1997/98 planen wir im Rahmen der physikalisch chemischen Übungen den Boden um unsere Schule genauer kennenzulernen, Bodenprofile anzulegen und die verschiedenen Schichten zu analysieren. Vielleicht können wir auch auf einem Server diese Arbeiten darstellen und natürlich auch diskutieren.

ABBILDUNG: DAS „PCÜ-TEAM"

Erfahrungen des IKT-Einsatzes in der Hauptschule

- Die Ziele des IKT Einsatzes waren immer, die Schüler mit den jeweils möglichen Einsatzgebieten des Computers vertraut zu machen. Geschehen ist dies im Rahmen der Möglichkeiten, die uns in der Schule geboten wurden. Einerseits in den „physikalisch-chemischen Übungen" und in der „Begabtenförderung".
- Initiiert und getragen wurden all diese Projekte von mir. Meine Ausbildung dazu ist die zum Lehramt aus Informatik, aber größtenteils beruhen meine Arbeiten auf autodidaktischen Studien. Ich war auch als Referent zur Ausbildung von Informatiklehrern tätig, als die Einführung dieses Faches an Hauptschulen erfolgte.
- Der Einsatz neuer Technologien in den einzelnen Fächern ist sehr vom jeweiligen Lehrer, aber auch von den Gegebenheiten an den einzelnen Schulen abhängig. Mehr Akzeptanz findet man sicherlich an Schulen mit guter „Infrastruktur", d.h.: gute Ausstattung und Unterstützung durch den jeweiligen Kustoden. Die technischen Voraussetzungen haben sich für uns im Lauf der Jahre gebessert. Durch einen Provider in unserer Nähe haben wir heute einen kostengünstigeren Zugang ans Netz und können auch alle Dienste optimal nutzen. Die Finanzierung erfolgt im Hauptschulsektor durch die Schulgemeinde und diverse Sponsoren, ohne die eine sinnvolle Arbeit nicht möglich wäre.

- Im regulären Unterricht ist der IKT-Einsatz, bedingt durch mangelnde Ausstattung und zu großer Schülerzahl leider zur Zeit nur sehr eingeschränkt möglich. Eine Integration zur Demonstration von Inhalten ist dadurch, so finde ich, die einzig sinnvolle Einsatzmöglichkeit. Sollte ein interaktives Arbeiten und Auseinandersetzen aller Schüler mit den neuen Medien einmal möglich werden, wie es heute in den Kleingruppen der Übungen und Förderungen schon passiert, wird es sehr wohl Auswirkungen auf die Didaktik und den Unterrichtsablauf allgemein geben.
- Zu didaktischen Erfahrungen ist zu sagen, daß diese Projekte nicht im „Regelunterricht“ erstellt wurden und in den Übungen nur interessierte Schüler in kleinen Gruppen arbeiten. Damit ist auch für den Lehrer eine ganz andere Situation gegeben, die mit dem „Alltag“ nicht übereinstimmt. Erst wenn die Möglichkeiten geschaffen sind, mit einer ganzen Schulklasse zu arbeiten, wird sich der Unterricht wohl radikal ändern. Bis dahin fließen die neuen Medien eher unterstützend als „Demonstrationsmedien“ - ähnlich dem Overheadprojektor - in den Unterricht ein.
- Da Kinder neuen Technologien und - allgemeiner - neuen Erfahrungen gegenüber sehr offen sind, habe ich eigentlich nur positive Erfahrungen mit dem Einsatz dieser Medien gemacht.

Kontakt

Karl-Heinz Holzmüller
E-Mail: <k-h.holzmueller@wvnet.at>
Hauptschule Heidenreichstein
Anton Ullrichgasse 7
A - 3860 Heidenreichstein
E-Mail: <hs.hstein@wvnet.at>
Homepage: <http://doppler.thp.univie.ac.at/~vfpc/schulen/luft.htm>

Österreichische und Europäische Initiativen

Black•Board - Der Kommunikationsserver im Schulnetz

von Gerhard Lukawetz und Andrea Khol

Black•Board bewährt sich nun seit fast drei Jahren als eines der umfassendsten und thematisch breitesten schulzentrierten Onlinesysteme in Österreich. Das Konzept, Inhalte durch Unterstützung der kommunikativen Eigeninitiative der Informationsproduzenten zu sammeln, ist weitgehend einzigartig. Das Black•Board-Team konzentriert sich vor allem darauf, Personen beim Publizieren in Neuen Medien zu unterstützen und die technischen Rahmenbedingungen zur Verfügung zu stellen. Die Information selbst kommt dann aus „erster Hand“, von den Benutzern.

Dieser Beitrag versucht in einem breiten Bogen Intentionen, didaktische Konzepte, Aufgabenfelder, Nutzerstruktur und technische Realisierungen des Projekts zu vermitteln. Auch ein Überblick über einige thematische Bereiche wird gegeben, sodaß Interessierte vielleicht auf interessante Angebote stoßen. Wie nur wenige Online-Medien, verfügt Black•Board über ein klares Zielgruppen- und Medienkonzept. Es können auch einige Grundaussagen über die Nutzerstruktur getroffen werden. Allem voran stehen didaktische Konzepte.

Zur Didaktik neuer Technologien

Mehrere Überlegungen führten im Oktober 1994 zur Gründung von Black•Board, dem Netzwerk für Schule und Bildung: Information wird zunehmend zum entscheidenden Faktor gesellschaftlicher, ökonomischer und demokratiepolitischer Entwicklung, die aktive Nutzung neuer Kommunikationstechnologien und der souveräne Umgang mit Information werden zur maßgeblichen Kulturtechnik. Nicht zuletzt sind bereits heute die Fähigkeiten zur Kommunikation und Artikulation Schlüsselqualifikationen für ein erfolgreiches Berufsleben.

Die Schule bekommt zusätzlich die Aufgabe, die Schüler zur Orientierung in der immer größer werdenden Informationsflut zu befähigen und neue Medien zielorientiert einzusetzen. Bei seiner Gründung wurde Black•Board konzipiert als kostengünstiges „Einstiegsmedium“ und Kommunikationsplattform mit geringen technischen Anforderungen an seine Benützer. Der Informationsbereich war von Anfang an so konzipiert, daß er einerseits Lehrern zur Unterrichtsvorbereitung dienen konnte, andererseits zum sinnvollen Einsatz im Unterricht selbst. Darüber hinaus wurde ein breites Informationsangebot von serviceorientierten Abteilungen des BMUK und anderen Institutionen aus dem Bildungsbereich eingebunden.

Die Grundkonzeption von Black•Board hatte die Intention, das Interesse nicht-technisch orientierter Angehöriger der Zielgruppe (Personen aus dem Bildungsbereich) an den neuen Kommunikationsmedien zu wecken und sie zur Partizipation anzuregen.

Black•Board verstand sich daher von Beginn an als mediales Gesamtkonzept, welches einerseits Informationsbereiche aus Abteilungen des Unterrichtsministeriums und aus anderen Bildungsinstitutionen anbietet, andererseits aber auch als Kommunikationsplattform der Benutzer untereinander dient und das von diesen selbst mitgestaltet werden kann.

Ein beträchtlicher Teil des Informationsangebotes von Black•Board stammt von Partnern aus dem Bildungsbereich, wird selbständig von diesen gestaltet und den Zielgruppen zur Verfügung gestellt. So finden sich auf Black•Board neben Informationen aus serviceorientierten Abteilungen des BMUK auch die Weiterbildungsangebote der Pädagogischen und Religionspädagogischen Institute. Darüber hinaus können Lehrer und Schulprojekte eigene Arbeitsgruppen zur Vernetzung ihrer Tätigkeiten und zur Diskussion, Präsentation und Information ihrer Ergebnisse einrichten.

Support für Anwender und Informationsanbieter

Neben dem Medienkonzept ist der Support ein integraler Bestandteil des Projekts und ein Grund für dessen Erfolg. Dieser Support erstreckt sich auf sämtliche, das Medium betreffende Fragen und wird sowohl telefonisch als auch in Form von elektronischer Korrespondenz (E-Mails) geleistet. Die Fragen, mit denen das Team konfrontiert wird, erstrecken sich von einfachen, allgemeinen Fragen („Was ist Black•Board, Wie bekomme ich Zugang?“) bis hin zu sehr komplizierten technischen Problemen (z.B.: „Wie binde ich einen EDV-Saal an?“).

Daraus ergibt sich neben der infrastrukturellen Bedeutung eine mediendidaktische Funktion für Black•Board. Durch die Verwendung des Mediums erwerben die Benutzer grundlegende Kenntnisse für den Umgang mit telematischen Medien und deren aktiver Benützung. Über zwanzig Stunden pro Woche steht die Telefonhotline zur Verfügung und fast die gleiche Zeit wird zusätzlich für die Beantwortung der per E-Mail einlangenden Fragen verwendet.

Online-Community

Ein weiterer Grund für die große Akzeptanz von Black•Board ist, daß sich innerhalb seiner User Netzwerke, Gemeinschaften, „Online-Communities“, in der Terminologie der neuen Medien, gebildet haben. Das Online Medium wird so zum virtuellen Dorfplatz, auf dem sich die Wege kreuzen, zur virtuellen Heimat in der globalen Welt des Internet. Durch die persönliche Registrierung - jede Userin, jeder User benützt Black•Board unter dem eigenen Namen - können Kontakte direkter und einfacher hergestellt werden, die Bildung von Netzwerken wird unterstützt.

Eine Salzburger Volksschullehrerin sucht beispielsweise eine Schulschrift für den Computer. Sie schreibt in eine entsprechende Konferenz eine Nachricht und innerhalb weniger Stunden hat ihr vielleicht schon eine Kollegin aus Niederösterreich eine Datei mit einem von ihr entwickelten Schriftprogramm via E-Mail geschickt.
Das Online-Medium wird so zu einem Instrument der Selbsthilfe und Selbstorganisation.

Die Zielgruppe

Black•Board richtet sich grundsätzlich an alle am Bildungsbereich interessierten Personen, vor allem an Lehrer, Personen aus Bildungsinstitutionen, Schüler (v.a. im Rahmen von Schulprojekten und als Schülervertreter) und Mitglieder der Schulgemeinschaftsgremien (auch Eltern!). Die meisten Bereiche sind daher auch frei für alle zugänglich.

Black•Board ist auch als Einstiegsmedium in den Onlinebereich für nicht technisch-orientierte Lehrer konzipiert. Durch möglichst niedrige technische Schwellen sollen sie zu einer Auseinandersetzung mit neuen Medien angeregt werden und diese sinnvoll in den Arbeitsalltag integrieren lernen. Die Benutzer von Black•Board sind besonders aktiv und kommunikationsinteressiert. Alle schulspezifischen Fragestellungen - besonders die didaktischen - werden auf Black•Board nicht nur diskutiert, es werden auch anregende Beispiele für Problemlösungen von den jeweiligen Initiatoren selbst publiziert und damit Erfahrungen weitergegeben. Somit richtet sich Black•Board speziell an jene, die das beste aus „ihrer Schule", „ihrer Klasse" und „ihrem Unterricht" machen wollen.

Die Aufgabenfelder

Für Black•Board sind fünf Hauptaufgabenfelder definiert, die mit technologischen, medialen und organisatorischen Mitteln erfüllt werden:

1. Diskussion (Konferenzen)
2. Arbeitsgruppeninstrument
3. Information
4. Projektplattform
5. Telematische Grundversorgung

Die Verbindung dieser unterschiedlichen Funktionen zu einem didaktischen sowie kommunikativen Gesamtkonzept, das in eine speziell für den Schul- und Bildungsbereich gestaltete mediale Umgebung eingebettet wird, ist ein weiterer Grund für den Erfolg des Projektes.

Diskussion (Konferenzen)
Black•Board bietet zahlreiche informative und anregende Diskussionsforen zum Thema Schule und Bildung. Diese werden teilweise speziell für Black•Board eingerichtet, teilweise aber auch aus anderen Netzen, wie z.B. dem Usenet des Internet importiert.

Arbeitsgruppeninstrument
Lehrer, Personen aus dem BMUK und aus anderen Institutionen des Bildungsbereichs haben die Möglichkeit, Black•Board für die interne Kommunikation und Organisation zu benützen. Auf Anfrage werden dafür eigens „Konferenzen" (Kommunikationsforen) eingerichtet, die offen zugänglich oder geschlossen (= „intern", nur den betreffenden Zielgruppen zugänglich) konfiguriert werden können. Die Teilnehmer werden dabei

durch die Black•Board-Redaktion beraten und unterstützt. So können Diskussionsforen, Dateiarchive, Unterforen für Sub-Arbeitsgruppen und Online-Formulare gemäß den modernsten Modellen zur Teamwork-Organisation zu einem wirkungsvollen CSCW- (computer supported cooperative work) Instrument gestaltet werden.

Die Organisation von Arbeitsgruppen geschieht unabhängig von der örtlichen Distanz ihrer Teilnehmer. Das Medium wird somit zum idealen Arbeitsinstrument für überregional agierende Gemeinschaften, z.B. die der Arbeitsgemeinschaft der Schul-Computeradministrator/innen (siehe unten zur „Adminibox"). Dazu ist eine umfassende Regelung der Zugangsrechte notwendig, deren Administration jedoch für das Black•Board-Team sehr arbeitsintensiv ist. Dennoch bietet Black•Board derzeit die preisgünstigste Lösung in diesem Bereich an. Andere Internetserver, die vergleichbare Funktionalität bieten, sind derzeit noch rar und vor allem in Anbetracht der Menge der verwalteten Accounts und des Verwaltungsaufwandes sehr teuer.

Viele Anwendungsfälle gehören zur Unterrichtsvorbereitung. Diese wird aus Ermangelung geeigneter Arbeitsräume häufig zu Hause geleistet. Hier ist es sehr hilfreich, daß Black•Board über preiswerte Zugangsmöglichkeiten durch spezielle Einwahlpunkte verfügt: Es fallen keine Internet-Providerkosten an.

Information
Zahlreiche Konferenzen aus den serviceorientierten Abteilungen des BMUK oder anderen Bildungsinstitutionen, wie z.B. den Pädagogischen oder Religionspädagogischen Instituten, informieren über Serviceangebote, Veranstaltungen und Weiterbildungsmöglichkeiten. Nicht zu vergessen sind die Informationen, die aus „erster Hand", von den Benutzern selbst in das System eingebracht werden. Viele Inhalte werden gleichzeitig via eigener WWW-Homepage auf der WebEdition einem internationalen Benutzerkreis zugänglich gemacht.

Projektplattform
Eine weitere wichtige Funktion hat Black•Board als interaktive Plattform zur Vorbereitung, Organisation, Durchführung und Präsentation von Schulprojekten. Bei Projekten des BMUK mit Schulen oder Projekten von Schulen in Kooperation mit anderen Bildungsinstitutionen dient Black•Board als Kommunikationsmedium zur Organisation und Abwicklung, aber auch als Medium der Information und Diskussion. Das Interesse seitens der Schulen wächst hier sehr stark. Ein großer Teil dieser Projekte bewegt sich im Umfeld von internationalen Schulpartnerschaften. Ein anderer, immer wichtiger werdender Bereich besteht aus EU-Projekten. (*„Comenius", „Sokrates" bzw. „Leonardo"*). Sinnvoll sind auch didaktisch orientierte Projekte, zur Vertiefung für Unterrichtsgegenstände, die den Schülern Spaß machen, oder überhaupt zum Einsatz im Unterricht (z.B. internationale Brieffreundschaften für den Fremdsprachenunterricht etc.).
Beispiele bereits existierender Projekte auf Black•Board sind im Bereich „Vernetzte Schulen" zu finden. Besonders gelungene und richtungsweisende Beispiele sind hier etwa die *„Mathe Knobeleien"*, eine Art Online-Mathematik-Olympiade und die

„Virtuelle Schreibwerkstatt", wo eine Online-Fortsetzungsgeschichte geschrieben wird. Beide Beispiele sind dem Bereich „Didaktik-Projekte" zuzuordnen. Ein weiteres Beispiel ist das bewährte *„KidLink"*- eine internationale Mailingliste wo Schüler miteinander korrespondieren. Darüber hinaus können Projekte auf Black•Board (BBS) dokumentiert und präsentiert werden und gleichzeitig via eigener Homepage im WWW zugänglich gemacht werden.

Telematische Grundversorgung (E-Mail und Informationsforen)
Trotz der sich fortschreitend verbessernden Verfügbarkeit von Online-Zugängen für Schulen, existieren noch immer viele Versorgungslücken und Engpässe. Daher bietet Black•Board noch immer eine „telematische Grundversorgung" in Form eigener Einwahlpunkte (derzeit in sieben Bundesländern) zu Black•Board BBS. Interessierte Lehrer, Studierende der Pädaks, sowie Schüler- und Elternvertreter, Personen aus dem Bildungsbereich sowie Schüler, die an Schulprojekten teilnehmen, bekommen über Black•Board BBS rasch und unbürokratisch eine persönliche, weltweit gültige Internet E-Mailadresse. Damit werden auch die Informations- und Diskussionsbereiche auf Black•Board nutzbar.

Die geringen Anforderungen an die technische Infrastruktur, geringe Kosten für die Benutzer und die einfache, schnell erlernbare Handhabung machen Black•Board zum idealen „Einstiegsmedium" im Bereich der interaktiven Medien.

Zugang über FirstClassClients: Black•Board BBS / Workgroup

Technisch bedient sich das Projekt Black•Board zweier Servermedien, Black•Board BBS/Workgroup und Black•Board Web-Edition, die jeweils unterschiedliche Aufgabenfelder abdecken.

Kernstück des Projekts ist Black•Board BBS/Workgroup, technisch gesehen ein FirstClass-Server, der über Einwahlpunkte in sieben Bundesländern preiswert und nutzerseitig ohne zusätzliche Providergebühren erreicht werden kann. Den Erfolg der Maßnahme dokumentiert auch der hohe Anstieg der Benutzerzahlen - vor allem aus den Bundesländern. Ihr Anteil an den (validierten) Benutzern von Black•Board BBS beträgt 57 Prozent. Die Anzahl der Einwahlpunkte wird im Lauf des kommenden Jahres in Zusammenarbeit mit dem Österreichischen Schulrechenzentrum und den Landesknoten des ASN vergrößert. Mit dieser Lösung werden die technischen und finanziellen Zugangsschwellen für den Zugang zu einem Online-Bildungsserver besonders niedrig gehalten. Auf diesem System befinden sich nicht nur die persönlichen elektronischen Postfächer von über 6.100 Benützerinnen und Benützern sondern auch die Mehrzahl der Informations- und Diskussionsbereiche, die in diesem Bericht genannt werden. Aufgrund seiner besonderen technischen Eignung werden die nicht-öffentlichen oder teil-öffentliche Bereiche, zu denen der Zugang sorgfältig geregelt wird, über dieses Medium realisiert. Dazu gehören der größte Zielgruppenbereich „Teachers Only" sowie viele Austauschforen von Arbeitsgruppen.

Zugang über Internet: Black•Board Web-Edition

Unter **<http://www.blackboard.at>** ist der Black•Board World Wide Web-Server zu finden. Geboten werden die wichtigsten Informationen aus „Black•Board BBS/Workgroup“ - so der neue Beiname des bekannten „Black•Board“, zur Unterscheidung der beiden Medienschienen - und eine wachsende Anzahl eigenständiger Angebote.

Die Besonderheit des WWW-Konzeptes liegt darin, daß auch in dieser Technologie das Prinzip von Black•Board verwirklicht wird:

- Die Informationen werden in erster Linie vom Informationsanbieter eigenständig gestaltet.
- Black•Board bildet die technologische Basis und bietet den Informationsanbietern Hilfestellungen an: Erstellung eines Kommunikationskonzepts, Einschulung und laufende Beratung.

ABBILDUNG: DIE HOMEPAGE DES WWW-SERVERS VON BLACK•BOARD

Für das Webkonzept wurde daher auch eine gemischte Vorgangsweise und somit eine „gemischte Technologie“ gewählt:

1. Einerseits kommt ein herkömmlicher WWW-Server zu Einsatz, der, wie üblich, durch Fachleute gestaltete Seiten enthält.
2. Die Informationen am World Wide Web werden ergänzt und vor allem aktualisiert durch Inhalte, die mit einfachen Mitteln auf Black•Board BBS/Workgroup gestaltet werden und über einen speziellen Gateway (FC Web, siehe oben) in WWW-Seiten eingebunden werden. Neben der eigenständigen Aktualisierung von Webseiten können auch Diskussionsprozesse mit dieser Technologie nachvollziehbar gemacht werden und zur Teilnahme angeregen.

Als Pilotprojekt „Free Webspace“ werden jeweils 5 Megabyte Speicherplatz auf dem Server an Schulen, Schulprojekte und Bildungsinstitutionen vergeben. Auch einige BMUK-Abteilungen haben bereits von diesem Angebot Gebrauch gemacht.

FirstClass-WWW-Gateway: Webseitengestalten so einfach wie E-Mail
Die einfachste Möglichkeit, WWW-Seiten zu erstellen, ist, eine Nachricht auf Black•Board BBS zu schreiben und mit den Mitteln einer einfachen Textverarbeitung zu gestalten. Diese können dann an den jeweiligen Informationsbereich gesendet werden und werden vom bereits genannten FirstClass-WWW-Gateway automatisch in html-Format umgewandelt und mit richtigem Link versehen auf dem WWW-Server veröffentlicht.

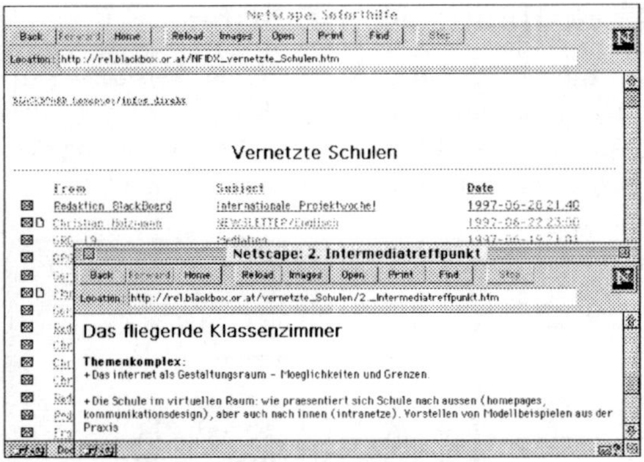

ABBILDUNG: WEBBASIERTE DISKUSSIONSFOREN
HINTERGRUND: LISTE DER EINGELANGTEN NACHRICHTEN;
VORDERGRUND: NACHRICHTEN KÖNNEN AUF BLACK•BOARD BBS ODER DIREKT IM WWW-BROWSER VERFAẞT WERDEN.

Dabei können detaillierte Sicherheitsabfragen und Autorisierungsrechte bestimmt werden, um genau festzulegen, wer auf den jeweiligen WWW-Seiten publizieren darf. Es ist die volle Bandbreite der Rechtefestlegung möglich: von der Autorisierung einzelner, namentlich genannter Benutzer, über Benutzergruppen bis zum freien Zugang - mit oder auch ohne vorherige Freigabe durch einen Moderator. Das automatische Webgate von Black•Board BBS zum WWW-Server macht erstmals das Publizieren im WWW gänzlich ohne jede Zusatzsoftware oder -kenntnisse für alle möglich, die eine einfache Nachricht auf Black•Board verschicken können. Dies ist insbesondere für das Aktuellhalten von WWW-Seiten ein unverzichtbarer Nutzen. Neuigkeiten werden per Mail-Nachricht von Black•Board BBS versandt und landen wenige Minuten später im WWW.

Ausschnitte aus dem inhaltlichen Angebot

BMUK und Bildungsinstitutionen

Der Informations - und Diskussionsbereich „BMUK Online" enthält inzwischen 21 öffentlich zugängliche Konferenzen mit insgesamt 103 Unterkonferenzen. Die auf Black•Board BBS direkt von den zuständigen Sachbearbeiter-/innen im BMUK verfaßten Nachrichten stehen sofort der Öffentlichkeit zur Verfügung. Ein immer größerer Teil davon wird automatisch zur Black•Board WebEdition weitergeleitet.

Der Bereich der Bildungspartner enthält fünf Konferenzen mit insgesamt 47 Unterkonferenzen, wobei acht der auf Black•Board vertretenen Bildungsinstitutionen selbstgestaltete Bereiche haben,

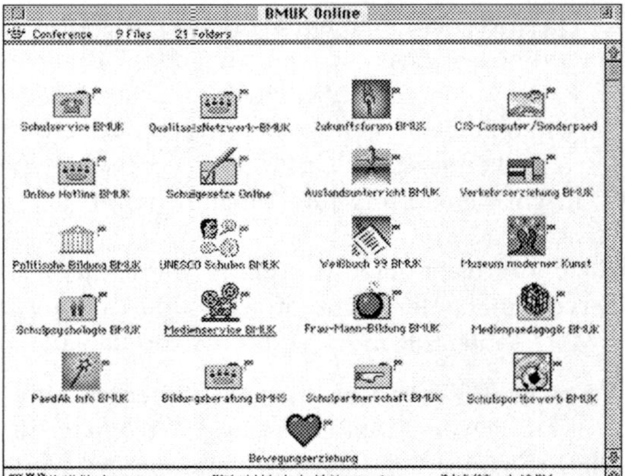

ABBILDUNG: DER BEREICH BMUK-ONLINE ENTHÄLT INFORMATIONSFOREN, DIE DIREKT AUS DEN ABTEILUNGEN DES BMUK MIT AKTUELLEN INFOS BESCHICKT WERDEN. (ANSICHT AUS BLACK•BOARD BBS)

z.B. die Pädagogischen und Religionspädagogischen Institute mit einem umfangreichen Diskussions- und Informationsangebot in zahlreichen Foren.

Teachers only

Der Bereich „Teachers only" ist ein Kernbereich von Black•Board als Workgroupmedium, zu dem ausschließlich Lehrerinnen und Lehrer Zutritt haben. Der Bereich umfaßt derzeit 18 Foren mit insgesamt 25 Unterkonferenzen. Hier sind jene Arbeitsgruppenbereiche zu finden, die der gesamten Lehrerfachöffentlichkeit zugänglich gemacht sind.

Arbeitsgruppen aus dem Bereich „TEACHERS ONLY":

Arbeitsgruppe	*Moderator/in*
AG Germanistik	Christian Holzmann
AG Schulbibliothek	Wendelin Hujber, Werner Schoeggl
AG-Informatik-NOe	Walter Wegscheider
AHS-Netzwerke	Gerald Kurz
Berufsschulen	Walter Gottweis
BU/GW/GS	Wolfgang Wagner
Englisch/HAK (Tirol)	Reinhard Wieser
Grundschule	Daniela KranzDietmar Osinger
HAK/HAS	Rudolf Grasmugg
Informatik	Wolfgang Wagner
Integration	Wolfgang Wagner
Lehrplan Maschinenbau	Christian Dorninger
Ph-Ch-M	Helmut Bineder
POLY Aktiv	Karl-Heinz Monschein, Rudolf Rettenbacher

Interne Konferenzen: „Fachgespräche" und Telelearning

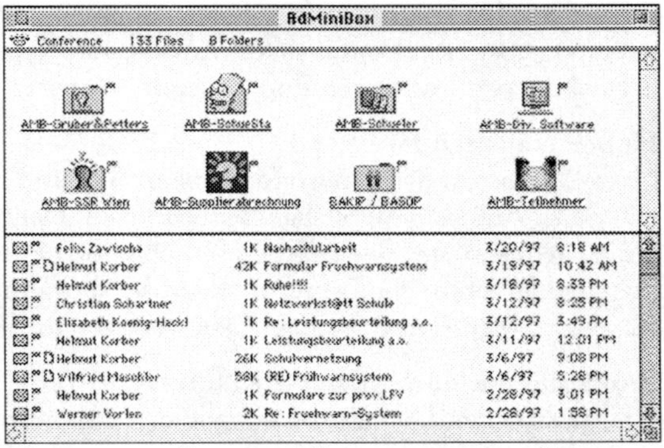

ABBILDUNG: DIE "ADMINIBOX"; KOORDINATIONSFORUM, PLATZ ZUM ERFAHRUNGSAUSTAUSCH UND SOFTWAREVERTEILER FÜR SCHUL–COMPUTERADMINISTRATOREN

Jene Arbeitsgruppenbereiche, die ausschließlich den Gruppenmitgliedern zugänglich sind, heißen „interne Konferenzen". Derzeit gibt es 18 interne Konferenzen mit individueller Zugangsregelung. Hervorzuheben sind Konferenzen für Berater (Schulpsychologie, Schülerberatung und Schulautonomieberatung) und Lehrerfortbildung (z.B. schulinterne Lehrerfortbildung aber auch Telelearning wie die Fortbildungsveranstaltung des PI Niederösterreich „Seminar Prozeßleittechnik" für HTL-Lehrer). Die meisten Teilnehmer hat die interne Konferenz der österreichischen Schul-Computeradministrator/inn/en „AdMiniBox" mit über hundert Teilnehmern.

Black•Board Statistik

Verteilung der validierten Accounts nach Schultyp

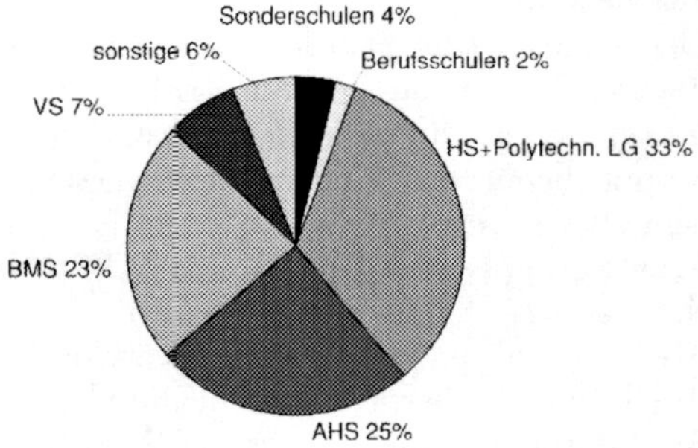

Abbildung: Verteilung der (validierten) Benutzeraccounts bei Black•Board nach Schultype

Der aktuelle Stand der registrierten Benutzer auf Black•Board beträgt 6.100 Accounts. Interessant ist die breite Streuung: rund 70% der AHS und 50% der BMHS werden erreicht. Im Pflicht- und Sonderschulbereich ist die Quote zwar geringer, immerhin werden aber österreichweit fast 20% aller Schulen mit Black•Board-Anschlüssen versorgt. Aus Kostengründen (Einsparung von Softwarelizenzen) werden User, die längere Zeit inaktiv waren, aus dem aktiven Benutzerverzeichnis gelöscht. Daher sind in dieser Zahl alle früheren Nutzer sowie anonyme Einstiege (der Regelfall beim WWW-Server) nicht mitgezählt. Black•Board führt auch eine genaue Login-Statistik. Diese Login-Zahl legt strengere Kriterien an als z.B. Hits in WWW-Servern. Zählt bei WWW-Serverstatistiken meistens der Zugriff auf jede beliebige Seite als einzelner Hit, werden in der Loginstatistik nur die ersten Einstiege ins System gezählt, der im Regelfall zum Abruf mehrerer Informationsseiten führt. *Derzeit halten wir bei über 55.000 Logins pro Monat, das sind fast 1.800 Logins pro Tag allein auf Black•Board BBS.*

Schulstatistik: AHS, Hauptschulen und berufsbildende Schulen dominieren

Erfreulich ist auch die Verteilung der via Black•Board erreichten Schultypen. Es sind praktisch alle Schultypen, auch Sonderschulen, vertreten. Dominiert wird die Statistik von den Hauptschulen (mit Polytechnischen Lehrgängen), den AHS (es werden bereits weit über zwei Drittel aller Schulen dieses Typs via Black•Board erreicht) und den berufsbildenden mittleren und höheren Schulen.

Hoher Frauenanteil

Nach Durchsicht der Benutzerdatenbank fällt ein für Online-Medien überdurchschnittlich hoher Anteil an weiblichen Benutzern auf. Der deutlich höhere Anteil auf Black•Board ist teilweise aus der demographischen Struktur der Zielgruppe (besonders hoher Frauenanteil unter den Lehrern) erklärbar. Vermutlich tragen aber auch Gestaltung und Inhalt des Mediums dazu bei, Frauen stärker zur Benutzung zu motivieren.

Bundesländer dominieren die Nutzerstatistik

Die statistischen Daten unserer validierten Benutzer wurden bezüglich der Verteilung nach Bundesländer ausgewertet:

Burgenland	2%	Kärnten	2%	Salzburg	6%
Vorarlberg	8%	Steiermark	6%	Oberöstereich	6%
Niederöster.	12%	Tirol	15%	Wien	43%

Die Benutzer aus den Bundesländern dominieren die Statistik. Besonders erfreulich ist die Entwicklung in Tirol.

Ausblick auf die zukünftige Entwicklung

Für das kommende Jahr gibt es zwei Linien, entlang derer sich das Projekt weiterentwickeln wird: Inhaltlich wird Black•Board einen weiteren Schritt in Richtung eines „Contentproviders“ setzen. An weiterführenden engen Kooperationen und gemeinsamen Projekten mit interessanten Partnern wird derzeit gearbeitet. So wird etwa Black•Board das zentrale Online-Medium für Information und Support eines großen Wettbewerbes des Unterrichtsministeriums im Rahmen des Österreichischen EU-Ratsvorsitzes sein, ein eigener Informations- und Servicebereich für EU-Projekte aus dem Bildungsbereich ist im Entstehen.

Die technologische Linie führt ins World Wide Web: Ein ständig wachsender Anteil des Mediums wird parallel zur FirstClass-Mailbox zusätzlich im WWW zur Verfügung stehen und somit weltweit einem erweiterten Benutzerkreis zugänglich gemacht werden.

Der Einstieg in Black•Board BBS

via Einwählleitungen (Modemnummern, kein Internetprovider nötig, FirstClass-Benutzerprogramm dringend empfohlen):

Wien:	01-4077288 (Serie)

in den Bundesländern, Stand Juli 1997(Loginscript erforderlich):

Linz	0732-348761
Graz	0316-263131
Salzburg	0662-459041
Innsbruck	0512-361112980
Götzis (Vbg)	05523-52433
Klagenfurt	0463-507011

via Internet: blackboard.at, Port 3000
Black•Board Web-Edition ist erreichbar unter: **<http://www.blackboard.at>**

Kontakte

Black•Board
Netzwerk für Schule und Bildung
1080 Wien, Bennogasse 8/6
Tel.: 01 - 407 72 91
Fax: 01 - 406 02 59
E-Mail: <info@blackboard.at>
Black•Board Web-Edition: <http://www.blackboard.at>

Koordination und Leitung im BMUK
Referat Neue Medien, BMUK , Freyung , 1014 Wien

Die KOKOSNUSS - ein Baustein zur Vernetzung von schulbezogenen Innovationen

von Günther Schwarz

KOKOSNUSS steht für Kommunikation und Kooperation schaffen für neue Unternehmungen in Sachen Schulkultur. Die Homepage findet man im Internet unter: **<http://www.kokos.ac.at>**. KOKOSNUSS ist eine interaktive Datenbank im Internet und hat das Ziel, Lernen auf Gegenseitigkeit zu fördern. Durch vielfältige Formen gelebter Deregulierung und Schulautonomie werden die Spielräume innerhalb der Einzelschulen größer. Je verschiedenartiger die sich entfaltenden Initiativen sind, desto wichtiger wird es, voneinander zu lernen, einander zu inspirieren, damit nicht an jeder Einzelschule vor Ort das Rad neu erfunden werden muss!

ABBILDUNG: KOKOSNUSS - LOGO

Was bietet die KOKOSNUSS ?

- Information über Bildungsaktivitäten, Projekte, Innovationen, Profile ... von Schulen bzw. mit Schulen befassten Institutionen,
- Kommunikation der Interessierten auf direktem Weg per E-Mail,
- Abfragen nach Stichwörtern über Schulinnovationen, über daran beteiligte Personen und Institute sind in einfacher Form durchzuführen,
- Hilfe bei der Suche nach Projektpartnern, Multiplikatoren, Referenten, Sachkundigen zu schulischen Einzelthemen u.v.m.

Wer eigene „Innovationen“ eintragen will, sollte über die mit dem Vorhaben verbundenen Zielsetzungen und pädagogischen Visionen informieren. Wichtig sind auch die Sachbezüge, also der Lehrstoff, die Aufgabenstellung, die bearbeitet werden. Der Bericht sollte den ganzen Ablauf, die eingesetzten Unterrichts- bzw. Forschungsmethoden, Gesprächstechniken usw. wie auch die sichtbaren Ergebnisse (Broschüren, Zeitung, Ausstellung, CD-ROM, ...) enthalten. Für die BenützerInnen der KOKOSNUSS sind sicher auch Literaturangaben und Adressen interessant.

Wer nutzt die KOKOSNUSS?

Die Internet-Datenbank ist eine Kommunikationsplattform für schulische und schulbezogene Innovationen in Österreich. Eine EU-weite Internationalisierung der Daten ist für die nahe Zukunft geplant. Die Nutzbarkeit der KOKOSNUSS beruht auf Gegenseitigkeit: Je mehr Daten wir erhalten, umso mehr Informationen können wir verfügbar machen! Alle an der Weiterentwicklung von Unterricht und Schule interessierten Personen und Institutionen können diese Datenbank aktiv benutzen, z.B.:

- Lehrerinnen und Lehrer,
- Schülerinnen und Schüler,
- Eltern (auch Elternverbände, Elternvereine),
- die Landesschulräte, die Pädagogischen Institute,
- schulpädagogogisch interessierte Forschungseinrichtungen und
- regionale Einrichtungen im Kontext mit der Schule (Arbeiterkammer, Wirtschaftskammer, kirchliche Einrichtungen, Kommunen).

KOMMUNIKATION UND KOOPERATION!

Wie benutzt man die KOKOSNUSS?

Die Benutzung ist sehr einfach - auch für Computer -Unkundige! Man braucht nur einen Internet - Zugang zum Eingeben bzw. Lesen oder Downloaden der Daten. Dann kann man sich alle Daten auf seinen Computer zuhause ohne Internet (offline) in Ruhe ansehen. Falls Sie noch keine Möglichkeit haben, Ihre Daten ins Internet einzugeben, senden Sie ihre „Innovation“ per Post oder Fax zu - wir fügen Ihre Innovation, Ihr Schulprojekt, Ihr Angebot für die Schule(n), Ihre Bildungsaktivität ... in die Kokosnuss-Datenbank ein! Es gibt mehere Arten von Benutzern: Als *Gast* hat man die Möglichkeit, alle Einträge zu lesen, als *registrierter Autor* kann man eigene Beiträge verfassen. Zusätzliche Serviceleistungen verschiedener Einrichtungen kann man als *Club-Mitglied* beanspruchen. Alle Leistungen sind aber gratis!

Die Realisierung und Betreuung im Internet, sowie alle weiteren Entwicklungsschritte werden in Zusammenarbeit mit dem BRG Schloss Wagrain in Vöcklabruck, OÖ, vorgenommen, im Schnittpunkt und im Dialog von Schulpraxis und Schulentwicklungsforschung. Die Gründer und Produzenten der KOKOSNUSS sind die Abteilung „Schule und gesellschaftliches Lernen“ des IFF der Univ. Klagenfurt; Doz. Dr. Konrad Krainer (Abteilungsleiter), Österreichischer Kulturservice, BMUK, Mag. Knut Neumayer (ÖKS-Mitarbeiter).

Kontakte

Doz. DDr. Erwin Rauscher (Koordinator)
Mag. Günther Schwarz
E-Mail: <gschwarz@mail.austria.eu.net>
BRG Schloss Wagrain
A 4840 Vöcklabruck
Tel.: +43 - 7672 29308
Fax: +43 - 7672 29390
Homepage: <http://www.kokos.ac.at>

Schulvernetzung - Austrian School Network

von Rudolf Apflauer

Information wird zunehmend als ein wesentlicher, das gesellschaftliche, wirtschaftliche und kulturelle Leben sowie die Freizeit bestimmender Faktor erkannt. Der globale Fortschritt der Informations- und Kommunikationstechnologie läßt die Entfernungen schrumpfen, so daß wichtige Informationen unabhängig von geographischen, institutionellen und funktionalen Grenzen angeboten und bezogen werden können.
Der gekonnte Umgang mit modernen Informations- und Kommunikationstechnologien - die sogenannte „digitale Kompetenz" und die „Medienkompetenz" - werden zu eminent wichtigen Schlüsselqualifikationen für junge Menschen, für die Ausbildung und Weiterbildung von Lehrern und auch im Rahmen der Erwachsenenbildung. Das gesamte Bildungssystem Österreichs wird durch diese technologischen Entwicklungen besonders gefordert und beeinflußt.

Schulen auf dem Weg in die Informationsgesellschaft

Ziel muß es sein,

- allen Absolventen des Regelschulwesens, der Sonderformen und Kursen die notwendigen Kenntnisse im Umgang mit dem Computer, mit dem Internet, mit CD-ROMs etc. zu vermitteln,
- einen Information Highway zu errichten, der von allen Akteuren im Bildungssystem, also von Schülern, Lehrern, Schulen und Schulbehörden als Informations-, Kommunikations-, und Kooperationsplattform genutzt werden kann und
- online abrufbare Bildungsprogramme und Bildungsinhalte bereitzustellen, die den gegebenen Aus- und Weiterbildungserfordernissen entsprechen.

Die Bildungseinrichtungen sind also besonders gefordert, auf die Herausforderung der globalen Informationsgesellschaft Antworten zu finden und die Voraussetzungen zu schaffen, damit Informationen sinnvoll und zweckmäßig für die Lebensgestaltung genutzt werden können. Das ist auch der wesentliche Inhalt des Projektes „Austrian School Network (ASN)".

Technologieoffensive des BMUK

Das Unterrichtsministerium und die Schulbehörden arbeiten seit einigen Jahren intensiv an der Erneuerung, Weiterentwicklung und dem Einsatz moderner Informations- und Kommunikationstechnologien in den Bildunganstalten.
Dabei werden folgende Aktionslinien verfolgt:

- Ausstattung der Bildungseinrichtungen mit der erforderlichen Hard- und Software,
- interne Vernetzung mit anderen Bildungseinrichtungen, Servicestellen und mit Behörden,
- Zugang zu nationalen und internationalen Informationsquellen und Kommunikationspartnern,
- Entwicklung multimedialer Lehr- und Lernmittel sowie Unterrichtsmethoden,

- Unterstützung der Lehrkräfte durch eine entsprechende Aus- und Fortbildung und
- Einsatz moderner Technologien in der Bildungsverwaltung.

Einiges ist bereits geschehen:

- die Ausstattung der Schulen wird laufend verbessert (z.B. 1997 Nachrüstung aller AHS-Unterstufen mit PCs um etwa öS 38 Mio.)
- EDV ist Pflichtgegenstand an allen weiterführenden Schulen
- Durchführung des ASN-Pilotprojektes 1995, offizieller Projektstart 1996
- mit Blackboard hat das BMUK eine Kommunikationsplattform für Lehrer eingerichtet
- Telelearning-Systeme werden im Rahmen der Lehreraus- und -fortbildung erprobt, eigene CBTs entwickelt (BPI-Wien).
- in einem Wiener Gymnasium läuft der Feldversuch CD-ROMs im Unterrichtseinsatz
- zahlreiche Pilotprojekte zum Einsatz neuer Medien im Unterricht (z.B. Notebook als permanentes Unterrichtstool, CD-ROM im Unterricht, Erprobung neuer Unterrichtskonzepte auf multimedialer Basis, fachorientierte Aufbereitung von Informationen für Online-Datendienste (Chemie, Leibesübungen, Religion,....)
- externe Evaluation der Pilotprojekte (FHS-Salzburg, 1996)
- Errichtung eines Internet-Bildungsservers im BMUK (November 1996)
- Informationsbedarfsanalyse und Analyse der Informationsströme zwischen Schule, Schulbehörden und BMUK im Hinblick auf den Einsatz moderner Technologien (Forschungsgesellschaft für Informatik an der TU-Wien, Mai 1997)
- Abschluß eines Abkommens mit dem privaten Internetprovider NETWAY über die unentgeltliche Internetnutzung durch Schulen (März 1997)
- Einsatz von Querschnittsapplikationen an Bundesschulen (Kassabuchführung, Inventarverwaltung, März 1997)

Die Architektur des Austrian School Networks (ASN)

Eine leistungsfähige und den Anforderungen angepaßte Telekommunikations-Infrastruktur ist die technische Basis und notwendige, aber nicht allein hinreichende Voraussetzung für den Einsatz multimedialer Technologien im Bildungsbereich. Das BMUK hat 1996 das Projekt „Austrian School Network" (ASN) mit dem Ziel gestartet, alle Schulen miteinander, mit den Schulbehörden, mit dem BMUK sowie mit den Universitäten zu vernetzen.

Das ASN hat eine offene, nach den Regeln von TCP/IP aufgebaute Architektur. In seiner Konstruktion spiegeln sich die Grundsätze Dezentralisation, Autonomie, Subsidiarität und Kooperation. Schulen und sonstige Bildungseinrichtungen können sich über Datenleitungen (Wählleitungen oder festgeschaltete Leitungen mit einer Bandbreite von 64 KB bis 2 MB) an einen ASN-Einwählknoten anschließen. Die ASN-Knoten sind entweder mit anderen ASN-Knoten oder an das ACOnet, das Hochleistungsdatennetz der österreichischen Universitäten, angeschlossen. Durch Line- und Ressourcensharing kann eine zweckmäßige und wirtschaftliche Netznutzung erzielt werden.

Jeder ASN-Einwählknoten ist je nach Bedarf mit Routern, Terminalserver, Modems, Domain-, Name-Server, Web-Server, Proxyserver, News-Server ausgestattet. Das ACOnet ist der Backbone für das ASN und über das ACOnet erfolgt auch die Verbindung zu den europäischen Bildungsnetzen (TEN 34) und zum weltweiten Internet (EBONE). ASN-Einwählknoten wurden 1996 in Wien, Wr.Neustadt, St.Pölten, Graz, Klagenfurt, Linz, Salzburg und Innsbruck eingerichtet. Letzlich soll in jedem Bundesland ein Einwählknoten zum ASN errichtet werden.
Mit der Zusammenführung von ASN und ACOnet entstand ein österreichisches Bildungsnetz, das alle „Schulen", von der Volksschule bis zu den Universitäten umfaßt. Die Teilnahme der Schulen am ASN erfolgt im pädagogischen Bereich auf freiwilliger Basis. Hauptanwendungsgebiet ist derzeit das Internet, wobei die Schulen vor allem die Dienste E-Mail und WWW verwenden. Es besteht jedoch auch die Möglichkeit, andere Online-Datendienste zu nutzen, wie etwa das Rechtsinformationssystem des Bundes (RIS), das Personalverwaltungssystem des Bundes (PIS), die Grundstücksdatenbank, das Firmenbuch etc. Als Gateway fungiert dabei derzeit das Österreichische Schulrechenzentrum (ÖSRZ) in Wien.

ASN-Anschlüsse, Gesamtübersicht, Stand: Ende Juni 1997

Schulformen	Schulen insgesamt	Internet-anschluß	%	Homepage
Volksschulen	3.391	64	2 %	19
Hauptschulen	1.179	185	16 %	38
Sonderschulen 1)	319	19	6 %	2
Polytechnische Lehrgänge 1)	173	26	15 %	8
Allgemeinbildende höh. Schulen	315	171	54 %	88
Berufsschulen	220	28	13 %	9
Technisch-gewerbliche Schulen	161	48	30 %	31
Kaufmännische Schulen	120	79	66 %	31
Sozial- und wirtschaftskundliche Schulen	145	42	29 %	11
Lehrerbildende Schulen und Akademien 2)	65	23	35 %	11
Land- und forstwirtsch. Schulen	124	15	12 %	2
Summe	**6.212**	**700**	**11 %**	**250**
Sonstige Bildungseinrichtungen 3)	...	4	...	0

1) Selbständige Schulen
2) Pädagogische Institute, Berufspädagogische Institute und Religionspädagogische Institute
3) z.B. Musikschulen, Landesschulräte, Museen, EB-Einrichtungen, ...

Wie kommt eine Schule in das ASN?

Interessierte Schulen wenden sich an den nächstgelegenen ASN-Knoten und bestellen den „ASN-Leitfaden für Schulen". Er enthält die Informationen über Zugangsvarianten, Voraussetzungen an der Schule und die detaillierte Vorgangsweise für die Anbindung. Als nächstes sind mit mit dem zuständigen Schulerhalter die Kostenfragen zu klären. Jede Schule muß ihre interne Ausstattung sowie die Herstellung und den Betrieb der Verbindung bis zum nächsten ASN-Einwählknoten selbst finanzieren. Anschließend kann beim nächstgelegenen ASN-Knoten der Anschluß an das ASN beantragt werden.
Weitere **Informationen erteilen die Landesschulräte, die ASN-Knoten oder das BMUK, Abt.Z/3, Spengergasse 20, 1050 Wien.** Das ASN steht sowohl öffentlichen als auch privaten Schulen offen. Die E-Mail-Adresse und Homepage-Adresse jeder Schule (URL) werden auf dem Web-Server des BMUK publiziert. Das Verzeichnis wird monatlich auf den neuesten Stand gebracht: **<http://www.bmuvie.gv.at>**.

Das ASN und Europa

Die EU hat im Rahmen der Technologie-Initiative „Lernen in der Informationsgesellschaft" vier Aktionslinien festgelegt.

- Europaweite elektronische Vernetzung von Schulnetzwerken,
- Entwicklung und Verbreitung von Lerninhalten,
- Aus- und Weiterbildung sowie Unterstützung von Lehrkräften und die
- Information aller Akteure über die pädagogischen Möglichkeiten der multimedialen Techniken

Diese Aktionslinien werden auch im Rahmen des ASN verfolgt. Ebenso werden Vorhaben der EU unterstützt, die den europäischen Gedanken verfolgen, wie etwa die Europäischen Netztage, der Multimediawettbewerb oder das EUN-Projekt der Europäischen Kommission.

Kontakt

MinR Dr. Rudolf Apflauer
E-Mail: <rudolf.apflauer@bmuvie.gv.at>
BMUK, Abt. Z/3

Austrian School Network (ASN)
Bundesministerium f. Unterricht und kulturelle Angelegenheiten
Abteilung Z/3 - Österreichisches Schulrechenzentrum
A-1014 Wien, Minoritenplatz 5
Tel.: 01 - 54614 - 0
Fax: 01 - 54614 - 250
E-Mail : <osrz@bmuvie.gv.at>
Homepage: <htttp://www.bmuvie.gv.at/asn/asn.htm>

EUN - Das Europäische Schulnetz

von Reinhold Hawle

Das Europäischen Schulnetz (European School Net) soll Unterrichtsministerien, nationale Schulverwaltungsorgane, nationale Schulnetze, Einrichtungen der Lehreraus- und -weiterbildung, Hochschulen, sowie eine Anzahl von Interessenten aus verschiedenen Industrie- und Gewerbebranchen aus dem Bereich der neuen Informations- und Kommunikationstechniken zusammenführen. Das Projekt ist auf drei Jahre angelegt und sein Ziel ist die Errichtung eines Netzwerkverbundes, bestehend aus mehreren nationalen und regionalen Netzwerken. Dabei soll die Verknüpfung nationaler bzw. regionaler Initiativen im Rahmen des EUN zu einer gemeinsamen Plattform führen, welche gegenseitige Unterstützung sowie den Austausch von Informationen und Hilfsmitteln gewährleisten soll.

Was bietet das EUN?

Das Europäische Schulnetz soll einen interaktiven, auf Internettechnologie basierenden Support bieten, um die Qualität des Bildungswesens zu verbessern und den Einsatz von der Informations- und Kommunikationstechniken innerhalb der Schulen zu fördern. Basierend auf Untersuchungen und Forschungsarbeiten des „Telecommunication Application Programme" soll ein anwenderorientierter Informationsdienst geschaffen werden, der Schüler/innen sowie Lehrer/innen verschiedenste Angebote und Werkzeuge zur Verfügung stellen soll.
Eines der Hauptanliegen dieses Projektes ist es, sich an den Anforderungen der Anwender zu orientieren. Das spiegelt sich zum Beispiel in der Implementierung eines Unterstützungsnetzwerks - dem „European Network of Innovative Schools" (europäisches Netzwerk innovativer Schulen) wider.
Im Rahmen der pädagogischen Innovationen ist es das Ziel des EUN, neue pädagogische Vorstellungen zu entwickeln. Das traditionelle Schulsystem, in dem fast ausschließlich der/die Lehrer/in für „Informationsdienste" zuständig war, soll zugunsten einer freieren Form, einer selbsttätig-kontrollierten Auseinandersetzung, welche von Schüler/innen mehr Selbständigkeit und kritisches Denken erfordert, adaptiert werden.

EUN- Schnittstelle für Innovationen

Bei der Festlegung und Gestaltung der einzelnen Inhalte ist eines der Grundprinzipien der EUN-Veranwortlichen, stets die nationalen Gegebenheiten in ihre Überlegungen einzubeziehen. Das EUN definiert sich selbst als ein „logisches" Gerüst, welches die Zusammenarbeit der nationalen Provider strukturieren soll. Damit wird sowohl ein Zugang zu als auch ein zusammenhängender Überblick auf die Vielzahl von Serviceeinrichtungen und Informationen im EUN gewährleistet, wie z.B. Handbücher und Leitfäden zur Einführung von ICT (Information and Comminication Technologies) in den Schulen, Lehr- und Lernmodule für Lehrerweiterbildung, allgemeine Werkzeuge

für multimediale Anwendungen sowie kommunikationstechnische Dienstleistungen wie Datenbankzugang oder Real-time Kommunikation etc.
Innovation und die Verbreitung von Erfahrung im Bereich ICT und Schule sind jene zwei Stoßrichtungen, denen sich das EUN verpflichtet fühlt. Die Evaluation von existierenden Tools für die Aus- und Weiterbildung, deren Adaptierung für den Unterricht bzw. die Behandlung der Frage, unter welchen Bedingungen die neuen Informations- und Kommunikationstechniken das Lernen erleichtern und abwechslungsreicher gestalten können, stellen die Aufgabenbereiche dar, die im Rahmen des EUN diskutiert und durch Entwickeln von modellhaften praxisorientierten Lösungen dargestellt werden sollen.

European Network of Innovative Schools

Im Rahmen des EUN soll ein Netzwerk entstehen, welches zum Ziel hat, die europäische Zusammenarbeit hinsichtlich verschiedener Aspekte der neuen Informations- und Kommunikationstechniken im Schulbereich zu intensivieren, um jenen Schulen, welche bereits die adäquate Ausstattung beziehungsweise entsprechende Projekterfahrung im Umgang mit den neuen Medien haben, eine entsprechende gemeinsame Plattform und Unterstützung bei der Durchführung von Pilotprojekten zu bieten.

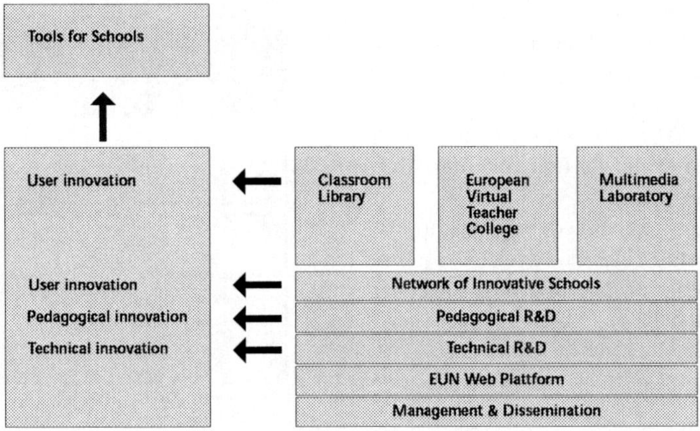

ABBILDUNG: DIE ECKPFEILER DES EUN

European Virtual Teacher College

Zum Themenbereich der Lehreraus- und -weiterbildung wird dieser Teil des EUN der Forschung, Evaluation und der Entwicklung professioneller Werkzeuge Platz bieten. Der Zweck dieser Einrichtung liegt unter anderem in der Unterstützung eines Laboratoriums für neue Entwicklungen, welche sowohl die Ausbildung als auch die Weiterbildung bereits aktiver Lehrer/innen betreffen. Gleichzeitig wird ein Forum für Lehrer/innen und Ausbildner geschaffen, in welchem die Verbesserung der Schule und die Qualität des Lehrens reflektiert und diskutiert werden soll.

Classroom Library
Unter diesem Punkt werden verschiedene Aspekte zusammengefaßt, denen im Rahmen des EUN ein hoher Stellenwert zukommt. So beinhaltet dieser Bereich neben einer theoretischen Auseinandersetzung mit der Methodologie des Lehrens und Lernens, wie „Problemorientiertes Lernen“, „Schülerzentriertes Lehren“ etc. auch die Möglichkeit, Materialien für „traditionelle“ Unterrichtsgegenstände bekannt bzw. zugänglich zu machen. Dadurch soll hier ein Treffpunkt für die Entwicklung und Erneuerung von Unterrichtsmaterialien entstehen, wobei gleichzeitig Lehrer/innen aus ganz Europa an diesen Erfahrungen und Ergebnissen teilhaben können.

Multimedia Laboratory
Im Rahmen des Multimedia Laboratory werden über die Schnittstelle des EUN den Lehrer/innen und Student/inn/en neue Technologien zugänglich gemacht. Während des gesamten Projektverlaufes wird eine aktive Beteiligung der „User“ (multimedia application developers, publishers etc.) und „Enduser“ (Lehrpersonen, Studenten und Studentinnen, Personengruppen für den Bereich der Sonderpädagogik) angestrebt.

EUN - Ein elektronischer Treffpunkt für die Schulen Europas

Einen zentralen Stellenwert auf der EUN Plattform stellt der Bereich „meeting place“ dar. Dieser Punkt charakterisiert am augenscheinlichsten, welche Grundgedanken das EUN auszeichnet:

- Treffpunkt der verschiedenen Kulturen
- Treffpunkt der Partner für internationale Schulprojekte
- Treffpunkt verschiedener Ebenen im Schul- und Bildungsbereich
- Treffpunkt zwischen Schule und Gesellschaft
- Treffpunkt zwischen Schule und Wirtschaft
- Treffpunkt zwischen Schule und Universität

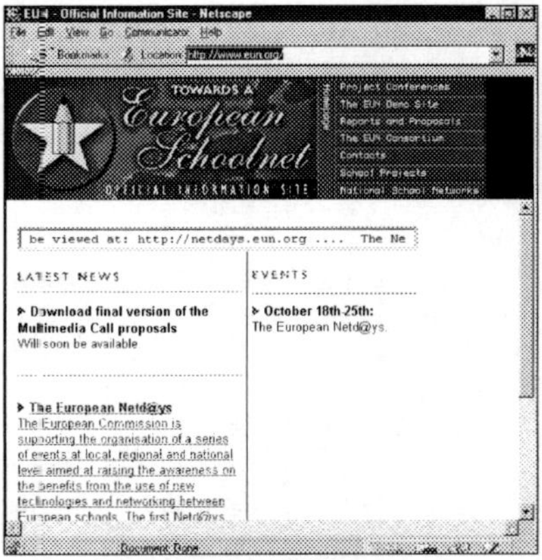

Abbildung: Die EUN Homepage: <http://www.eun.org/>

Das EUN bietet damit einen Ort, an dem erste Schritte der Zusammenarbeit vorbereitet oder Initialzündungen für neue Projektideen entstehen können. Ebenso soll eine internationale Partnersuche für diverse Projekte ermöglicht werden. Wichtig erscheint dabei der Aspekt, die Internettechnologie nicht nur als Transportmedium von Informationen in eine Richtung zu nutzen, sondern das kommunikative, interaktive Element bei der Unterstützung der Erziehungsarbeit einzusetzen.
Einen maßgebenden Bereich im gesamten EUN stellt die Europäische Union mit ihren verschiedenen Programmen und Projekten dar. Durch die strukturierte Darstellung der EU-Förderungen und Pädagogischen Programme im EUN sowie durch die interaktive

Nutzung des EUN als Ort des Erfahrungsaustausches sollen Projektförderungen, bildungspolitische Initiativen, Schulpartnerschaften etc. möglich gemacht bzw. erleichtert werden.

EUN - Die Inhalte

Der im Rahmen des EUN -Konsortiums stattfindende Diskussionsprozeß zu Gestaltung und Inhalt der EUN-Plattform hat gezeigt, daß man um Definition und Kennzeichnung der einzelnen Bereiche je nach ihrer inneren Struktur bemüht sein wird, um eine Navigationshilfe für den Benutzer anzubieten, die über eine rein inhaltliche Information hinausgeht. Unter Einbeziehung der eingebrachten Vorschläge der EU-Mitgliederstaaten sowie Norwegens und Islands hat sich bis zum gegenwärtigen Zeitpunkt folgendes Aussehen der EUN-Plattform ergeben:

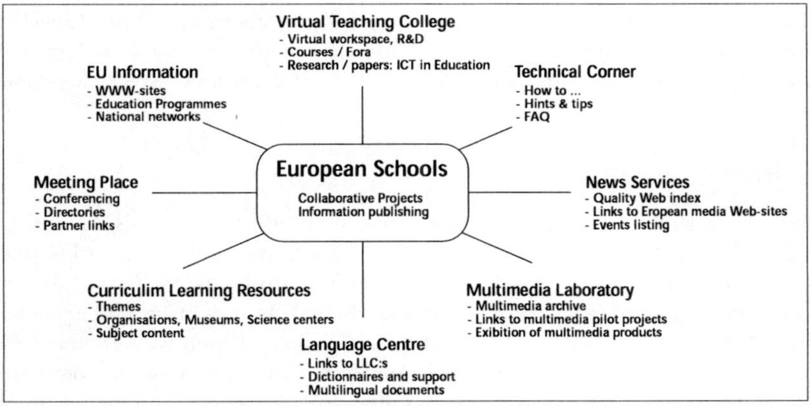

ABBILDUNG: EUROPEAN SCHOOLS

In diesem Sinne bietet das Europäische Schulnetz die Möglichkeit einer breit gefächerten, koordinierten internationalen Zusammenarbeit im Bereich der Entwicklung und zum Einsatz anwenderfreundlicher Technologien in Schule und Ausbildung und hat sich damit zum Ziel gesetzt, einen wichtigen Beitrag zur europäischen Schule von morgen zu leisten.

Kontakt

MinR Dr. Reinhold Hawle
E-Mail: <reinhold.hawle@bmuk.gv.at>
Bundesministerium für Unterricht und kulturelle Angelegenheiten
Minoritenplatz 5
A-1010 Wien
Tel-: +43 - 1 - 53 1203538
Fax: +43 - 1 - 53 1203535
Hompage: <http://www.eun.org/>

Web for Schools – Ein EU-Projekt vernetzt 150 europäische Schulen

von Johann Weilharter

Welche neuen Akzente kann man in der kaufmännischen Schule einer Region, die ein EU 5b-Zielgebiet ist, setzen? Ich war und bin davon überzeugt, daß Bildungsinstitutionen bei der Einführung neuer Kommunikationsmittel in der Wirtschaft eine Vorreiterrolle wahrnehmen müssen. Im Juli 1995 übernahm ich die Leitung der Bundeshandelsakademie und Bundeshandelsschule Tamsweg und war gleichzeitig schon seit einem halben Jahr Mitglied einer Arbeitsgruppe Telematik. In mir reifte damals die Überzeugung, daß ein leistungsfähiger Internetanschluß für die Schule hergestellt werden sollte, obwohl wir über Internet zu diesem Zeitpunkt nahezu nichts wußten. In einem sommerlichen Gespräch mit Herrn Sektionschef Dr. Günter Oberleitner, Sektion III des Bundesministeriums für Unterricht und kulturelle Angelegenheiten, versuchte ich ihn für diese Idee zu gewinnen. Mit Erfolg, wie sich später herausstellen sollte.

Die Vorgeschichte

Ende Februar 1996 traf ein Fax aus Brüssel ein und lud unsere Schule zur Teilnahme am Projekt „Web for Schools“ (WfS) ein. Nach Rücksprache mit Landesschulinspektor Hofrat Dkfm. Mag. Dr. Friedrich Baumkirchner und dem Startschuß durch den zuständigen Abteilungsleiter für das kaufmännische Schulwesen im Unterrichtsministerium, Ministerialrat Dkfm. Mag. Gottfried Bernhart, faxten wir unseren Teilnahmewunsch nach Brüssel, ohne ganz genau zu wissen, was noch auf uns zukommen sollte. Die technischen Rahmenbedingungen sollten inzwischen erfüllt sein: der Anschluß des Lungaues an die Salzburger Datenbahn war Anfang Februar 1996 freigegeben worden. Das sollte sich aber als Irrtum erweisen: es bestand keine vernünftige Möglichkeit der telefonischen Einwahl! Später wurde eine Lösung gefunden, die weit über die Qualität einer Wahlleitung geht. Wir waren auch bereits als eine von ca. 30 Pilotschulen für das Projekt „Salzburger Schulen ans Netz“ angemeldet. Dieses Projekt hat sich stark verzögert. Obwohl wir uns im Jänner 1996 angemeldet haben, gibt es erst seit Anfang März 1997 eine Homepage von uns auf dem Rechner in Salzburg. In Brüssel mußten wir schneller sein: Anmeldung Anfang März 1996, Homepage Anfang Juli 1996.

Die Ziele des Projekts "Web for Schools"

Informationen über das gesamte Projekt finden sich unter **<http://wfs.vub.ac.be>**. Seine Ziele sind:

1. ein Internet-Starterkit für 150 europäische Schulen bereitstellen
2. Lehrer und Schüler in der Benutzung des Internet fit machen
3. Austausch von Unterrichtsmaterial
4. ständige Zusammenarbeit von europäischen Schulen

Aufgrund unseres Teilnahmewunsches wurde uns umgehend ein ausführliches Anmeldungsformular zur Verfügung gestellt und gleichzeitig darauf hingewiesen, daß es eines der letzten gedruckte Formulare sein sollte, man würde die weitere Abwicklung hauptsächlich über E-Mail durchführen. Unser Antrag wurde akzeptiert - wir waren dabei!

Startschwierigkeiten mit „Happy End"

Zu diesem Zeitpunkt wurde es immer klarer, daß unser schon vorhandener E-Mail-Anschluß wegen der schlechten Qualität der Telefonleitungen im Lungau nur unzureichend funktionierte. Mit derartigen technischen Problemen dürften aber auch andere europäische Schulen gekämpft haben. Diese Tatsache stellte für uns eine schwere Bedrohung für unsere erfolgreiche Beteilung dar. Da ich jedoch zuhause schon einen brauchbaren Internetanschluß hatte, war Improvisation möglich. Verschiedenste Versuche in der Schule und an verschiedenen Punkten im Lungau brachten die Erkenntnis: mit Wählleitung und Modem würde es nicht gehen. Damit war auch klar, daß das neue Medium auch für die Lungauer Wirtschaft nur schwer nutzbar sein würde. ISDN war im Lungau nur über einen teuren Ausnahmehauptanschluß möglich (natürlich mit Austausch der Telefonanlage!). Eine Standleitung war die Alternative.

Wir haben schließlich großzügigerweise von der SAFE (Salzburger Aktiengesellschaft für Energiewirtschaft) eine noch bessere Lösung bekommen: die Tamsweger Bundesschulen wurden mit Glasfaserkabel an die Datenbahn angeschlossen! Das ist für mich ein sensationelles Ergebnis. Ohne die Teilnahme bei „Web for Schools“ wäre es nicht dazu gekommen! Inzwischen sind auch über Wählleitung akzeptable Geschwindigkeiten erzielbar. Wir wollen aber eine Wählleitung von der Schule aus nur in Ausnahmefällen benutzen.
Ein Internetbetrieb in der Schule ist mit einer Wählleitung nur sehr schlecht realisierbar, insbesondere weil die anfallenden Kosten nicht abgeschätzt werden können.

Schulung im Schnellzugstempo

Ende April 1996 ging es los: zwei Lehrer unserer Schule wurden in Linz, drei weitere in Wien durch Trainer der EU im Erstellen von Web-Seiten unterwiesen. Wir arbeiteten noch mit einfachsten Hilfsmitteln: einem simplen Texteditor, um HTML-Seiten zu erstellen und zu bearbeiten, und einem Browser, um die Ergebnisse unserer Arbeit zu überprüfen. Außerdem stellten wir fest, welche österreichischen Schulen noch beteiligt sein würden. Mit einer größeren Anzahl dieser Schulen fühlen wir uns seither besonders verbunden.

- Bundesgymnasium Bregenz Blumenstraße
- Bundesgymnasium und Bundesrealgymnasium Wels
- Bundeshandelsakademie und Bundeshandelsschule Tamsweg
- Bundesoberstufenrealgymnasium Graz Monsbergergasse

- Hauptschule St. Georgen an der Stiefling, Graz
- Informatikhauptschule Bludenz-Ost
- Öko-Hauptschule Scheiblingkirchen, Warth
- Realschule Webling, Graz
- Skihandelsschule Schladming
- Bundesgymnasium Mattersburg

Dabei erfuhren wir auch, daß jede Schule bis zum 1. Main Event Anfang Juli 1996 in Brüssel, wohin jede Schule einen Lehrer entsenden sollte, eine Homepage im Netz haben müsse. Wer keine englische Version dieser Homepage bis 15. Jänner 1997 zusammengebracht hatte, dürfte Probleme mit der Abrechnung bekommen haben. Es dauerte jedoch einige Zeit, bis wir erkannten, daß auf dem Rechner der VUB (Freie Universität Brüssel) Platz dafür zur Verfügung war. Ein E-Mail an den großartigen technischen Betreuer Jan de Laet genügte: ein Unterverzeichnis für die Homepage war verfügbar! Seine Unterstützung ist ein schlagender Beweis dafür, daß man mit E-Mail unterrichten kann.

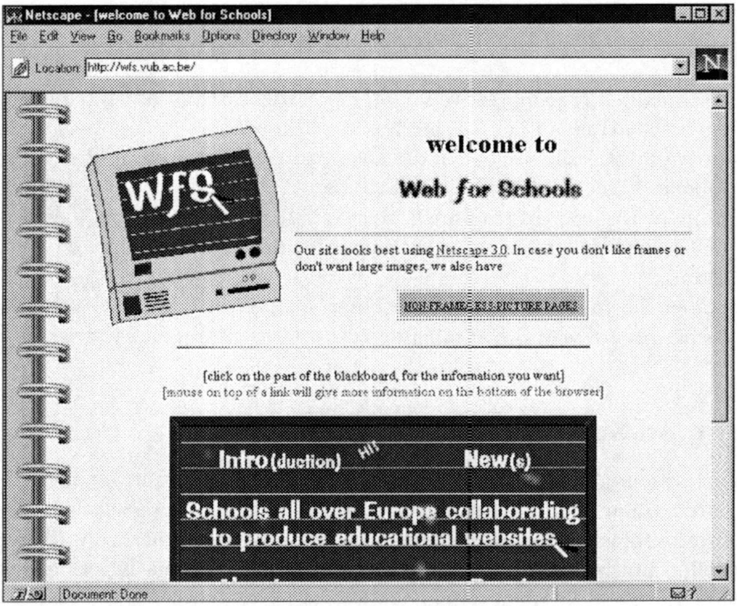

ABBILDUNG: DIE HOMEPAGE DES WEB FOR SCHOOLS

Wir konnten nach dem Grundkurs zwar einfache Webseiten erstellen, aber wie man diese dann auf einem Rechner publizieren kann, wurde uns nicht vermittelt, wahrscheinlich war dafür die Zeit zu kurz. Die Projektwebseite **<http://wfs.vub.ac.be/>** schaffte Abhilfe. Man konnte das Programm WS FTP herunterladen. Mit diesem Programm läßt sich diese Aufgabe gut bewerkstelligen, wenn man das richtige Profil erstellt. Die Eigenheiten des UNIX-Rechners in Brüssel (Unterscheidung von Groß- und Kleinschreibung, die Startseite mußte <index.html> heißen, der Windows-Rechner schickte aber nur <index.htm>) verursachten zusätzliche Startschwierigkeiten, bis wir eine Lösung finden konnten: Umbenennen! Später traten Probleme mit dem FTP-Programm bei Benützung eines Modems auf (ab einer bestimmten Anzahl von Dateien wurde das Inhaltsverzeichnis nicht mehr übermittelt, was unsere Publikationsmöglichkeiten zeitweise wochenlang blockierte).

Die Präsenz unserer Schule im Web

Der terminliche Streß vor der Präsentation war so groß, daß unsere Teilnehmer am 1. Main Event in Brüssel noch gar nichts von unserer Homepage wußten. Wir konnten sie erst fertig einrichten, als diese schon unterwegs waren. Unsere Homepage in Brüssel hat die Adresse **<http://wfs.vub.ac.be/schools/home/at/tamsweg>**.

Inzwischen haben wir weitere Homepages, und zwar in im Rahmen des Projektes „Salzburger Schulen ans Netz" **<http://www.asn-sbg.ac.at/schulen/hak-twg/home.htm>** und wir sind auch in der Lage, unseren eigenen Webserver zu betreiben. Man findet ihn unter **<http://193.170.245.221>** (allerdings noch als Provisorium!).
Das ist auch eine erstaunliche Folge von „Web for Schools"!

Die Timelineprojekte

Zur Vertiefung der internationalen Kooperation von Schulen war im Rahmen des WfS auch ein „Timelineprojekt" zu bearbeiten.

Wir haben uns für das Projekt *„Computer Based Training (CBT)"* entschieden **<http://wfs.vub.ac.be/schools/timeline/cbt>**. Ich selbst war der verantwortliche Koordinator für dieses Projekt, das bei den anderen europäischen Schulen auf großes Interesse gestoßen ist, wie die vielen Anmeldungen für die entsprechende Mailingliste beweisen. In einer Online-Abstimmung über die besten Projekte erreichten wir einen sehr ehrenvollen Platz im Mittelfeld. Allerdings gelang es uns nicht, ausländische Beiträge dafür zu bekommen. Was wird unter CBT angeboten?

Es ist zum Beispiel möglich, über CBT Unterrichtsvorbereitungen zu Tabellenkalkulation, Mathematik u.a. abzurufen. Unterrichtsmaterialien aus dem Informatikbereich erscheinen dazu ganz besonders geeignet, da z.B. Excel-Makros direkt über Kopieren mittels Zwischenablage übernommen werden können.

Erfolgreich und lustig war unsere Mitarbeit am Projekt *„Computer Science"* **<http://wfs.vub.ac.be/schools/timeline/cs/>**. Dieses Projekt wurde von einer Kollegin aus Bologna koordiniert und gehörte zu jenen zwanzig ausgewählten Projekten, die in der Austellung beim 2. Main Event in Dublin präsentiert wurden. Ebenso *„Education Business Partnership"*. Zum Gelingen dieses schottischen Projekts haben wir allerdings nur wenig beitragen können.

Bei „Computer Science" haben folgende Personen die Hauptarbeit geleistet:

Lucia Cenacchi, Itis O. Belluzi, Bologna, Italien <cenacchi@bellquel.bo.cnr.it>
Alessandra Chili, Itis O. Belluzi, Bologna, Italien <alex@bellquel.bo.cnr.it>
Johann Weilharter, BHAK/BHAS Tamsweg, Österreich, <dir-weil@asn-sbg.ac.at>
Angela Corbett, Brakenhale School Bracknell Berkshire,U.K., <angela@cagv.demon.co.uk>

Ich habe Rätsel zur Verfügung gestellt, für die wir Lösungen in Form eines lauffähigen Computerprogrammes gesammelt haben. Wir haben auch unsere EDV-Lehrpläne verglichen. In Dublin haben wir die Kolleginnen aus Bologna auch persönlich kennengelernt.

Der Zeitplan des Gesamtprojekts

- Projektstart: 1. März 1996
- Schulung: Ende April 1996
- 1. Main Event in Brüssel: Anfang Juli 1996 (Homepage vorhanden?)
- 2. Main Event in Dublin: Ende Oktober 1996 (Timeline-Projekt erfolgreich vorangetrieben?)
- Ursprüngliches Projektende: Ende November 1996 (Projekt wurde bis Mitte 1997 verlängert)
- Ist eine englischsprachige Homepage vorhanden? Deadline 15. Jänner 1997

Hoffentlich werden die aufgebauten Kontakte auch nach Projektende noch fortgesetzt! Wegen der technischen Probleme gab es große Schwierigkeiten, diesen Zeitplan einzuhalten.

Finanzierung bei „Web for Schools"

Die finanzielle Abwicklung des Projekts verlief, abgesehen von der Tatsache, daß es relativ lange dauerte, bis Gelder aus Brüssel eintrafen, unproblematisch. Es waren keinerlei Eigenmittel erforderlich - mit Ausnahme von den Investitionen, die auch außerhalb des Projektes genutzt werden können. Es gab bis zu 7.000 ECU für Investitionen in internetspezifische Hardware und Software je Schule. Wir haben z.B. den Router für den Datenbahnanschluß sowie hausinterne Verkabelungskosten über dieses Projekt finanziert. Es sind keine Vorfinanzierungsprobleme aufgetreten, da die Lieferanten mit langen Zahlungsfristen einverstanden waren. Außerdem wurden die Reisekosten für die LehrerInnen übernommen: zu den Schulungen in Linz und Wien; fünf und zwei beim 1. Main Event in Brüssel und fünf in Dublin!

Sonst gab es keinerlei Abgeltung für die in diesem Projekt engagierten LehrerInnen, auch auf die Erstattung der Reisekosten mußte zum Teil erheblich lange gewartet werden. Die Abrechnung erfolgte in Zusammenarbeit mit dem Elternverein über ein eigenes Projektkonto.

Was hat das Projekt gebracht?

1. Die Erkenntnis, wie das Internet überhaupt funktioniert.
2. Interessante internationale Zusammenarbeit und Kooperationen.
3. Wir haben die Gestaltung von HTML-Seiten gelernt (Die verfügbaren Tools haben sich im Projektjahr gewaltig gebessert):
   - drei Klassen haben bereits eine eigene Homepage,
   - die dritte Klasse der HAK hat die Kurzfassung eines Geschichteprojekts aufbereitet **<http://www.asn-sbg.ac.at/schulen/hak-twg/projekte/3hk/index.htm>**,
   - die dritte Klasse der Handelsschule hat ein Fremdenverkehrsprojekt für das Internet gemacht **<http://193.170.245.221>**.
4. Jeder Lehrer / jede Lehrerin hat eine E-Mail-Adresse. Immer mehr nutzen sie auch.
5. Interessante Software konnte über das Netz bezogen werden.
6. Wir haben eine Fülle von didaktischen Anregungen erhalten.
7. Das CBT-Angebot ist im Wachsen.
8. Einen hervorragenden Internetanschluß für die Tamsweger Bundesschulen.
9. Großes Aufsehen in der lokalen Presse.
10. Vertiefte Zusammenarbeit zwischen den österreichischen WFS-Schulen. Eine großzügige Softwarespende der Fa. COREL für die österreichischen WFS-Schulen. Am 17. und 18. März 1997 gab es in den Räumlichkeiten der Techno-Z FH in Salzburg über Anregung von Herrn Ministerialrat Mag. Dr. Reinhold Hawle, dem Motor solcher Europaaktivitäten im BMUkA III/E ein Folgetreffen der österreichischen WFS-Schulen, erweitert um einige Salzburger Schulen. Dieser Workshop wurde fast ausschließlich von Tamsweg aus über Internet organisiert. Ermöglicht wurde dieses Treffen durch tatkräftige Unterstützung von Datenbahn Salzburg, Techno Z, Tech Consult und Techno-Z FH sowie den Firmen 3COM, Update EDV und, wie schon ausgeführt, von COREL-Magazine (Tamsweg).
11. Die Welt ist etwas kleiner geworden.
12. Es gab Zusammenarbeit mit Universitäten und Fachhochschulen.

Was ist noch zu tun?

- Weitere Schulung aller LehrerInnen in der Internetnutzung und Schulung interessierter LehrerInnen in der Erstellung von Internetangeboten (am besten in Form einer schulinternen Internet-Arge).
- Alle Schulklassen sollen ihre Homepage haben und warten.
- Jeder Schüler / jede Schülerin soll eine eigene E-Mail-Adresse bekommen.
- Ausbau der Internetarbeitsplätze mit schulweiter Vernetzung (Intranet).
- LehrerInnen und SchülerInnen müssen auch von zuhause Zugriff bekommen (zu akzeptablen Preisen).
- Schulprojekte sollen laufend durch Projektwebs dokumentiert werden (common workspace).
- Wir müssen unsere Kenntnisse über Netzwerke verbessern.
- Momentan läuft ein hochinteressanter Versuch: Mathematiknachhilfe über das Internet!

- Wieder ein EU-Projekt machen. Wir haben schon etwas in Planung!
- Zusammenarbeit mit unserer Partnerschule in Tarcento auch über das Internet.
- Besonderes Augenmerk auf Fremdsprachen- und Informatikunterricht!
- Besondere Beachtung des Urheberrechts.

Projektergebnis

Die Ziele des Projekts haben sich für unsere Schule erfüllt:
1. Wir haben den Sprung ins Internet geschafft,
2. immer mehr Lehrer und Schüler arbeiten damit und
3. wir stellen Unterrichtsmaterial bereit und nutzen Materialien, die von anderen Schulen zur Verfügung gestellt werden!

Kontakt

Dir. Mag. Johann Weilharter
E-Mail: <dir-weil@asn-sbg.ac.at>
Bundeshandelsakademie und Bundeshandelsschule Tamsweg
Johann Hagenauerstrasse 500
5580 Tamsweg
Tel.: 06474 - 7241
E-Mail: <hak-twg@asn-sbg.ac.at>
Homepage: <http://wfs.vub.ac.be/schools/home/at/tamsweg>

HyperLinks, Adressen und Hinweise

Vernetzte Bildung - Links zu Infoquellen für Lehrerinnen und Lehrer*

Österreichische Projekte und Initiativen

- **<http://www.bmuvie.gv.at/asn/asn.htm>**
  Austrian School Network (ASN): Unter dieser URL sind die WWW-Seiten des Österreichischen Schulrechenzentrums zu finden. Mit diesem Projekt leistet das BMUK seinen Beitrag zur Errichtung einer Telekommunikations-Infrastruktur für österreichische Schulen.

- **<http://www.bboard.at/>**
  Black•Board: Black•Board ist Österreichs größtes Netzwerk für Schule und Bildung. Es bietet eine Kommunikations-, Arbeits- und Informationsplattform, die speziell für den Bildungsbreich gestaltet ist.

- **<http://www.bmuvie.gv.at/>**
  Bundesministerium für Unterricht und kulturelle Angelegenheiten: Mit dieser URL läßt sich der WWW-Server des BMUK ansteuern.

- **<http://www.bnet.co.at/schpr/schpr.htm>**
  BNet / Burgenland: Der burgenländische Provider BNet gab im Rahmen eines Projektes interessierten Schulen die Chance, Möglichkeiten und Vorteile im Bereich der Telekommunikation kennenzulernen.

- **<http://www.asn-linz.ac.at/>**
  education highway - Oberösterreich: Der education highway, ein Projekt des Landesschulrates für Oberösterreich, erschließt Schulen den Zugang zum Internet. Eine weitere Zielsetzung ist die Schulvernetzung. Auf dem Server befinden sich unter anderem nach Fächern geordnete Unterrichtsmaterialien und eine umfangreiche Sammlung von Unterrichtssoftware.

- **<http://www.tcs.co.at/datenbahn/Schulen_projekt.htm>**
  Internet für Salzburgs Schulen: Landesschulrat, Datenbahn Salzburg, Techo-Z Salzburg und die Landeshypothekenanstalt verfolgen im Rahmen dieses gemeinsamen Projektes das Ziel, Salzburger Schulen den kostengünstigsten Internetzugang zu ermöglichen und solcherart die Jugend mit den neuen Kommunikationstechnologien vertraut zu machen.

- **<http://www.stvg.com>**
  Notebook-Projekt / Steirisches Informatikservice: Das Informatik Service der Steirischen Volkswirtschaftlichen Gesellschaft betreibt das Steirische Schulnetz, um dessen Nutzern die Möglichkeiten des Internets zu erschließen: zum Beispiel

E-Mail, Computerkonferenzen, Datentransfer und Recherche in Online-Datenbanken.

- **<http://borg-6.borg-graz.ac.at/>**
  Styrian Education Server: Der WWW-Server des BORG Monsbergergasse ist als erster Schulweb-Server Österreichs seit 2. Jänner 1995 in Betrieb. Neben schulspezifischen Informationen und Links zu anderen Informationsquellen lassen sich dort auch Lehr- und Lernmaterialien finden.

- **<http://www.bmuvie.gv.at/schuleni.htm>**
  Übersicht über Österreichs Schulen im Internet / erstellt vom BMUK: Auf dem WWW-Server des BMUK kann man eine Zusammenstellung der österreichischen Online-Schulen finden.

- **<http://www.schulweb.de/austria.html>**
  Übersicht über Österreichs Schulen am Web: Eerstellt von SchulWeb BRD

- **<http://www.vobs.at/>**
  Vorarlberger Bildungsserver: Der Vorarlberger Bildungsserver ist eine Quelle für fachspezifische Unterrichtsmaterialien. Er wird mittlerweile (Stand 23. Juni 1997) von 308 Bildungseinrichtungen genutzt, deren Bandbreite von der Volksschule bis zum Pädagogischen Institut reicht.

Die Schulen des Notebook-Projekts

- **<http://www.vol.at/BG-Blumenstrasse/>**
  BG Blumenstraße / Bregenz

- **<http://wfs.vub.ac.be/schools/home/at/bbgwels/index.html>**
  BG/BRG Wels

- **<http://wfs.vub.ac.be/schools/home/at/tamsweg/index.html>** oder
  <http://www.asn-sbg.ac.at/schulen/hak-twg>/
  BHS/BHAK Tamsweg
- **<http://wfs.vub.ac.be/schools/home/at/bosrealg/index.html>** oder
  <http://borg-6.borg-graz.ac.at/>
  BORG Monsbergergasse / Graz

- **<http://www.kts-villach.ac.at/>**
  Kärntner Tourismusschulen / Villach

- **<http://www.stvg.com/skihas/index.htm>**
  Schihandelsschule Schladming

Internationale Projekte und Initiativen

- **<http://www.schulweb.de/schnet95/>**
  Busch, Rainer (Hg.): Schulen an das Netz / Webversion der Initiative „Schulen an das Netz“ der Gesellschaft für Informatik. In dieser Publikation beschreibt Busch Konzeption, Organisation und Durchführung der bundesdeutschen Initiative „Schulen ans Netz“.

- **<http://www.uvm.dk/dsn.htm>**
  Dansk Skoledatanet / Dänemark: Unter dieser URL ist das Dänische Schulnetz zu finden.

- **<http://digischool.bart.nl/dalton2a.htm>**
  De Digitale School / Niederlande: Ziel dieses Projektes ist es, herauszufinden, welche Rolle das Internet in der Mittelschule und in höheren Schulen spielt. Folgende Informationen und Materialien werden zur Verfügung gestellt: Tests, Lernmaterial, eine Liste von Lehrerinnen und Lehrern, die auf fachspezifische Anfragen antworten.

- **<http://www.innet.net/edu/>**
  EDU / Belgien: EDU Internet Vlaanderen wird von flämischen Professoren betrieben. Die Seiten dieser Site sollen Lehrkräften die Möglichkeit geben, die Einsatzmöglichkeiten des Internets zu erlernen und zu erproben. Regelmäßige Besucher sollen das Internet als didaktischen Raum erfahren.

- **<http://www.edu.fi/>**
  Educational Network / Finnland:Diese URL führt zum finnischen Bildungsnetz.

- **<http://www.edunet.ie/>**
  EduNet / Irland: Im Rahmen dieses Projektes sollen Schulen aus ganz Irland die Vorteile des Information Superhighway kennenlernen.

- **<http://www.rmplc.co.uk/>**
  Internet for learning / United Kingdom: Internet for Learning (IFL) ist der führende Anbieter für Internetlösungen im Britischen Schul- und Universitätsbereich. IFL unterhält 4000 Einwählknoten und über 100 Netzwerke.

- **<http://www.esp.educ.uva.nl/>**
  European Schools Project: Das Europäische Schulprojekt ist eine Initiative der Fakultät für Erziehungswissenschaften an der Universität Amsterdam sowie über ganz Europa verstreuter regionaler und nationaler Koordinatoren. Zielsetzung ist es, Lehrkräfte wie Schüler dabei zu unterstützen, die Informationsressourcen des Internets für die Verbesserung von Lehr- und Lernprozessen zu nutzen.

- **<http://kidslink.bo.cnr.it/klhome.html>**
  Kidslink / Italien: Bei diesem 1992 gegründeten Gemeinschaftsprojekt der Stadt Bologna, dem Institut für Radioastronomie des Nationalen Forschungszentrums und dem Arci Computer-Klub, geht es um den experimentellen Einsatz von Telekommunikationsnetzwerken in der Lehre.

- **<http://www.odin.dk/>**
  ODIN / Skandinavien: Ziel dieses 1993 vom Nordischen Rat gegründeten und seither finanzierten Bildungsnetzwerkes ist es, die Kommunikation zwischen den Schulen der Mitgliedsländer zu verbessern. Der Zugang zu den Informationsquellen der Mitgliedsländer soll Lehrenden wie Lernenden erleichtert werden.

- **<http://www.schulweb.de>**
  SchulWeb / Bundesrepublik Deutschland: Dieser Server bietet nach eigener Aussage „die ultimative Liste all jener deutschsprachigen Schulen an, die eine eigene Homepage haben, egal ob sie in der Bundesrepublik, in Österreich, der Schweiz oder in einem anderen Land angesiedelt sind. Darüberhinaus findet man unter anderem fachspezifische Unterrichtsmaterialien und Informationen über internationale Schulprojekte, Wettbewerbe und Tagungen.

- **<http://www.zs-augsburg.de:80/>**
  Zentralstelle für Computer im Unterricht: Unter dieser URL berät die Dienststelle des Bayerischen Staatsministeriums für Unterricht, Kultus, Wissenschaft und Kunst alle bayerischen Schulen in Fragen des Computereinsatzes."

- **<http://skolenettet.nls.no/>**
  Skolenettet / Norwegen: Dieses Schulnetz sieht sich als elektronisches Forum für fachspezfische und pädagogisch-didaktische Themen, Information und Dokumentation. Seine Zielgruppe besteht aus Lehrkräften, Eltern und all jenen, die sich für Bildung interessieren.

- **<http://www.skolverket.se/skolnet/>**
  Swedish Schoolnet / Schweden: Dieses Netz wird seit 1994 von der Schwedischen Bildungsbehörde betrieben. Seine Zielsetzung ist es, die neuen Informations- und Kommunikationstechnologien in den Bildungsbereich einzubinden.

- **<http://wfs.vub.ac.be/>**
  Web for Schools: Im Rahmen von Web for Schools arbeiten Europäische Schulen zusammen an pädagogischen Websites. Die Lern- und Lehrmaterialien sollen unterrichtstauglich sein und den Schülern das Verständnis des Lernstoffes erleichtern.

- **<http://web66.coled.umn.edu/schools/Maps/Europe.html>**
  Web 66 / Internationales Register von Schulen am Web: Dieses amerikanische Projekt soll die Integration der neuen Informations- und Kommunikationstech-

nologien in Primär- und Sekundärschulen erleichtern. Es hat drei Ziele: a) Lehrkräften soll geholfen, werden ihre eigenen Internet-Server aufzusetzen, b) Schulserver und damit Lehrende und Lernende sollen miteinander verbunden werden, Lehrkräfte sollen mit adäquaten Lernmaterialien versorgt werden.

- **<http://curriculum.qed.qld.gov.au/lisc/edsw/edsw.htm>**
  Educational Shareware: Unter dieser URL findet man eine Sammlung von Unterrichtssoftware auf Sharewarebasis. Siehe auch:
  <http://www.spiro.com/~dale/2edusoft.htm>
  <http://wshs.Luminet/sped/shareware.html>
  <http://www.mm-soft.com>

Lern-Materialien / Lern-Software

- **<http://dbs.schule.de/>**
  Deutscher Bildungsserver: Auf diesem Server liegen unter anderem Online-Ressourcen für den Fachunterricht. Die Suche kann wahlweise auf eine bestimmte Medienkategorie und/oder eine bestimmte Schulstufe beschränkt werden. Darüberhinaus existieren eine nach Fächern gegliederte Liste von Schulprojekten, Links zu Unterrichtsmaterialen auf deutschen Schulservern und Links zu weiteren pädagogisch relevanten Informationsquellen.

- **<www.dino-online.de/bildung.html>**
  dino-online: Die deutsche Suchmaschine dino-online bietet unter anderem eine themensortierte Zusammenstellung von Internet-Links zum Thema „Bildung" für Deutschland

- **<www.education-world.com>**
  Eudcation-World: Education-World, ein Dienst des American Fidelity Educational Service, bietet SchülerInnen und Lehrkräften eine umfangreiche Sammlung Links, die auf Bildungsserver in aller Welt verweisen. Suchmöglichkeiten nach Stichworten und Themenkreisen sind verfügbar.

- **<http://www.4teachers.org>**
  4teachers: Dieser WWW-Dienst steht unter dem Motto „For teachers powering learning with technology". Hier findet man Interessantes: Berichte von SchülerInnen über ihre Erfahrungen mit Education Technologie, Stellungnahmen von Pionieren des pädagogischen Einsatzes von Datennetzen, fertige Internetlektionen usw.

- **<http://ilsebill.biologie.uni-freiburg.de/schule/Schule.html>**
  Zentrale für Unterrichtsmedien im Internet / Freiburg/BRD: Das ZUM will mit seinen Web-Seiten helfen, die Möglichkeiten des WWW sowohl für den fachspe-

zifischen als auch für den fächer-, schultyp- und standortübergreifenden Unterricht an Schulen zu erschließen. Die Beiträge von interessierten Lehrkräften, Schülern und Eltern sollen gebündelt und sinnvoll gegliedert werden. Nutzer können die Listen von Internetquellen selbst erweitern und ihre eigenen Materialien einbringen.

- **<http://ericir.syr.edu/>**
  AskERIC, Internet-Ressourcen für Schulen: Dieser Server befindet sich an der Universität Syracuse. AskERIC ist das internetbasierte Informations-Service des Eucational Resources Information Centers (ERIC). ERIC selbst ist ein von der amerikanischen Bundesregierung finanziertes Informationssystem, das dank seiner 16 themenspezifischen Clearinghouses eine Vielfalt von Dienstleistungen und Produkten anbietet, die Relevanz für den Bildungsbereich haben.

- **<http://www.informatik.uni-hamburg.de/gutenb/gutenb.htm>**
  Projekt Gutenberg: Das Projekt Gutenberg steht für eine umfangreiche Sammlung englischer und deutschsprachiger literarischerTexte. oder <http://www.promo.net/pg/>

EU-Programme und Projekte

- **<http://www.eun.org/>**
  European Schoolnet Official Information Site: Mit dieser URL steuert man den offiziellen Informationsite des European Schoolnet an. Dort findet man unter anderem eine Liste von Europäischen Schulprojekten.
- **<http://www2.echo.lu/mes/en/call1296.html>**
  Joint Call: Educational Multimedia der Europäischen Kommission: Ziel dieses Calls ist es, die Entwicklung von qualitativ hochwertigen multimedialen Lern- und Lehr-Ressourcen zu initiieren. Darüberhinaus soll die Entwicklung und die Implementation von elektronischen Netzwerken in den Europäischen Bildungsbereich forciert werden. Die Lehreraus- und -fortbildung bezüglich der Einsatzmöglichkeiten multimedialer, pädagogischer Hilfsmittel ist ein weiteres Anliegen. Das Bewußtsein bezüglich des pädagogischen Potentials multimedialer Applikationen soll gesteigert werden.
- **<http://www.ispo.cec.be/infosoc/educ/learn.html>**
  Learning for the information society / Aktionsplan der EU für 1996-98: Dieser Aktionsplan der EU zielt darauf ab, nationale und lokale Aktivitäten zu verstärken, deren Ziele Schulvernetzung, Lehrerfortbildung und die Produktion adäquater Unterrichtsmaterialen sind (Inhalte, Software usw.).

(Bei der Zusammenstellung der Links wurden auch einige aufgenommen, die den Linklisten von Walter Waldner und Erich Neuwirth entstammen. Ihnen sei hier gedankt. Weitere Links finden Sie in den Beiträgen der einzelnen Autoren.)*

Kontaktadressen des „European School Net"

Koordinator
Ulf W Lundin, Permanent Representation of Sweden to the E.U.
30, Square de Meeûs, B-1000 Brussels, Belgium
Phone: +32 2 289 5701, Fax: +32 2 289 5699
E-Mail: <ulf.lundin@mailbox.swipnet.se>

Austria
Reinhold Hawle, Bundesministerium für Unterricht und Kulturelle Angelegenheiten
Minoritenplatz 5, A-1010 Wien
Phone: +43 1 53 1203538, Fax: +43 1 53 1203535
E-Mail: <reinhold.hawle@bmuk.gv.at>

Belgium (french)
Georges Verloove, Ministère de l´Education
Rue de la Science 34, B-1000 Bruxelles
Phone: +32 2 238 86 93, Fax: +32 2 238 87 42
E-Mail: georges.verloove@restode.cfwb.be

Belgium (flemish)
Patrick Willems, Ministerie van de Vlaamse Gemeenschap, Departement Onderwijs
Rijksadministratief Centrum, Arcadengebouw, B-1010 Bruxelles
Phone: +32 2 210 51 10, Fax: +32 2 210 53 72
E-Mail: <patrick.willems@vlaanderen.be>

Denmark
Lilla Voss, Undervisningsministeriet
Frederiksholms Kanal 25 B, DK-1220 Copenhagen K
Phone: +45 33 92 51 06, Fax: +45 33 92 51 14
E-Mail: lilla.voss@uvm.dk

Finland
Ella Kiesi, Opetusministeriö
Meritullinkatu 10, PL 293, SF-00171 Helsingfors
National Board of Education, PL 380, SF-00530 Helsingfors
Phone: +358 9 7747 7902, Fax : +358 9 7747 7475
E-Mail: <ella.kiesi@oph.fi>

France
Patrice Robin,
Ministère de l´Education Nationale de l´enseignement superieur et de la recherche,
107 rue de Grenelle, F-75357 Paris SP
Phone: +33 1 4955 3632, Fax: +33 1 4955 1916
E-Mail: <robin@ext.jussieu.fr>

Germany
Michael Drabe, Schulen ans Netz e.V.
Oberkasseler Strasse 2, D-53227 Bonn
Phone: +49 228 700 48 69, Fax: +49 228 700 48 67
E-Mail: <100065.2776@compuserve.com>

Greece
Institute Diarkous Katartisis kai Ekpedefsis
Mitropoleos, 60, GR-10963 Athens
Gerasimos Potamianos, Ministry of National Education and Religious Affairs
Mitropoleos, 15, GR-10185 Athens
Phone: +30 1 322 91 98, Fax: +30 1 322 93 86
E-Mail: <potamianos@ath.forthnet.gr>

Iceland
Thorir Olafsson, Icelandic Educational Network, Ismennt
KIII v/Stakkahlid, IS-105 Reykjavik
Phone: +354 563 38 00, Fax: +354 563 38 33
E-Mail: <thorir@khi.is>

Ireland
Alex Corcoran, Department of Education
Marlborough Street, Dublin 1
Phone: +353 21 27 59 12, Fax: +353 21 27 54 45
E-Mail: <alexc@iol.ie or corcorana@educ.irlgov.ie>

Italy
Giovanni Biondi, Biblioteca di Documentazione Pedagogica
Via M. Buonarroti, 10 - Palazzo Gerini, IT-50122 Firenze
Phone: +39 55 23 80 325, Fax: +39 55 23 80 330
E-Mail: <gb@linux.bdp.fi.it>

Luxemburg
Alexis Werne, Ministry of Education and Vocational Training
29 rue Aldringen, L-2926 Luxemburg
Phone: +352 478 5196, Fax: +352 466 815
E-Mail: <Werne@men.lu>

Netherlands
Peter Baak, Ministerie van Onderwijs, Cultuur en Wetenschappen
Postbus 25000, NL-2700 LZ Zoetermeer
Phone: +31 79 323 34 50, Fax: +31 79 323 20 39
E-Mail: p.baak@minocw.nl

Norway
Fred Arne Odegaard, Det Kongelige Kirke-, Utdannings- og Forskningsdepartementet
Boks 8119 Dep., N-0032 Oslo
Phone: +47 22 24 74 47, Fax: +47 22 24 27 30
E-Mail: fao@kuf.dep.telemac.no

Portugal
Isabel Oliveira, Departamento de Avaliacäo, Prospectiva e Planeamento
Ministério da Educacäo, Av. 24 de Julho, 134 , P-1350 Lisboa
Phone: +351 1 3913010, Fax: +351 1 3957610
E-Mail: <isabel.oliveira@depgef.me.mailpac.pt>

Spain
Carlos San José, Programa de Nuevas Tecnologías de la Informaciòn y de la Comunicación, Ministerio de Educación y Cultura
Torrelaguna 58, E-28027 Madrid
Phone: +34 1 408 20 00, Fax: +34 1 368 07 09
E-Mail: <csanjose@pntic.mec.es>

Sweden
Leif Davidsson, Ministry of Education and Science
S-103 33 Stockholm
Phone: +46 8 405 17 38, Fax:+46 8 723 17 34
E-Mail: <leif.davidsson@education.ministry.se>

Literaturtips

Lernen und Lehren mit dem Internet

Das Psychologische Institut der TU Berlin hat eine Internet-Einführung für Psychologen herausgegeben. Im Kapitel „Lernen und Lehren im Internet“ arbeitet Nicola Döhring heraus, wie sich bekannte Lernprinzipien mit dem Internet umsetzen lassen. Die Autorin beschreibt, wie die folgenden sechs Unterrichtsmodelle durch die vier Internetaktivitäten: „Informationen abrufen“, „Informationen anbieten“, „kommunizieren“ und „kooperieren“ unterstützt werden: Explizites (schrittweises Bearbeiten von Unterrichtsmaterialien) und implizites (Operieren mit offenen interaktiven Lernmaterialien) Selbstlernen, frontaler und gruppenzentierter Unterricht, Fernkurs und kooperatives Fernlernen (gemeinsames Arbeiten an realitätsnahen Aufgaben).
Stichworte: Netzbasierter Unterricht als Rekombination herkömmlicher Unterrichtsmodelle - Zentrale Internetaktivitäten als Unterstützung von Unterrichtsmodellen
Bernad Batinic (Hrsg.): Internet für Psychologen, 1. Auflage, Hogrefe - Verlag für Psychologie, 1997, S. 359-388.
Das besprochene Kapitel ist unter der URL **<http://www.hogrefe.de/netpsycho/>** als PDF-File erhältlich.

Kind und Computer

Im Kapitel „Computer und Lernen“ beschäftigt sich Gerald R. Hoelscher mit folgenden Fragen: Wie lassen sich Computer zum Lernen nutzen? Worin unterscheiden sich Lernprogramme? Welche Arten von Lernsoftware gibt es? Wie mißt man die Effektivität von Lernsoftware? Was leisten Lernprogramme? Darüber hinaus setzt er sich mit Qualitätsmaßstäben für Lernsoftware, dem Wechselverhältnis von Lernsoftware, Lernmotivation und dem pädagogischen Einsatz des PCs an deutschen Schulen auseinander.
Stichworte: Computernutzung durch Jugendliche - Computer und Freizeit - Computerspiele - Computerfans - geschlechtsspezifischer Umgang mit Computern - pädagogische Angebote für Mädchen - Vorschläge für Computerprojekte für Schule und Freizeit -
Gerald R. Hoelscher: Kind und Computer, Spielen und Lernen am PC, Berlin u. a., Springer Verlag, 1994

School goes Internet

Das Buch beginnt mit einführenden Anregungen zum Thema, warum sich Lehrkräfte mit dem Internet befassen sollten. Darüberhinaus werden die Grundlagen des Internets besprochen, die wichtigsten Internetdienste (E-Mail, News, FTP, Telnet, WWW), das effiziente Arbeiten mit dem Internet (gezielte Suche, Publizieren, Abwägen von Informationen), der Einsatz des Internets in der Schule anhand konkreter Beispiele, sowie technische und finanzielle Aspekte.

Stichworte: Grundlagen des Internet - Anwendungsprogramme - Zweckmäßiger Umgang mit HTML-Seiten - Einsatz in der Schule - Installation und Betrieb - Internet-Glossar
Louis Perrochon: School goes Internet, Verlag: d-punkt, Heidelberg, 1996

Netzwerkst@tt Schule 1: Impulse zur pädagogischen Aneignung des Internets

Das Heft bietet ein pädagogisch orientiertes Modell an, wie sich eine Schule offline den neuen Informationstechnologien nähern kann. Kern der Sichtweise ist folgender: Zielgruppe der Internet-Aktivitäten könnte zunächst einmal die „Informationsgemeinschaft" der eigenen Schule sein. Ein von LehrerInnen und SchülerInnen entwickeltes Informationsangebot richtet sich in der Erkundungsphase nicht an die globalen Netzwelten, sondern an die lokale Schulwelt. Dieses „Intranet", also schulinterne Infomedium, ist technisch leicht handhabbar und bietet eine Simulation der großen Netzwelt in der kleinen.
Aus dem Inhalt:
Technisches Basiswissen Internet, Neue Medien - Neues Lernen - Neues Arbeiten Praxisangebote für schulinterne Infosysteme, Qualifikationserfordernisse im Schulalltag, Dokumentation eines Netzprojektes

Bestellungen: Die Broschüre ist zum Preis von 50 Schilling erhältlich:
BMUK/Referat Neue Medien,
Minoritenplatz 5, 1014 Wien.
Bestellung via Black Board an Karin Sturm
oder per Email: <karin.sturm@bmuk.gv.at>

Netzwerkst@tt Schule 2: Pädagogische Aspekte der Online-Praxis

Das Heft bietet Praxisbeispiele zur Arbeit mit dem Internet im Unterricht an und zeigt Wege auf, wie die neuen Informationstechnologien in den Schulalltag integriert werden können.
Aus dem Inhalt:
Im Foyer der Informationsgesellschaft, Recherchestrategien für den pädagogischen Alltag, Nutzungsansätze im Fachunterricht, Vernetztes Denken und projektorientiertes Arbeiten, Methodenlernen und Wissensmanagement, Selbstlernangebote und organisierte Lehrerfortbildung, Wege zur Einführung des Internets.

Infos: Das Heft ist für Oktober 1997 geplant.
Nähere Informationen per Email: **<c.schartner@compaed.co.at>**

MATHS & FUN

Nach 4 Jahren Entwicklungsarbeit ist es soweit

35 Lernumgebungen mit ausgewählten Kapiteln der Sekundarstufe erscheinen ab August 97 auf CD-ROM. Nähere Informationen erhalten Sie bei

Anwendung: Expofunktionen, Anwendung geometrischer Folgen, Beginn, Der Speerwurf, Die Gerade, Differentialrechnung, Differentiationsregeln, Ellipse, Exponentialfunktionen, Folgen und Reihen,Gewinn mit Semmeln, Hyperbel, Integralrechnung, Interpolation, Kegelschnitte, Komplexe Zahlen,Kosten- und Preistheorie, Kreis, Lineare Funktionen, Lineare Optimierung, Logarithmusfunktionen,Matrizen, Mengen, Parabel, Quadratische Gleichungen, Rechnen mit Vektoren, Reelle Funktionen,Saetze ueber Winkelfunktionen, Skalarprodukt und Geometrie,Spezielle Zufallsvariable,Stichprobentheorie,Vektoren im Raum, Vertiefung Expofunktionen, Winkelfunktionen, Zahlenbereiche, Zinsen, Zufallsvariable

Vom computerunterstützten zum computerintegrierten Mathematikunterricht

UNI SOFTWARE PLUS
Softwarepark
A-4232 Hagenberg
mailto:exner@unisoft.co.at
http://www.unisoft.co.at
voice: ++43(0)7236-3338
fax : ++43(0)7236-3338-30

Peter A. Bruck / Andrea Mulrenin

Digitales Österreich.

Information Highway. Initiativen, Projekte, Entwicklungen.

Digitales Österreich ist ein Bericht und ein Nachschlagewerk über den „Streckenausbau" durch Österreich. Peter A. Bruck und Andrea Mulrenin haben in Digitales Österreich erhoben, wie der Status Quo der österreichischen Informationstechnologien ist.
Was macht die Post? Was planen die EVUs? Welche Initiativen entwickeln TV-Betreiber, Hardwarelieferanten, Netzbetreiber oder die Unterhaltungsindustrie? Welche regionalen und nationalen Schritte werden in der Breitbandkommunikation unternommen?

Wer Informationen sucht über Internet, Telebanking, Distance Learning, Homeshopping, Mobilkommunikation oder ähnliches, der wird dieses Buch nicht ins Regal stellen, sondern als unentbehrlichen Begleiter griffbereit auf seinem Tisch liegen haben.
Die beiden Autoren haben ein Jahr lang recherchiert und einen Wegweiser durch die vielfach schwer überschaubare Informationslandschaft zusammengestellt.

Bestellungen an:

STUDIENVerlag,
Postfach 104
Andreas-Hofer-Straße 4
A-6011 Innsbruck
Tel: 0512 - 567045
Fax: 0512 - 567066

Peter A. Bruck / Günther Stocker

Die ganz normale Vielfältigkeit des Lesens.

Zur Rezeption von Boulevardzeitungen.

Diese Studie geht der Frage nach, wie Boulevardzeitungen gelesen werden. Die bisher durchgeführten Studien zum Thema Boulevardzeitungen konzentrieren sich auf die Analyse und Kritik der Machart und der Inhalte dieses Medienformats. Mit den Leserinnen und Lesern der Boulevardzeitungen hat sich die Kommunikationswissenschaft nur wenig auseinandergesetzt.

„Die ganz normale Vielfältigkeit des Lesens" zeigt, welche Funktionen und welche Bedeutung Boulevardzeitungen für ihre Leserinnen und Leser haben und wie sie gelesen werden. Dazu wurden Fokusgruppeninterviews mit fünf verschiedenen Lesergruppen der im Verhältnis zur Bevölkerungszahl erfolgreichsten Boulevardzeitung der Welt, der österreichischen Neuen Kronen Zeitung, durchgeführt und ausgewertet.
Auf der Basis dieser empirischen Daten, der vorhandenen Leserstatistiken sowie aktueller Rezeptionstheorien, wurde ein neues theoretisches Modell der Zeitungsrezeption entwickelt.

Bestellungen an:

Fachhochschulstudiengänge in Salzburg

TECHNO-Z FH SALZBURG

Die Fachhochschulausbildung in Salzburg bietet ...

- hohen Praxisbezug - Lernen zur Berufsbefähigung, Studieren durch Erfahrung, Training in unternehmerischen Fähigkeiten
- Studienstraffheit - Abschluß in geplanter Studienzeit
- Industriepraktikum - Einsicht in betriebliche Anforderungen
- Internationalität - europaweite FH-Kooperationen, Englisch als zweite Studiensprache
- Seminaristisches Lernen - Gruppenarbeit und Teamfähigkeit
- Problemorientierte Forschung - praxisbezogene Themenauswahl für Diplomarbeiten

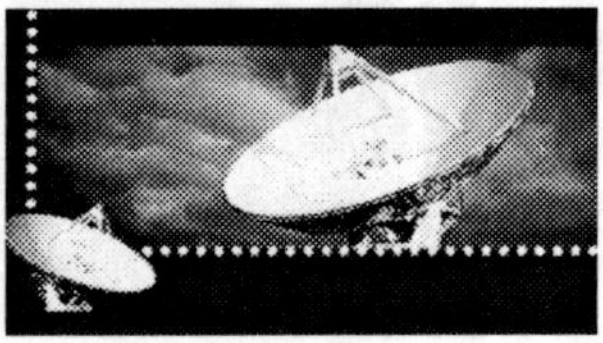

Telekommunikationstechnik und –systeme

Der Studiengang „Telekommunikationstechnik und –systeme" stellt eine praxisnahe, hochqualifizierte Berufsausbildung auf wissenschaftlicher Grundlage dar. Die Absolventen der Techno-Z FH für neue Medien sollen Fach- und Führungsaufgaben in Unternehmen, die sich mit der Vernetzung von Informationssystemen und Telekommunikation beschäftigen, übernehmen.

Berufsbild: Netzwerktechniker/in, Internet/Informationshighway-Ingenieur/in
Titel der Absolventen/innen: Dipl.-Ing. der Telekommunikationstechnik (FH)
Teilnehmer pro Jahr: ca. 50, Gesamtzahl der Studierenden/Okt. 97: ca. 175
Kontakt: Prof. Dr. Veith Risak, Vorstand des Studiengangs
Adresse: 5020 Salzburg, Jakob-Haringer-Str.5, Tel. 0662/45 48 88-600,
Fax: 0662/45 48 88-615, E-Mail: <office@tks-fh.sbg.ac.at>

MultiMediaArt

Der Studiengang „MultiMediaArt" bietet für den alle Kommunikations- und Kulturvermittlungsformen erfassenden neuen Bereich Multimedia ein praxisorientiertes, von wissenschaftlichen Erkenntnissen und Forschungsergebnissen geleitetes Fachhochschulstudium an. Die Ausbildung umfaßt Multimediatechnik und -systeme, Gestaltung und Produktionsdurchführung, Unternehmensführung, Management und Produktionsabwicklung, Englisch und Ergänzungskompetenzen.

Berufsbild: Multimedia-Produzent/in
Titel der Absolventen/innen: Dipl.-Ing. MultiMediaArt (FH)
Teilnehmer pro Jahr: ca. 50, Gesamtzahl der Studierenden/Okt. 97: ca. 110
Kontakt: Prof. Dr. Georg Hartwagner, Vorstand des Studiengangs
Adresse: 5020 Salzburg, Jakob-Haringer-Str. 1a, Tel.: 0662/45 48 88-500,
Fax: 0662/45 23 82, E-Mail: <office@mma.fh-sbg.ac.at>